MATLAB
矩阵分析和计算

◎杜树春 编著

U0333203

清華大学出版社
北京

内 容 简 介

本书侧重于 MATLAB 软件在矩阵分析和计算中的应用介绍。本书由大量的 MATLAB 计算实例组成。本书共分 10 章,第 1 章介绍 MATLAB 基础知识,第 2 章介绍矩阵基础知识,第 3 章介绍常用数学函数运算,第 4 章介绍数组的生成及运算,第 5 章介绍常用矩阵生成,第 6 章和第 7 章介绍矩阵的运算,第 8 章介绍解稀疏矩阵,第 9 章介绍解矩阵方程,第 10 章介绍矩阵的综合应用。

本书适合三类人阅读或参考:一是学习 MATLAB 课程的理工科大中专及高等、中等职业学校的在校学生;二是包括广大工程技术人员在内的所有科技人员;三是数学爱好者。

本书的特点是通俗易懂,实例丰富,实用性强。本书既适用于初学者,也适用于有一定 MATLAB 基础的爱好者及专业技术人员。

图书在版编目(CIP)数据

MATLAB 矩阵分析和计算/杜树春编著. —北京:清华大学出版社,2019(2023.5 重印)
ISBN 978-7-302-52481-6

Ⅰ. ①M⋯ Ⅱ. ①杜⋯ Ⅲ. ①MATLAB 软件—应用—矩阵分析 ②MATLAB 软件—应用—矩阵—计算方法 Ⅳ. ①O151.21-39 ②O241.6-39

中国版本图书馆 CIP 数据核字(2019)第 043137 号

责任编辑:文 怡 李 晔
封面设计:台禹微
责任校对:李建庄
责任印制:刘海龙

出版发行:清华大学出版社
        网　　址:http://www.tup.com.cn,http://www.wqbook.com
        地　　址:北京清华大学学研大厦 A 座　　　　邮　　编:100084
        社 总 机:010-83470000　　　　　　　　　邮　　购:010-62786544
        投稿与读者服务:010-62776969,c-service@tup.tsinghua.edu.cn
        质量反馈:010-62772015,zhiliang@tup.tsinghua.edu.cn
        课件下载:http://www.tup.com.cn,010-83470236
印 装 者:三河市龙大印装有限公司
经　　销:全国新华书店
开　　本:185mm×260mm　　　印　　张:21.75　　　字　　数:528 千字
版　　次:2019 年 6 月第 1 版　　　印　　次:2023 年 5 月第 3 次印刷
定　　价:59.00 元

产品编号:082561-01

FOREWORD

MATLAB 软件代表了当今国际科学计算软件的先进水平,应用领域非常广泛。很多人都希望将 MATLAB 强大的数值计算和分析功能应用于自己的项目和实践中,从而可以直观、方便、快捷地进行分析、计算和设计工作。

MATLAB 是在计算机上使用的计算软件。它是一种集计算、可视化和编程等功能于一身的高效的工程计算语言。这种软件非常好学,可以说只要会用计算器就会用这种软件。

目前,市场上介绍 MATLAB 软件使用方法的书不少,有的是全面、整体的介绍,有的是就一个专题着重介绍。本书侧重于 MATLAB 软件在矩阵分析和计算中的应用介绍。我们知道,矩阵是单个数和数组的推广——单个数是 1×1 矩阵,数组是 $1 \times n$ 矩阵。所以,只要掌握了矩阵的运算,就掌握了包括单个数和数组运算在内的所有运算。本书由大量的 MATLAB 计算实例组成。

本书共分 10 章,第 1 章介绍 MATLAB 基础知识,第 2 章介绍矩阵基础知识,第 3 章介绍数学函数运算,第 4 章介绍数组生成及运算,第 5 章介绍矩阵生成,第 6 章和第 7 章介绍矩阵的运算,第 8 章介绍解稀疏矩阵,第 9 章介绍解矩阵方程,第 10 章介绍矩阵的综合应用。

本书配套的电子资料包的内容,仍是以书中章节为单位,请扫描封底二维码下载。其中一些章包括有一个章文件夹,下面有例 N.1、例 N.2……例文件夹,例文件夹内就是扩展名为 .m 的 M 文件。在 MATLAB 软件已安装的前提下,把 M 文件复制到 MATLAB 命令窗口,可直接执行。使用 M 文件的另一种方法是通过"cd x:\存放 M 文件的文件夹"命令,把存放 M 文件的文件夹置于 MATLAB 的可搜索路径中。这样,在命令窗口就可以重新编辑或直接执行这些 M 文件了。

本书所用 MATLAB 的版本是 R2015b,这不是最新版本。最新版本是 R2016b,其实每个新版本与旧版本相比,只有细节处的一些改进。如果只是作一般的计算,用近几年的任何一个版本都行。

本书适合三类人阅读或参考:一是学习 MATLAB 课程的理工科大中专及高等、中等职业学校的在校学生;二是包括广大工程技术人员在内的所有科技人员;三是数学爱好者。

本书的特点是通俗易懂,例子丰富,实用性强。本书既适用于初学者,也适用于有一定 MATLAB 基础的爱好者及专业技术人员。

　　在本书的编写过程中,参考了许多国内的优秀教材,并已列在书末的参考文献中,也得到了清华大学出版社编辑的指导和帮助。在此向相关单位和个人表示衷心感谢。

　　由于编者水平有限且时间仓促,书中难免存在缺点和错误,恳请读者批评指正。

编者

2019 年 3 月

CONTENTS

第1章

MATLAB基础知识

MATLAB 是一种高效的工程计算语言,它将计算、可视化和编程等功能集于一身。

MATLAB 这个词代表"矩阵实验室"(matrix laboratory),它是以解决矩阵计算问题的子程序为基础发展起来的一种开放性程序设计语言。它是美国 MathWorks 公司推出的商业数学软件,用于算法开发、数据可视化、数据分析以及数值计算的高级技术计算语言和交互式环境,主要包括 MATLAB 和 Simulink 两大部分。

1.1 MATLAB 的发展历程

20 世纪 80 年代初,MATLAB 的创始人 Cleve Moler 博士在美国新墨西哥州大学讲授线性代数课时发现采用高级语言编写程序很不方便,为了减轻学生编程的负担,他构思并开发了 MATLAB 软件。

经过几年试用,该软件的公开版本于 1984 年正式推出。同年,Cleve Moler 和 John Little 成立了 MathWorks 公司,发行 MATLAB 的 DOS 版本 1.0。

1992 年,MathWorks 公司推出了具有划时代意义的 MATLAB 1.0 版本。1999 年推出 MATLAB 5.3 版本,2000 年推出 MATLAB 6.0 版本,2004 年推出 MATLAB 7.0 版本。此后,MathWorks 发布 MATLAB 版本几乎形成一个规律,每年的 3 月和 9 月分别推出当年的 a 版本和 b 版本。例如,2012 年的两个版本就是 MATLAB 2012a 和 2012b。目前的最新版本是 R2016a。本书的 MATLAB 软件解题实例大都是在 R2015a 版本下完成的。

1.2 MATLAB 的特点

MATLAB 语言具有不同于其他高级语言的特点,称为第四代计算机语言,其最大的特点就是简单和直接。正如第三代计算机语言(如 C 语言和 Fortran 语言)使人们摆脱对计算机硬件操作一样,MATLAB语言使人从烦琐的程序代码中解放出来,它丰富的函数使开发者无须重复编程,只要简单的调用或使用即可。MATLAB语言的主要特点体现在如下方面:

(1)编程效率高。MATLAB是一种面向科学与工程计算的高级语言,允许以数字形式的语言编写程序,与BASIC、Fortran和C等语言相比,更加接近速写计算公式的思维方式,用MATLAB编写程序就像在演算纸上排列公式与求解问题。因此,也称MATLAB语言为演算纸式科学算法语言,它编程简单、高效,易学易用。

(2)使用方便。MATLAB语言是一种解释执行的语言,灵活、方便,调试程序手段丰富,调试速度快。

(3)扩充能力强,交互性好。高版本的MATLAB语言具有丰富的库函数,在进行复杂数学运算时可以直接调用,而且MATLAB的库函数与用户文件在形式上一样,所有用户文件也可作为MATLAB的库函数调用。因而,用户可以根据自己的需要方便地建立和扩充新的库函数,提高MATLAB的使用效率和扩充它的功能。

(4)语句简单,函数丰富。MATLAB语言中最基本、最重要的成分是函数,其一般形式为:

$$[\,a,b,c,\cdots\,] = \mathrm{fun}(d,e,f,\cdots)$$

即一个函数由函数名、输入变量和输出变量组成。对于同一函数名fun,不同数目的输入变量及不同数目的输出变量,代表着不同的含义。

(5)高效方便的矩阵和数组运算。因为最早MATLAB软件是处理矩阵的,因此矩阵运算的功能特别强大。

(6)便捷强大的绘图功能。MATLAB的绘图功能十分强大,它有一系列的绘图函数(命令),仅绘图的坐标就有线性坐标、对数坐标、半对数坐标和极坐标等,只需调用不同的绘图函数(命令),即可在图上标出图题、XY轴标注、格(栅)绘制需要调用相应的命令,简单易行。另外,在调用绘图函数时调整自变量可以绘出不同颜色的点、线、复线或多重线。

(7)功能强大、简捷的工具箱。MATLAB提供了许多面向应用问题求解的工具箱函数,从而大大方便了各个领域专家学者的使用。目前,MATLAB提供的工具箱有信号处理、最优化、神经网络、图像处理、控制系统、系统识别、模糊系统和小波等。

(8)移植性好、开放性好。MATLAB是用C语言编写的,而C语言具有良好的可移植性,因此MATLAB可以很方便地移植到能运行C语言的操作平台上,适合MATLAB的工作平台有Windows、UNIX、Linux、VMS 6.1、PowerMac。

1.3　MATLAB的桌面操作环境

启动MATLAB后,就进入MATLAB的默认界面了,如图1-1所示。图1-1是MATLAB R2015a版的界面。

由图1-1可见,MATLAB的默认界面由当前目录(Current Folder)、命令历史

图 1-1　MATLAB 的默认界面

(Command History)、工作空间(Workspace)和命令窗口(Command Window)4 个窗口组成。

(1) 命令窗口。这是一个重要的窗口,所有 MATLAB 命令都是在这个窗口输入,运行结果也在这个窗口显示。单击命令窗口右上角的上箭头符号,即可单独显示命令窗口,如图 1-2 所示。这个窗口有计算器功能。例如,输入"3+2"再按 Enter 键,则"ans="后给出其结果"5"。

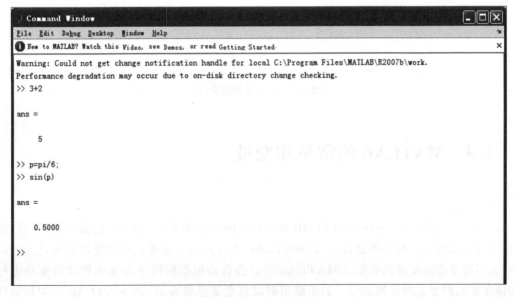

图 1-2　MATLAB 的命令窗口

再如,计算一个稍微复杂的式子,如输入"p＝pi/6; sin(p)",按 Enter 键后,就会显示"ans＝0.5000"。这里 pi 代表圆周率 π,sin(π/6)＝0.5。

注意:当命令后面有分号时,按 Enter 键后,命令窗口中不显示运算结果;如果无分号,则在命令窗口中显示运算结果。

(2) 命令历史窗口。此窗口是执行过命令的历史记录窗口,有执行命令的日期和时间。想再次执行时,可把它们复制到命令窗口。

(3) 当前目录窗口。在目录窗口中可显示或改变当前目录,还可以显示当前目录下的文件。该窗口具有搜索功能。此外,该窗口也可以成为一个独立的窗口。

(4) 工作空间窗口。MATLAB 工作空间主要用于存储、管理和删除相应的变量。

除了这 4 个窗口外,还有个 M 文件编辑调试窗口(MATLAB Editor)。M 文件编辑调试窗口平时看不见,当要编辑 M 文件时,应在命令窗口,输入"edit 文件名.m"之后按 Enter 键,如果曾经编辑过具有该文件名的文件,该文件就会在 M 文件编辑调试窗口显示出来。要是从来没有编辑过具有该文件名的文件,屏幕就会出进入一个空白的 M 文件编辑调试窗口,如图 1-3 所示。

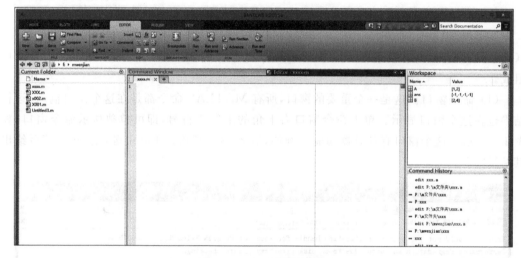

图 1-3　M 文件编辑窗口

1.4　MATLAB 的常量和变量

1. 变量

和其他计算机语言一样,MATLAB 也有自己的一套基本数据类型,包括常量、变量、数值、字符和结构体。和其他语言不同,MATLAB 语言并不要求事先对所使用的变量进行声明,也不需要指定变量的类型。MATLAB 语言会自动根据所赋予变量的值或对变量进行的操作来识别变量的数据类型。如果赋值时赋值变量已经有值,则 MATLAB 会用新值代替旧值,并以新值的数据类型代替旧值的数据类型。MATLAB 变量名必须是一个单一的词,不能包含空格,变量名是区分大小写的,变量名必须从一个字母开始,变量名的字符串长度可以任意长,但只有前面 31 个字符起作用。

除此之外,MATLAB 有一些关键保留字,不能作为变量名,如 for end if while function return elseif case otherwise switch continue else try catch global persistent break 等。若用户不小心用这些保留字作为变量名,MATLAB 会发出一条错误信息。

2. 常量

MATLAB 也提供了一些特殊意义的常量,见表 1-1。

表 1-1　MATLAB 常量表

常　　量	描　　述
ans	结果的默认变量名
beep	使计算机发出"嘟嘟"声
pi	圆周率
eps	浮点数相对误差限
inf	无穷大,如 0/0
NaN 或 nan	不定数,即结果不能确定,如 0/0
i 或 j	表示 $\sqrt{-1}$
nargin	函数输入参数个数
nargout	函数输出参数个数
realmin	最小正浮点数值
realmax	最大正浮点数值
bitmax	最大正整数
varargin	可变的函数输入参数个数
vararout	可变的函数输出参数个数

在 MATLAB 编程时,定义变量应尽量不要与以上常量名重复,以免改变这些常数的值。如果不小心定义变量和常数同名,改变了某个常量的值,那么它原来特定的值就丢掉了。为了恢复它原来特定的值,有两种途径:一是重启 MATLAB 系统;二是对被覆盖的值执行 clear 命令,如图 1-4 所示。图中 pi 代表圆周率 π,其数值为 3.1416。

```
>> pi
ans =

    3.1416
>> pi = 2
pi =
    2

>> clear pi
>> pi

ans =

    3.1416
```

图 1-4　常量值的修改和恢复

1.5　MATLAB 命令窗口应用实例

MATLAB 的命令窗口是用户与 MATLAB 软件打交道的主要窗口。在命令窗口内可以执行两种类型的命令：一类是 MATLAB 的通用命令；另一类是程序命令。

1. MATLAB 的通用命令

（1）通用命令是 MATLAB 中经常使用的一组命令，这些命令可以用来管理目录、命令、函数、变量、工作空间、文件和窗口。常用的命令有：

cd——显示或改变当前的工作目录。

dir——显示当前目录或指定目录下的文件。

clc——清除工作窗中的所有显示信息。

home——将光标移至命令窗口的最左上角。

clf——清除图形窗口。

clear——清理内存变量。

exit——退出 MATLAB。

quit——退出 MATLAB。

path——显示搜索目录。

version——显示当前所用 MATLAB 的软件版本号。

↑——显示上一行。

↓——显示下一行。

help——获取在线帮助。

（2）通用命令使用实例。

① 查当前所用 MATLAB 软件版本号。

```
>> version

ans =

8.5.0.197613 (R2015a)
```

这表明当前所用 MATLAB 软件版本号为"8.5.0.197613（R2015a）"。

② 显示当前的工作目录。

```
>> cd

C:\Program Files\MATLAB\MATLAB Production Server\R2015a\bin
```

③ 显示当前的工作目录的文件。

```
>> dir
```

.   lcdata.xsd   mcc.bat   mexutils.pm

```
worker.bat
..      lcdata_utf8.xml           mex.bat              mw_mpiexec.bat
MemShieldStarter.bat  m3iregistry    mex.pl                registry
deploytool.bat         matlab.exe     mexext.bat            util
lcdata.xml             mbuild.bat     mexsetup.pm           win64
...
```

④ 获取在线帮助。

```
help
HELP topics:

matlab/general              - General purpose commands.
matlab/ops                  - Operators and special characters.
matlab/lang                 - Programming language constructs.
...
```

⑤ 获取符号 sqrt 的帮助。

```
help sqrt
sqrt   Square root.
    sqrt(X) is the square root of the elements of X. Complex
    results are produced if X is not positive.

    See also sqrtm, realsqrt, hypot.

    Other functions named sqrt

    Reference page in Help browser
    doc sqrt
```

2. MATLAB 的程序命令

在 MATLAB 的命令窗口,大多数情况下是在执行用户程序,这里既包括仅仅一行的程序或命令,也包括多行的程序。以下是几个简单的编程例子。

① 显示现在的日期时间。

输入以下命令：

```
clock

ans =

  1.0e + 003 *

    2.0180  0.0010  0.0060  0.0150  0.0200  0.0267
```

这表明,现在的日期时间为 2018-1-6,15:20:26.7。

② 显示现在的日期。

输入以下命令：

```
>> date
```

```
ans =

06 - Jan - 2018
```

这表明,现在的日期为 2018-1-6。

③ 计算当 x＝0.5 时,函数 y＝x³＋2x²＋3x－5 的值。

输入以下命令:

```
>> x = 0.5;
>> y = x^3 + 2 * x^2 + 3 * x - 5
y =

  - 2.8750
```

这表明,函数 y＝－2.8750。

④ 输入一个向量或数组。

```
>> x = [6 2 8 4 5]
x =

   6    2    8    4    5
```

这表明,数组 x 包括 5 个数:6、2、8、4、5。

⑤ 输入一个从 1 开始连续的 10 个自然数组成的向量或数组。

输入以下命令:

```
>> x = 1: 1: 10
x =

   1    2    3    4    5    6    7    8    9   10
```

这表明,数组 x 包括 10 个数:1、2、3、4、5、6、7、8、9、10。

⑥ 输入一个 3×3 矩阵。

输入以下命令:

```
>> A = [1 2 3; 4 5 6; 7 8 9]
A =
   1    2    3
   4    5    6
   7    8    9
```

这表明,矩阵为 A＝$\begin{bmatrix} 1 & 2 & 3 \\ 4 & 5 & 6 \\ 7 & 8 & 9 \end{bmatrix}$

⑦ 计算 1＋2＋3＋…＋100 的值。

输入以下命令:

```
sum = 0;
for i = 1:1:100
    sum = sum + i;
```

```
end
disp(sum)
```

执行后,显示值为

```
5050
```

这表明,1+2+3+…+100=5050。

1.6　小结

本章介绍了 MATLAB 的发展历程、特点、桌面操作环境、常量、变量以及命令窗口的若干使用例子。

第2章

矩阵基础知识

2.1 行列式

1. 二阶和三阶行列式

用

$$\begin{vmatrix} a_{11} & a_{12} & \cdots & a_{1n} \\ a_{21} & a_{22} & \cdots & a_{2n} \\ \vdots & \vdots & & \vdots \\ a_{n1} & a_{n2} & \cdots & a_{nn} \end{vmatrix}$$

表示一个 n 阶行列式。其中元素 $a_{ij}(i,j=1,2,\cdots,n)$ 都是数域 P 中的数。行列式中的横排称为行,竖的称为列。例如,a_{ij} 表示第 i 行第 j 列处的元素,a_{23} 表示行列式中第 2 行第 3 列处的元素。

我们知道,凡行列式都可算出一个数值来。先看最简单的二阶行列式。

$$\begin{vmatrix} a_{11} & a_{12} \\ a_{21} & a_{22} \end{vmatrix} = a_{11}a_{22} - a_{12}a_{21}$$

可见,一个二阶行列式值是由对角的两个元素相乘之差形成的。再看三阶行列式。

$$\begin{vmatrix} a_{11} & a_{12} & a_{13} \\ a_{21} & a_{22} & a_{23} \\ a_{31} & a_{32} & a_{33} \end{vmatrix} = a_{11}a_{22}a_{33} + a_{12}a_{23}a_{31} + a_{13}a_{21}a_{32} - a_{11}a_{23}a_{32} - a_{12}a_{21}a_{33} - a_{13}a_{22}a_{31}$$

可见,一个三阶行列式是由不同行不同列的 3 个数相乘而得到的 6 个项的代数和。

【手工计算例1】

$$\begin{vmatrix} 2 & 1 \\ 1 & -3 \end{vmatrix} = 2 \times (-3) - 1 \times 1 = -7$$

【手工计算例 2】

$$\begin{vmatrix} 2 & 1 & 2 \\ -4 & 3 & 1 \\ 2 & 3 & 5 \end{vmatrix} = 2 \times 3 \times 5 + 1 \times 1 \times 2 + 2 \times (-4) \times 3 - 2 \times 3 \times 1 - 1 \times (-4) \times 5 - 2 \times 3 \times 2$$

$$= 30 + 2 - 24 - 6 + 20 - 12 = 10$$

2. 余子式和代数余子式

在 n 阶行列式

$$\begin{vmatrix} a_{11} & a_{12} & \cdots & a_{1n} \\ a_{21} & a_{22} & \cdots & a_{2n} \\ \vdots & \vdots & & \vdots \\ a_{n1} & a_{n2} & \cdots & a_{nn} \end{vmatrix}$$

中,划去元素 a_{ij} 所在的第 i 行第 j 列,剩下的元素按原来的排法,构成一个 $n-1$ 阶行列式

$$\begin{vmatrix} a_{11} & \cdots & a_{1,j-1} & a_{1,j+1} & \cdots & a_{1n} \\ \vdots & \vdots & \vdots & \vdots & & \vdots \\ a_{i-1,1} & \cdots & a_{i-1,j-1} & a_{i-1,j+1} & \cdots & a_{i-1,n} \\ a_{i+1,1} & \cdots & a_{i+1,j-1} & a_{i+1,j+1} & \cdots & a_{i+1,n} \\ \vdots & \vdots & \vdots & \vdots & & \vdots \\ a_{n1} & \cdots & a_{n,j-1} & a_{n,j+1} & \cdots & a_{nn} \end{vmatrix}$$

称为元素 a_{ij} 的余子式,记为 M_{ij}。

例如,对于三阶行列式

$$D = \begin{vmatrix} a_{11} & a_{12} & a_{13} \\ a_{21} & a_{22} & a_{23} \\ a_{31} & a_{32} & a_{33} \end{vmatrix}$$

来说,各个元素的余子式分别为

$$M_{11} = \begin{vmatrix} a_{22} & a_{23} \\ a_{32} & a_{33} \end{vmatrix}, \quad M_{12} = \begin{vmatrix} a_{21} & a_{23} \\ a_{31} & a_{33} \end{vmatrix}, \quad M_{13} = \begin{vmatrix} a_{21} & a_{22} \\ a_{31} & a_{32} \end{vmatrix}$$

$$M_{21} = \begin{vmatrix} a_{12} & a_{13} \\ a_{32} & a_{33} \end{vmatrix}, \quad M_{22} = \begin{vmatrix} a_{11} & a_{13} \\ a_{31} & a_{33} \end{vmatrix}, \quad M_{23} = \begin{vmatrix} a_{11} & a_{12} \\ a_{31} & a_{32} \end{vmatrix}$$

$$M_{31} = \begin{vmatrix} a_{12} & a_{13} \\ a_{22} & a_{23} \end{vmatrix}, \quad M_{32} = \begin{vmatrix} a_{11} & a_{13} \\ a_{21} & a_{23} \end{vmatrix}, \quad M_{33} = \begin{vmatrix} a_{11} & a_{12} \\ a_{21} & a_{22} \end{vmatrix}$$

而三阶行列式 D 可以通过各行的余子式来表示:

$$D = a_{11}M_{11} - a_{12}M_{12} + a_{13}M_{13}$$
$$= -a_{21}M_{21} + a_{22}M_{22} - a_{23}M_{23}$$
$$= a_{31}M_{31} - a_{32}M_{32} + a_{33}M_{33}$$

也可以用各列的余子式来表示:

$$D = a_{11}M_{11} - a_{21}M_{21} + a_{31}M_{31}$$
$$= -a_{12}M_{12} + a_{22}M_{22} - a_{32}M_{32}$$
$$= a_{13}M_{13} - a_{23}M_{23} + a_{33}M_{33}$$

从以上等式可以看出：M_{ij}前的符号，有时正，有时负。为了弄清这个问题，引入下述定义。

定义 2.1 令

$$A_{ij} = (-1)^{i+j} M_{ij}$$

其中，A_{ij}称为元素a_{ij}的代数余子式。

应用代数余子式的概念，三阶行列式可以表示成

$$D = a_{i1}A_{i1} + a_{i2}A_{i2} + a_{i3}A_{i3} \quad (i=1,2,3)$$
$$D = a_{1j}A_{1j} + a_{2j}A_{2j} + a_{3j}A_{3j} \quad (j=1,2,3)$$

这表明，行列式的值是任意一行的所有元素与其对应的代数余子式的乘积之和。

【手工计算例 3】 求

$$D = \begin{vmatrix} 1 & 0 & -1 \\ 1 & 2 & 0 \\ -1 & 3 & 2 \end{vmatrix}$$

的余子式 M_{11}、M_{12}、M_{13} 及代数余子式 A_{11}、A_{12}、A_{13} 并求 D。

解： $M_{11} = \begin{vmatrix} 2 & 0 \\ 3 & 2 \end{vmatrix} = 4, M_{12} = \begin{vmatrix} 1 & 0 \\ -1 & 2 \end{vmatrix} = 2, M_{13} = \begin{vmatrix} 1 & 2 \\ -1 & 3 \end{vmatrix} = 5$

$A_{11} = (-1)^{1+1} M_{11} = 4, A_{12} = (-1)^{1+2} M_{12} = -2$

$A_{13} = (-1)^{1+3} M_{13} = 5$

$D = 1 \times A_{11} + 0 \times A_{12} + (-1) \times A_{13} = -1$

3. 用代数余子式表示 n 阶行列式的展开式

前已说明，n 阶行列式

$$\begin{vmatrix} a_{11} & a_{12} & \cdots & a_{1n} \\ a_{21} & a_{22} & \cdots & a_{2n} \\ \vdots & \vdots & & \vdots \\ a_{n1} & a_{n2} & \cdots & a_{nn} \end{vmatrix}$$

等于它任意一行的所有元素与它们的对应代数余子式的乘积之和，即

$$D = a_{k1}A_{k1} + a_{k2}A_{k2} + \cdots + a_{kn}A_{kn} \quad (k=1,2,\cdots,n)$$

这就是行列式按一行(第 k 行)展开的公式。

由于行列式中行与列的对称性，所以同样也可以将行列式按一列展开，即 n 阶行列式

$$\begin{vmatrix} a_{11} & a_{12} & \cdots & a_{1n} \\ a_{21} & a_{22} & \cdots & a_{2n} \\ \vdots & \vdots & & \vdots \\ a_{n1} & a_{n2} & \cdots & a_{nn} \end{vmatrix}$$

等于它任意一列的所有元素与它们的对应代数余子式的乘积之和，即

$$D = a_{1l}A_{1l} + a_{2l}A_{2l} + \cdots + a_{nl}A_{nl} \quad (l=1,2,\cdots,n)$$

这就是行列式按一列(第 l 列)展开的公式。

【**手工计算例 4**】 求以下行列式的值

$$D = \begin{vmatrix} 2 & 1 & 2 \\ -4 & 3 & 1 \\ 2 & 3 & 5 \end{vmatrix}$$

解：把 D 按第 2 行展开，得

$$\begin{vmatrix} 2 & 1 & 2 \\ -4 & 3 & 1 \\ 2 & 3 & 5 \end{vmatrix} = 4 \begin{vmatrix} 1 & 2 \\ 3 & 5 \end{vmatrix} + 3 \begin{vmatrix} 2 & 2 \\ 2 & 5 \end{vmatrix} - \begin{vmatrix} 2 & 1 \\ 2 & 3 \end{vmatrix} = -4 + 18 - 4 = 10$$

把 D 按第 3 列展开，得

$$\begin{vmatrix} 2 & 1 & 2 \\ -4 & 3 & 1 \\ 2 & 3 & 5 \end{vmatrix} = 2 \begin{vmatrix} -4 & 3 \\ 2 & 3 \end{vmatrix} - \begin{vmatrix} 2 & 1 \\ 2 & 3 \end{vmatrix} + 5 \begin{vmatrix} 2 & 1 \\ -4 & 3 \end{vmatrix} = -36 - 4 + 50 = 10$$

2.2 矩阵的加法、乘法和矩阵的转置

1. 矩阵的加法

设

$$A = \begin{pmatrix} a_{11} & a_{12} & \cdots & a_{1n} \\ a_{21} & a_{22} & \cdots & a_{2n} \\ \vdots & \vdots & & \vdots \\ a_{s1} & a_{s2} & \cdots & a_{sn} \end{pmatrix} \qquad B = \begin{pmatrix} b_{11} & b_{12} & \cdots & b_{1n} \\ b_{21} & b_{22} & \cdots & b_{2n} \\ \vdots & \vdots & & \vdots \\ b_{s1} & b_{s2} & \cdots & b_{sn} \end{pmatrix}$$

是两个 $s \times n$ 矩阵，则 $s \times n$ 矩阵

$$C = \begin{pmatrix} a_{11}+b_{11} & a_{12}+b_{12} & \cdots & a_{1n}+b_{1n} \\ a_{21}+b_{21} & a_{22}+b_{22} & \cdots & a_{2n}+b_{2n} \\ \vdots & \vdots & & \vdots \\ a_{s1}+b_{s1} & a_{s2}+b_{s2} & \cdots & a_{sn}+b_{sn} \end{pmatrix}$$

称为 A 和 B 的和，记作

$$C = A + B$$

从定义可以看出：两个矩阵必须在行数与列数分别相同的情况下才能相加。

【**手工计算例 5**】

$$\begin{pmatrix} 1 & 2 & 3 & 5 \\ 0 & 1 & -1 & 2 \\ 3 & 1 & 2 & 0 \\ 2 & 1 & 3 & 2 \end{pmatrix} + \begin{pmatrix} 0 & 0 & 1 & -1 \\ 1 & 2 & 3 & 1 \\ 2 & 1 & -1 & 2 \\ 4 & 5 & 0 & 1 \end{pmatrix} = \begin{pmatrix} 1+0 & 2+0 & 3+1 & 5-1 \\ 0+1 & 1+2 & -1+3 & 2+1 \\ 3+2 & 1+1 & 2-1 & 0+2 \\ 2+4 & 1+5 & 3+0 & 2+1 \end{pmatrix}$$

$$= \begin{pmatrix} 1 & 2 & 4 & 4 \\ 1 & 3 & 2 & 3 \\ 5 & 2 & 1 & 2 \\ 6 & 6 & 3 & 3 \end{pmatrix}$$

2. 矩阵的乘法

定义矩阵的乘法如下：

设 A 是一个 $s \times n$ 矩阵

$$A = \begin{pmatrix} a_{11} & a_{12} & \cdots & a_{1n} \\ a_{21} & a_{22} & \cdots & a_{2n} \\ \vdots & \vdots & & \vdots \\ a_{s1} & a_{s2} & \cdots & a_{sn} \end{pmatrix}$$

B 是一个 $n \times m$ 矩阵

$$B = \begin{pmatrix} b_{11} & b_{12} & \cdots & b_{1m} \\ b_{21} & b_{22} & \cdots & b_{2m} \\ \vdots & \vdots & & \vdots \\ b_{n1} & b_{n2} & \cdots & b_{nm} \end{pmatrix}$$

作 $s \times m$ 矩阵

$$C = \begin{pmatrix} c_{11} & c_{12} & \cdots & c_{1m} \\ c_{21} & c_{22} & \cdots & c_{2m} \\ \vdots & \vdots & & \vdots \\ c_{s1} & c_{s2} & \cdots & c_{sm} \end{pmatrix}$$

其中，

$$c_{ij} = a_{i1}b_{1j} + a_{i2}b_{2j} + \cdots + a_{in}b_{nj} = \sum_{k=1}^{n} a_{ik}b_{kj} \quad (i=1,2,\cdots,s; \ j=1,2,\cdots,m)$$

矩阵 C 称为矩阵 A 与 B 的乘积，记为

$$C = AB$$

注意：在矩阵乘积的定义中，要求第 1 个矩阵的列数必须等于第 2 个矩阵的行数。

【手工计算例6】 设

$$A = \begin{pmatrix} 1 & 0 & 2 & -1 \\ 0 & 1 & -1 & 3 \\ -1 & 2 & 0 & 1 \end{pmatrix}, \quad B = \begin{pmatrix} 1 & 2 \\ 2 & 1 \\ 0 & 3 \\ 1 & 4 \end{pmatrix}$$

则

$$AB = \begin{pmatrix} 1\times1+0\times2+2\times0+(-1)\times1 & 1\times2+0\times1+2\times3+(-1)\times4 \\ 0\times1+1\times2+(-1)\times0+3\times1 & 0\times2+1\times1+(-1)\times3+3\times4 \\ (-1)\times1+2\times2+0\times0+1\times1 & (-1)\times2+2\times1+0\times3+1\times4 \end{pmatrix}$$

$$= \begin{pmatrix} 0 & 4 \\ 5 & 10 \\ 4 & 4 \end{pmatrix}$$

矩阵的乘法与数的乘法有一个重要区别：就是矩阵的乘法不满足交换律，也就是说，矩阵的乘积 AB 与 BA 不一定相等。看下面的例子。

【手工计算例 7】　设

$$A=\begin{pmatrix} 1 & 2 & 3 \\ 2 & -1 & 1 \\ 0 & 2 & 4 \end{pmatrix} \quad B=\begin{pmatrix} 2 & 1 & -1 \\ 0 & 2 & 1 \\ 1 & 0 & -2 \end{pmatrix}$$

则

$$AB=\begin{pmatrix} 5 & 5 & -5 \\ 5 & 0 & -5 \\ 4 & 4 & -6 \end{pmatrix}$$

$$BA=\begin{pmatrix} 4 & 1 & 3 \\ 4 & 0 & 6 \\ 1 & -2 & -5 \end{pmatrix}$$

可见,在本例中,AB 和 BA 完全不同。

3. 矩阵的转置

把一个矩阵的行列互换,所得到的矩阵称为这个矩阵的转置。

设 A 是一个 $s \times n$ 矩阵:

$$A=\begin{pmatrix} a_{11} & a_{12} & \cdots & a_{1n} \\ a_{21} & a_{22} & \cdots & a_{2n} \\ \vdots & \vdots & & \vdots \\ a_{s1} & a_{s2} & \cdots & a_{sn} \end{pmatrix}$$

$s \times n$ 矩阵

$$\begin{pmatrix} a_{11} & a_{21} & \cdots & a_{s1} \\ a_{12} & a_{22} & \cdots & a_{s2} \\ \vdots & \vdots & & \vdots \\ a_{1n} & a_{2n} & \cdots & a_{sn} \end{pmatrix}$$

称为 A 的转置矩阵,记作 A'。

【手工计算例 8】　设

$$A=\begin{pmatrix} 1 & 2 & 3 \\ 2 & -1 & 1 \\ 0 & 2 & 4 \end{pmatrix}$$

则

$$A'=\begin{pmatrix} 1 & 2 & 0 \\ 2 & -1 & 2 \\ 3 & 1 & 4 \end{pmatrix}$$

2.3　矩阵的除法——矩阵求逆

以上谈了矩阵的加、减、乘法,矩阵有没有除法呢? 有,求矩阵的逆就是矩阵除法。

1. E 矩阵——单位矩阵

矩阵中有一类特殊的矩阵,起着与数的乘法中 1 相同的作用,即所谓单位矩阵。主对角

线上的元素全是 1,其余元素全是 0 的 $n \times n$ 矩阵

$$\begin{pmatrix} 1 & 0 & \cdots & 0 \\ 0 & 1 & \cdots & 0 \\ \vdots & \vdots & & \vdots \\ 0 & 0 & \cdots & 1 \end{pmatrix}$$

称为 n 阶单位矩阵,记作 E_n。

2. 矩阵的逆的定义

对于矩阵 A,如果有矩阵 B,使得

$$AB = BA = E$$

则 A 称为可逆的;B 称为 A 的逆矩阵,记作 A^{-1}。

3. 伴随矩阵

设 A_{ij} 是矩阵

$$A = \begin{pmatrix} a_{11} & a_{12} & \cdots & a_{1n} \\ a_{21} & a_{22} & \cdots & a_{2n} \\ \vdots & \vdots & & \vdots \\ a_{n1} & a_{n2} & \cdots & a_{nn} \end{pmatrix}$$

中元素 a_{ij} 的代数余子式。矩阵

$$A^* = \begin{pmatrix} A_{11} & A_{12} & \cdots & A_{1n} \\ A_{21} & A_{22} & \cdots & A_{2n} \\ \vdots & \vdots & & \vdots \\ A_{n1} & A_{n2} & \cdots & A_{nn} \end{pmatrix}$$

称为 A 的伴随矩阵。

4. 逆矩阵计算公式

矩阵 A 可逆的充分必要条件是:A 是非退化的(指 $|A| \neq 0$),而且当 A 可逆时,有

$$A^{-1} = \frac{1}{|A|} A^*$$

【手工计算例 9】 判断矩阵

$$A = \begin{pmatrix} 1 & 2 & 3 \\ 2 & 2 & 1 \\ 3 & 4 & 3 \end{pmatrix}$$

是否可逆。如果可逆,求 A^{-1}。

解:因为

$$|A| = \begin{vmatrix} 1 & 2 & 3 \\ 2 & 2 & 1 \\ 3 & 4 & 3 \end{vmatrix} = 2 \neq 0$$

所以,A 是可逆的。

又因

$$A_{11} = 2, \quad A_{12} = -3, \quad A_{13} = 2$$
$$A_{21} = 6, \quad A_{22} = -6, \quad A_{23} = 2$$

$$A_{31} = -4, \quad A_{32} = 5, \quad A_{33} = -2$$

所以

$$A^{-1} = \frac{1}{2}\begin{pmatrix} 2 & 6 & -4 \\ -3 & -6 & 5 \\ 2 & 2 & 2 \end{pmatrix} = \begin{pmatrix} 1 & 3 & -2 \\ -\dfrac{3}{2} & -3 & \dfrac{5}{2} \\ 1 & 1 & -1 \end{pmatrix}$$

可以验证：

$$\begin{pmatrix} 1 & 3 & -2 \\ -\dfrac{3}{2} & -3 & \dfrac{5}{2} \\ 1 & 1 & -1 \end{pmatrix}\begin{pmatrix} 1 & 2 & 3 \\ 2 & 2 & 1 \\ 3 & 4 & 3 \end{pmatrix} = \begin{pmatrix} 1 & 0 & 0 \\ 0 & 1 & 0 \\ 0 & 0 & 1 \end{pmatrix}$$

2.4　矩阵的特征值和特征向量

特征值问题是数值代数的基本问题之一，无论在理论上还是在工程技术上都非常重要。工程技术中的一些问题，如振动问题和稳定性问题，常可归结为求一个方阵的特征值和特征向量问题。

特征值和特征向量的定义如下：

定义 2.2　设 A 是个 n 阶矩阵，λ_0 是一个数，如果有非零列向量（即 $n \times 1$ 矩阵）α，使得

$$A\alpha = \lambda_0\alpha \tag{2-1}$$

就称 λ_0 是 A 的特征值，α 是 A 的属于特征值 λ_0 的特征向量，简称特征向量。

设

$$\alpha = \begin{pmatrix} c_1 \\ c_2 \\ \vdots \\ c_n \end{pmatrix} \neq 0$$

是矩阵

$$A = \begin{pmatrix} a_{11} & a_{12} & \cdots & a_{1n} \\ a_{21} & a_{22} & \cdots & a_{2n} \\ \vdots & \vdots & & \vdots \\ a_{n1} & a_{n2} & \cdots & a_{nn} \end{pmatrix}$$

的属于特征值 λ_0 的特征向量，那么

$$A\alpha = \lambda_0\alpha$$

具体写出来，就是

$$\begin{pmatrix} a_{11} & a_{12} & \cdots & a_{1n} \\ a_{21} & a_{22} & \cdots & a_{2n} \\ \vdots & \vdots & & \vdots \\ a_{n1} & a_{n2} & \cdots & a_{nn} \end{pmatrix}\begin{pmatrix} c_1 \\ c_2 \\ \vdots \\ c_n \end{pmatrix} = \lambda_0\begin{pmatrix} c_1 \\ c_2 \\ \vdots \\ c_n \end{pmatrix}$$

将等式两端乘开,得

$$
\begin{cases}
a_{11}c_1 + a_{12}c_2 + \cdots + a_{1n}c_n = \lambda_0 c_1 \\
a_{21}c_1 + a_{22}c_2 + \cdots + a_{2n}c_n = \lambda_0 c_2 \\
\quad\quad\quad\quad\quad\vdots \\
a_{n1}c_1 + a_{n2}c_2 + \cdots + a_{nn}c_n = \lambda_0 c_n
\end{cases}
$$

移项,得

$$
\begin{cases}
(\lambda_0 - a_{11})c_1 - a_{12}c_2 - \cdots - a_{1n}c_n = 0 \\
-a_{21}c_1 + (\lambda_0 - a_{22})c_2 - \cdots - a_{2n}c_n = 0 \\
\quad\quad\quad\quad\quad\vdots \\
-a_{n1}c_1 - a_{n2}c_2 - \cdots + (\lambda_0 - a_{nn})c_n = 0
\end{cases}
$$

这说明,$(c_1, c_2, \cdots, c_n)$是齐次线性方程组

$$
\begin{cases}
(\lambda_0 - a_{11})c_1 - a_{12}c_2 - \cdots - a_{1n}c_n = 0 \\
-a_{21}c_1 + (\lambda_0 - a_{22})c_2 - \cdots - a_{2n}c_n = 0 \\
\quad\quad\quad\quad\quad\vdots \\
-a_{n1}c_1 - a_{n2}c_2 - \cdots + (\lambda_0 - a_{nn})c_n = 0
\end{cases}
\tag{2-2}
$$

的一组解。因为这个齐次方程组有一组非零解,所以它的系数行列式等于零:

$$
\begin{vmatrix}
\lambda_0 - a_{11} & \cdots & -a_{1n} \\
\vdots & & \vdots \\
-a_{n1} & \cdots & \lambda_0 - a_{nn}
\end{vmatrix} = 0
$$

即

$$
|\lambda_0 \boldsymbol{E} - \boldsymbol{A}| = 0
$$

定义 2.3 $\boldsymbol{A}$ 是个 n 阶矩阵,λ 是一个未知量。矩阵 $\lambda\boldsymbol{E} - \boldsymbol{A}$ 称为 $\boldsymbol{A}$ 的特征矩阵,它的行列式

$$
|\lambda\boldsymbol{E} - \boldsymbol{A}| =
\begin{vmatrix}
\lambda - a_{11} & \cdots & -a_{1n} \\
\vdots & & \vdots \\
-a_{n1} & \cdots & \lambda - a_{nn}
\end{vmatrix}
= \lambda^n - (a_{11} + \cdots + a_{nn})\lambda^{n-1} + \cdots + (-1)^n |\boldsymbol{A}|
$$

即 $f(\lambda) = |\lambda\boldsymbol{E} - \boldsymbol{A}| = \lambda^n + a_1\lambda^{n-1} + \cdots + a_n$

这里 $a_1 = -(a_{11} + \cdots + a_{nn})$,$a_n = (-1)^n|\boldsymbol{A}|$。$f(\lambda)$ 是首项系数为 1 的 λ 的 n 次多项式,叫作 $\boldsymbol{A}$ 的特征多项式。$f(\lambda)$ 的根叫作 $\boldsymbol{A}$ 的特征根。n 阶矩阵有 n 个特征根。

可见,矩阵 $\boldsymbol{A}$ 的特征值就是 $\boldsymbol{A}$ 的特征多项式的根,所以特征值也叫特征根。

归纳以上讨论,可总结出矩阵 $\boldsymbol{A}$ 的特征值和特征向量的求法:

(1) 计算 $\boldsymbol{A}$ 的特征多项式 $f(\lambda) = |\lambda\boldsymbol{E} - \boldsymbol{A}|$;

(2) 求出 $f(\lambda)$ 在数域 P 中的全部根,就是 $\boldsymbol{A}$ 的全部特征值。

(3) 对于每个特征值 λ_0,求出齐次方程组的非零解,就是属于 λ_0 的特征向量。

【手工计算例 10】 设

$$
\boldsymbol{A} = \begin{pmatrix} -4 & -5 \\ 2 & 3 \end{pmatrix}
$$

求 A 的特征值和特征向量。

解：先求 A 的特征多项式

$$|\lambda E - A| = \begin{vmatrix} \lambda + 4 & 5 \\ -2 & \lambda - 3 \end{vmatrix} = \lambda^2 + \lambda - 2 = 0$$

解之得

$$\lambda_1 = 1, \quad \lambda_2 = -2$$

把 λ_1 代入齐次线性方程组(2-2)中，得

$$\begin{cases} -4x_1 - 5x_2 = x_1 \\ 2x_1 + 3x_2 = x_2 \end{cases}$$

化简后，两个方程都变成 $x_1 = -x_2$，所以它的一个基础解系是 $\begin{pmatrix} 1 \\ -1 \end{pmatrix}$。

把 λ_2 代入式(2-2)中，可解得它的一个基础解系是 $\begin{pmatrix} 5 \\ -2 \end{pmatrix}$。

因此，A 的特征值为 1 和 -2，属于 1 的特征向量是 $p_1 = k_1 \begin{pmatrix} 1 \\ -1 \end{pmatrix}$，属于 -2 的特征向量是 $p_2 = k_2 \begin{pmatrix} 5 \\ -2 \end{pmatrix}$（$k_1$，$k_2$ 全不为零）。

【**手工计算例 11**】　求矩阵 A 的特征值和特征向量。

$$A = \begin{pmatrix} 1 & -2 & 2 \\ -2 & -2 & 4 \\ 2 & 4 & -2 \end{pmatrix}$$

解：先求 A 的特征多项式

$$|\lambda E - A| = \begin{vmatrix} \lambda - 1 & 2 & -2 \\ -2 & \lambda + 2 & -4 \\ -2 & -4 & \lambda + 2 \end{vmatrix} = (\lambda - 2)^2 (\lambda + 7)$$

所以，A 的特征值为 $\lambda_1 = 2, \lambda_2 = -7$。

把 λ_1 代入式(2-1)中，得

$$\begin{cases} x_1 + 2x_2 - 2x_3 = 0 \\ 2x_1 + 4x_2 - 4x_3 = 0 \\ -2x_1 - 4x_2 + 4x_3 = 0 \end{cases}$$

化简，得

$$x_1 + 2x_2 - 2x_3 = 0$$

它的一个基础解系是

$$\begin{pmatrix} 2 \\ 0 \\ 1 \end{pmatrix}, \begin{pmatrix} 0 \\ 1 \\ 1 \end{pmatrix}$$

把 $\lambda_2 = -7$ 代入式(2-2)中，得

$$\begin{cases} -8x_1 + 2x_2 - 2x_3 = 0 \\ 2x_1 - 5x_2 - 4x_3 = 0 \\ -2x_1 - 4x_2 - 5x_3 = 0 \end{cases}$$

化简,得

$$\begin{cases} 2x_1 - 5x_2 - 4x_3 = 0 \\ x_2 + x_3 = 0 \end{cases}$$

它的一个基础解系是

$$\begin{bmatrix} 1 \\ 2 \\ -2 \end{bmatrix}$$

因此,A 的特征值为 2 和 -7。

属于 -7 的特征向量是

$$\boldsymbol{p}_1 = k \begin{bmatrix} 1 \\ 2 \\ -2 \end{bmatrix} \quad (k \neq 0)$$

属于 2 的特征向量是

$$\boldsymbol{p}_2 = k_1 \begin{bmatrix} 2 \\ 0 \\ 1 \end{bmatrix} + k_2 \begin{bmatrix} 0 \\ 1 \\ 1 \end{bmatrix} \quad (k_1, k_2 \text{ 不全为零})$$

2.5   依克莱姆法则解线性方程组

含有 n 个未知量的 n 个方程的线性方程组取如下形式:

$$\begin{cases} a_{11}x_1 + a_{12}x_2 + \cdots + a_{1n}x_n = b_1 \\ a_{21}x_1 + a_{22}x_2 + \cdots + a_{2n}x_n = b_2 \\ \qquad\qquad\qquad \vdots \\ a_{n1}x_1 + a_{n2}x_2 + \cdots + a_{nn}x_n = b_n \end{cases} \tag{2-3}$$

当常数项 $b_1, b_2, \cdots, b_n$ 不全为零时,式(2-3)称为非齐次线性方程组。

如果记

$$\boldsymbol{A} = \begin{bmatrix} a_{11} & a_{12} & \cdots & a_{1n} \\ a_{21} & a_{22} & \cdots & a_{2n} \\ \vdots & \vdots & & \vdots \\ a_{n1} & a_{n2} & \cdots & a_{nn} \end{bmatrix}$$

$$\boldsymbol{x} = (x_1, x_2, \cdots, x_n)^{\mathrm{T}}$$

$$\boldsymbol{b} = (b_1, b_2, \cdots, b_n)^{\mathrm{T}}$$

式中,T 表示转置,那么线性方程组(2-3)可写成矩阵形式:

$$\boldsymbol{A}\boldsymbol{x} = \boldsymbol{b} \tag{2-4}$$

此方程组有两种解法:逆矩阵法和克莱姆法则。

1. 逆矩阵法

当 $|\boldsymbol{A}| \neq 0$,即 $\boldsymbol{A}$ 的行列式不为 0 时,线性方程组(2-4)的解为

$$\boldsymbol{x} = \boldsymbol{A}^{-1}\boldsymbol{b}$$

式中,$\boldsymbol{A}^{-1}$是系数矩阵 $\boldsymbol{A}$ 的逆矩阵,$\boldsymbol{x}$ 称为方程组(2-4)的解向量。

2. 克莱姆法则

若$|\boldsymbol{A}|\neq0$,线性方程组(2-3)的解为

$$x_1 = \frac{\Delta_1}{|\boldsymbol{A}|}, \quad x_2 = \frac{\Delta_2}{|\boldsymbol{A}|}, \quad \cdots, \quad x_n = \frac{\Delta_n}{|\boldsymbol{A}|}$$

式中

$$\Delta_1 = \begin{bmatrix} b_1 & a_{12} & \cdots & a_{1n} \\ b_2 & a_{22} & \cdots & a_{2n} \\ \vdots & \vdots & & \vdots \\ b_n & a_{n2} & \cdots & a_{nn} \end{bmatrix}, \quad \Delta_2 = \begin{bmatrix} a_{11} & b_1 & a_{13} \cdots & a_{1n} \\ a_{21} & b_2 & a_{23} \cdots & a_{2n} \\ \vdots & \vdots & & \vdots \\ a_{n1} & b_n & a_{n3} \cdots & a_{nn} \end{bmatrix}, \cdots,$$

$$\Delta_n = \begin{bmatrix} a_{11} & a_{12} & \cdots & a_{1,n-1} & b_1 \\ a_{21} & a_{22} & \cdots & a_{2,n-1} & b_2 \\ \vdots & \vdots & & \vdots & \vdots \\ a_{n1} & a_{n2} & \cdots & a_{n,n-1} & b_n \end{bmatrix}$$

这里 $\Delta_j(j=1,2,\cdots,n)$是以常数项向量 $\boldsymbol{b}$ 替换 $\boldsymbol{A}$ 中第 j 列向量后得到的 n 阶行列式。

特别地,二阶线性方程组

$$\begin{cases} a_1 x + b_1 y = c_1 \\ a_2 x + b_2 y = c_2 \end{cases}$$

的解为

$$x = \frac{\Delta_x}{\Delta}, \quad y = \frac{\Delta_y}{\Delta}$$

式中

$$\Delta = \begin{vmatrix} a_1 & b_1 \\ a_2 & b_2 \end{vmatrix} \neq 0, \quad \Delta_x = \begin{vmatrix} c_1 & b_1 \\ c_2 & b_2 \end{vmatrix}, \quad \Delta_y = \begin{vmatrix} a_1 & c_1 \\ a_2 & c_2 \end{vmatrix}$$

三阶线性方程组

$$\begin{cases} a_1 x + b_1 y + c_1 z = d_1 \\ a_2 x + b_2 y + c_2 z = d_2 \\ a_3 x + b_3 y + c_3 z = d_3 \end{cases}$$

的解为

$$x = \frac{\Delta_x}{\Delta}, \quad y = \frac{\Delta_y}{\Delta}, \quad z = \frac{\Delta_z}{\Delta}$$

式中

$$\Delta = \begin{vmatrix} a_1 & b_1 & c_1 \\ a_2 & b_2 & c_2 \\ a_3 & b_3 & c_3 \end{vmatrix} \neq 0, \quad \Delta_x = \begin{vmatrix} d_1 & b_1 & c_1 \\ d_2 & b_2 & c_2 \\ d_3 & b_3 & c_3 \end{vmatrix}$$

$$\Delta_y = \begin{vmatrix} a_1 & d_1 & c_1 \\ a_2 & d_2 & c_2 \\ a_3 & d_3 & c_3 \end{vmatrix}, \quad \Delta_z = \begin{vmatrix} a_1 & b_1 & d_1 \\ a_2 & b_2 & d_2 \\ a_3 & b_3 & d_3 \end{vmatrix}$$

【手工计算例 12】 解以下三元一次线性方程组

$$\begin{cases} 2x+2y-3z=9 \\ x+2y+z=4 \\ 3x+9y+2z=19 \end{cases} \quad 或 \quad \begin{pmatrix} 2 & 2 & -3 \\ 1 & 2 & 1 \\ 3 & 9 & 2 \end{pmatrix} \begin{pmatrix} x \\ y \\ z \end{pmatrix} = \begin{pmatrix} 9 \\ 4 \\ 19 \end{pmatrix}$$

解：$\Delta = \begin{vmatrix} a_1 & b_1 & c_1 \\ a_2 & b_2 & c_2 \\ a_3 & b_3 & c_3 \end{vmatrix} = \begin{vmatrix} 2 & 2 & -3 \\ 1 & 2 & 1 \\ 3 & 9 & 2 \end{vmatrix} = 8-27+6-(-18+4+18) = -17$

$$\Delta_x = \begin{vmatrix} d_1 & b_1 & c_1 \\ d_2 & b_2 & c_2 \\ d_3 & b_3 & c_3 \end{vmatrix} = \begin{vmatrix} 9 & 2 & -3 \\ 4 & 2 & 1 \\ 19 & 9 & 2 \end{vmatrix} = 36+38-3\times36-(-19\times6+16+81) = -17$$

$$\Delta_y = \begin{vmatrix} a_1 & d_1 & c_1 \\ a_2 & d_2 & c_2 \\ a_3 & d_3 & c_3 \end{vmatrix} = \begin{vmatrix} 2 & 9 & -3 \\ 1 & 4 & 1 \\ 3 & 19 & 2 \end{vmatrix} = 16+27-57-(-36+38+18) = -34$$

$$\Delta_z = \begin{vmatrix} a_1 & b_1 & d_1 \\ a_2 & b_2 & d_2 \\ a_3 & b_3 & d_3 \end{vmatrix} = \begin{vmatrix} 2 & 2 & 9 \\ 1 & 2 & 4 \\ 3 & 9 & 19 \end{vmatrix} = 76+24+81-(54+38+72) = 17$$

所以

$$x = \frac{\Delta_x}{\Delta} = \frac{-17}{-17} = 1, \quad y = \frac{\Delta_y}{\Delta} = \frac{-34}{-17} = 2, \quad z = \frac{\Delta_z}{\Delta} = \frac{17}{-17} = -1$$

故,原方程组的解为

$$\begin{cases} x=1 \\ y=2 \\ z=-1 \end{cases}$$

2.6　小结

本章简单介绍了矩阵的部分基础知识。

第3章

常用数学函数运算

常用的数学函数包括三角函数、反三角函数、双曲函数、反双曲函数、指数函数、对数函数、复数函数、截断函数和求余函数等。

3.1 正弦和反正弦函数

求正弦和反正弦函数值。命令格式为：

$Y=\sin(X)$——计算 X 中各元素的正弦函数值。正弦函数定义为 $\sin(z)=(e^{iz}-e^{-iz})/2i$。对于复数 $z=a+bi,\sin(a+bi)=\sin(a)\cosh(b)+i\cos(a)\sinh(b)$。X 可以是单个数、数组或矩阵。

$Y=\mathrm{asin}(X)$：计算 X 中各元素的反正弦函数值。当 X 中元素为区间[$-1,1$]内的实元素时，Y 中元素的范围为[$-\pi/2,\pi/2$]。当 X 中元素不为区间[$-1,1$]内的实元素时，Y 中元素为复数。反正弦函数定义为 $\mathrm{asin}(z)=i\log[iz+(1-z^2)^{1/2}]$。

【例 3.1】 求 $60°$ 角的正弦值，再由正弦值求其反正弦值。

解：$60°$ 相当于 $\pi/3$。

```
X = pi/3

Z = sin(X)
X =

    1.0472
Z =
    0.8660
```

可见，$60°$ 角的正弦值为 0.8660。

```
X = 0.866

Z = asin(X)
```

```
X =

    0.8660
Z =
    1.0471
```

可见,0.8660 的反正弦值为 1.0471(π/3)。

【例 3.2】 求 30°和 45°角的正弦值,再由正弦值求其反正弦值。

解:30°相当于 π/6,45°相当于 π/4。

```
X = [pi/6 pi/4]

Z = sin(X)

X =

    0.5236    0.7854

Z =

    0.5000    0.7071
```

可见,30°和 45°角的正弦值分别为 0.5 和 0.7071。

```
>> X = [0.5 0.7071]

Z = asin(X)

X =

    0.5000    0.7071

Z =

    0.5236    0.7854
```

可见,0.5 和 0.7071 的反正弦值分别为 0.5236(π/6)和 0.7854(π/4)。

【例 3.3】 求以下二阶方阵 **A** 中各元素的正弦值,再由正弦值求其反正弦值。

$$A = \begin{pmatrix} \pi/6 & \pi/4 \\ \pi/2 & \pi \end{pmatrix}$$

解:

```
X = [pi/6 pi/4;pi/2 pi]

Z = sin(X)
X =

    0.5236    0.7854
    1.5708    3.1416
Z =
```

```
     0.5000     0.7071
     1.0000     0.0000
```

可见，*A* 中各元素的正弦值分别为 0.5、0.7071、1.0 和 0。

```
X = [0.5 0.7071;1.0 0]
Z = asin(X)
X =

     0.5000     0.7071
     1.0000          0
Z =

     0.5236     0.7854
     1.5708          0
```

可见，0.5、0.7071、1.0 和 0 的反正弦值分别为 $0.5236(\pi/6)$、$0.7854(\pi/4)$、$1.5708(\pi/2)$ 和 $0(\pi)$。

【例 3.4】　求复数 $\frac{\pi}{6}+\frac{\pi}{4}\mathrm{i}$ 的正弦值，再由正弦值求其反正弦值。

解:

```
Z = sin(pi/6 + (pi/4) * i)

Z =
     0.6623  +  0.7523i
```

可见，求复数的正弦值，就是分别求复数的实部和虚部正弦值。

```
>> X = Z

X =

     0.6623  +  0.7523i

>> Z = asin(X)
Z =

     0.5236  +  0.7854i
```

可见，求复数的反正弦值，就是复数的实部和虚部分别求反正弦值。

3.2　余弦和反余弦函数

求余弦和反余弦函数值。命令格式为:

Y＝cos(X)——计算 X 中各元素的余弦函数值。余弦函数定义为 $\cos(z)=(\mathrm{e}^{\mathrm{i}z}+\mathrm{e}^{-\mathrm{i}z})/2\mathrm{i}$。对于复数 z＝a＋bi，$\cos(a+bi)=\cos(a)\cosh(b)+\mathrm{i}\sin(a)\sinh(b)$。X 可以是单个数、数组或矩阵。

Y=acos(X)：计算 X 中各元素的反余弦函数值。当 X 中元素为区间[-1,1]内的实元素时,Y 中元素的范围为[0,π]。当 X 中元素不为区间[-1,1]内的实元素时,Y 中元素为复数。

【例 3.5】 求 60°角的余弦值,再由余弦值求其反余弦值。

解：

```
X = pi/3

Z = cos(X)
X =

    1.0472
Z =
    0.5000
```

可见,60°角的余弦值为 0.500。

```
X = 0.5000

Z = acos(X)
X =

    0.5000
Z =
    1.0471
```

可见,0.5000 的反余弦值为 1.0471(π/3)。

【例 3.6】 求 30°和 45°角的余弦值,再由余弦值求其反余弦值。

解：

```
X = [pi/6 pi/4]
Z = cos(X)
X =

    0.5236    0.7854
Z =

    0.8660    0.7071
```

可见,30°和 45°角的余弦值分别为 0.866 和 0.7071。

```
X = [0.866  0.7071]

Z = acos(X)
X =

    0.8660    0.7071
Z =

    0.5236    0.7854
```

可见,0.866 和 0.7071 的反余弦值分别为 0.5236(π/6)和 0.7854(π/4)。

【例 3.7】　求以下二阶方阵 A 中各元素的余弦值,再由余弦值求其反余弦值。

$$A = \begin{pmatrix} \pi/6 & \pi/4 \\ \pi/2 & \pi \end{pmatrix}$$

解：

X = [pi/6 pi/4;pi/2 pi]

Z = cos(X)
X =

     0.5236   0.7854
     1.5708   3.1416
Z =

     0.8660   0.7071
     0.0000   −1.0000

可见,A 中各元素的余弦值分别为 0.866、0.7071、0.0 和−1.0。

X = [0.866 0.7071;0.0 −1.0]

Z = acos(X)
X =

     0.8660   0.7071
     0   −1.0000
Z =

     0.5236   0.7854
     1.5708   3.1416

可见,0.866、0.7071、0.0 和−1.0 的反余弦值分别为 0.5236($\pi/6$)、0.7854($\pi/4$)、1.5708 ($\pi/2$)和 3.1416(π)。

3.3　正切和反正切函数

求正切函数和反正切函数值。命令格式为：
Y＝tan(X)——计算 X 中各元素的正切函数值。正切函数定义为 $\tan(z) = \sin(z)/\cos(z)$。
Y＝atan(X)——计算 X 中各元素的反正切函数值。当 X 中元素为实元素时,Y 中元素的范围为$[-\pi/2, \pi/2]$。反正切弦函数定义为 $atan(z) = i/2 * \log[(i+z)/(i-z)]$。

【例 3.8】　求 60°角的正切值,再由正切值求其反正切值。

解：

X = pi/3

Z = tan(X)
X =

```
            1.0472
    Z =
            1.7320
```

可见,60°角的正切值为 1.7320。

```
    X = 1.7320
    Z = atan(X)
    X =
            1.7320
    Z =
            1.0471
```

可见,1.7320 的反正切值为 1.0471($\pi/3$)。

【例 3.9】 求 30°和 45°角的正切值,再由正切值求其反正切值。

解:

```
    X = [pi/4 pi/6]

    Z = tan(X)
    X =

        0.7854      0.5236
    Z =

        1.0000      0.5774
```

可见,45°和 30°角的正切值分别为 1.0 和 0.5774。

```
    >> X = [1 0.5774]

    Z = atan(X)

    X =

        1.0000      0.5774
    Z =

        0.7854      0.5236
```

可见,1.0 和 0.5774 的反正切值分别为 0.7854($\pi/4$)和 0.5236($\pi/6$)。

【例 3.10】 求以下二阶方阵 A 中各元素的正切值,再由正切值求其反正切值。

$$A = \begin{pmatrix} \pi/6 & \pi/4 \\ \pi/3 & \pi \end{pmatrix}$$

解:

```
    X = [pi/6 pi/4;pi/3 pi]

    Z = tan(X)
```

```
X =
    0.5236    0.7854
    1.0472    3.1416
Z =
    0.5774    1.0000
    1.7321    - 0.0000
```

可见,A 中各元素的正切值分别为 0.5774、1.0、1.7321 和 0.0。

```
>> Z = atan(Z)
Z =

    0.5236    0.7854
    1.0472    - 0.0000
```

可见,0.5774、1.0、1.7321 和 0.0 的反正切值分别为 0.5236($\pi/6$)、0.7854($\pi/4$)、1.0472($\pi/3$)和 0(π)。

3.4　四象限的反正切函数

求四象限的反正切函数值。命令格式为:

$Z = atan2(Y,X)$——计算 X 和 Y 中元素的四象限反正切函数值 Z。其中,Z 中元素值的范围为$[-\pi,\pi]$。所有 X 和 Y 中元素的虚部在计算时均被忽略。

请注意:反正切函数 atan 值的输出范围$[-\pi/2 \sim \pi/2]$,四象限反正切函数 atan2 值的输出范围为$[-\pi \sim \pi]$。

【例 3.11】　求已知 X、Y 的四象限反正切函数值。

```
X = [1.2 - 4.9i 2.4 + 5.3i 3.9 - 6.2i]
Y = [3 5 7 + 2.1i]
Z = atan2(Y,X)

X =

    1.2000 - 4.9000i    2.4000 + 5.3000i    3.9000 - 6.2000i
Y =

    3.0000        5.0000        7.0000 + 2.1000i

Warning: Imaginary part is currently ignored.
Future behavior of ATAN2 with complex inputs may change.
Z =

    1.1903    1.1233    1.0625
```

【例 3.12】　求已知 X、Y 的四象限反正切函数值。

```
>> X = [1 2 3]
Y = [4 5 6]
```

```
Z = atan2(Y,X)

X =

    1    2    3
Y =

    4    5    6
Z =

1.3258    1.1903    1.1071
```

【例 3.13】 求已知 X、Y 的四象限反正切函数值。

```
X = [1 2]
Y = [4 5]
Z = atan2(Y,X)

X =

    1    2
Y =

    4    5
Z =

1.3258    1.1903
```

【例 3.14】 求已知 X、Y 的四象限反正切函数值。

```
>> X = [i 2i]
Y = [4i 5i]
Z = atan2(Y,X)

X =

    0 + 1.0000i    0 + 2.0000i
Y =

    0 + 4.0000i    0 + 5.0000i


Error using atan2
Inputs must be real.
```

可见,X 和 Y 中元素若为虚数,则给出警告信号,停止计算。

3.5 余切和反余切函数

求余切函数和反余切函数值。命令格式为:

$Y = \cot(X)$——计算 X 中各元素的余切函数值。余切函数定义为 $\cot(z) = 1/\tan(z) = \cos(z)/\sin(z)$。

Y＝acot(X)——计算 X 中各元素的反余切函数值。反余切函数定义为 acot(z)＝atan(1/z)。

【例 3.15】　求 30°和 45°角的余切值,再由余切值求其反余切值。

解：30°相当于 π/6,45°相当于 π/4。

```
X = [pi/6 pi/4]

Z = cot(X)
X =
    0.5236    0.7854
Z =
    1.7321    1.0000
```

可见,30°和 45°角的余切值分别为 1.7321 和 1.0。

```
X = [1.7321 1.0]

Z = acot(X)
X =
    1.7321    1.0000
Z =
    0.5236    0.7854
```

可见,1.7321 和 1.0 的反余切值分别为 0.5236(π/6)和 0.7854(π/4)。

3.6　正割和反正割函数

求正割函数和反正割函数值。命令格式为：

Y＝sec(X)——计算 X 中各元素的正割函数值。正割函数定义为 sec(z)＝1/cos(z)。

Y＝asec(X)——计算 X 中各元素的反正割函数值。反正割函数定义为 asec(z)＝acos(1/z)。

【例 3.16】　求 30°和 45°角的正割值,再由正割值求其反正割值。

解：

```
X = [pi/6 pi/4]

Z = sec(X)
X =

    0.5236    0.7854
Z =
    1.1547    1.4142
```

可见,30°和 45°角的正割值分别为 1.1547 和 1.4142。

```
X = [1.1547 1.4142]
Z = asec (X)
    X =
        1.1547    1.4142
```

```
         Z =
          0.5236    0.7854
```

可见,1.1547 和 1.4142 的反正割值分别为 0.5236(π/6)和 0.7854(π/4)。

3.7   余割和反余割函数

求余割函数和反余割函数值。命令格式为:

Y＝csc(X)——计算 X 中各元素的余割函数值。余割函数定义为 csc(z)＝1/sin(z)。

Y＝acsc(X)——计算 X 中各元素的反余割函数值。反余割函数定义为 acsc(z)＝asin(1/z)。

【例 3.17】   求 30°和 45°角的余割值,再由余割值求其反余割值。

解:

```
X = [pi/6 pi/4]
Z = csc (X)
X =
    0.5236    0.7854
Z =
    2.0000    1.4142
```

可见,30°和 45°角的余割值分别为 2.0 和 1.4142。

```
X = [2.0 1.4142]

Z = acsc(X)
    X =
        2.0000    1.4142
    Z =

        0.5236    0.7854
```

可见,2.0 和 1.4142 的反余割值分别为 0.5236(π/6)和 0.7854(π/4)。

3.8   双曲正弦和反双曲正弦函数

求双曲正弦和反双曲正弦函数值。命令格式为:

Y＝sinh(X)——计算 X 中各元素的双曲正弦函数值。双曲正弦函数定义为 sinh(z)＝(e^z－e^{-z})/2。

Y＝asinh(X)——计算 X 中各元素的反双曲正弦函数值。反双曲正弦函数定义为 asinh(z)＝log[z＋(1＋z^2)^{1/2}]。

【例 3.18】   求 2 和 5 的双曲正弦值,再由双曲正弦值求其反双曲正弦值。

解:

```
X = [2 5]
Z = sinh(X)
```

```
X =
     2     5
Z =
     3.6269     74.2032

>> Z = asinh(Z)
Z =
     2     5
```

可见,2 和 5 的双曲正弦值分别为 3.6269 和 74.2032,3.6269 和 74.2032 的反双曲正弦值分别为 2 和 5。

3.9　双曲余弦和反双曲余弦函数

求双曲余弦和反双曲余弦函数值。命令格式为:

Y＝cosh(X)——计算 X 中各元素的双曲余弦函数值。双曲余弦函数定义为 $\cosh(z) = (e^z + e^{-z})/2$。

Y＝acosh(X)——计算 X 中各元素的反双曲余弦函数值。反双曲余弦函数定义为 $\mathrm{acosh}(z) = \log[z + (z^2 - 1)^{1/2}]$。

【例 3.19】　求 2 和 5 的双曲余弦值,再由双曲余弦值求其反双曲余弦值。

解:

```
X = [2 5]
Z = cosh(X)

X =
     2     5
Z =
     3.7622     74.2099
>> Z = asinh(Z)

Z =
     2.0354     5.0001
```

可见,2 和 5 的双曲余弦值分别为 3.7622 和 74.2099,3.7622 和 74.2099 的反双曲余弦值分别为 2.0354 和 5.0001。它们与 2 和 5 还有点出入。

3.10　双曲正切和反双曲正切函数

求双曲正切和反双曲正切函数值。命令格式为:

Y＝tanh(X)——计算 X 中各元素的双曲正切函数值。双曲正切函数定义为 $\tanh(z) = \sinh(z)/\cosh(z)$。

Y＝atanh(X)——计算 X 中各元素的反双曲正切函数值。反双曲正切函数定义为 $\mathrm{atanh}(z) = 1/2 * \log[(1+z)/(1-z)]$。

【例 3.20】 求 2 和 5 的双曲正切值,再由双曲正切值求其反双曲正切值。

解:

```
X = [ 2 5]
Z = tanh(X)
X =

    2    5
Z =
   0.9640    0.9999

>> Z = atanh(Z)

Z =

   2.0000   5.0000
```

可见,2 和 5 的双曲正切值分别为 0.9640 和 0.9999,0.9640 和 0.9999 的反双曲正切值分别为 2.0 和 5.0。

3.11 双曲余切和反双曲余切函数

求双曲余切和反双曲余切函数值。命令格式为:

Y＝coth(X)——计算 X 中各元素的双曲余切函数值。双曲余切函数定义为 $\coth(z) = 1/\tan(z) = \cosh(z)/\sinh(z)$。

Y＝acoth(X)——计算 X 中各元素的反双曲余切函数值。反双曲余切函数定义为 $\mathrm{acoth}(z) = \mathrm{atanh}(1/z)$。

【例 3.21】 求 2 和 5 的双曲余切值,再由双曲余切值求其反双曲余切值。

解:

```
X = [ 2 5]
Z = coth(X)

X =

    2    5
Z =

   1.0373    1.0001
>> Z = acoth(Z)

Z =

   2.0000   5.0000
```

可见,2 和 5 的双曲余切值分别为 1.0373 和 1.0001,1.0373 和 1.0001 的反双曲余切值分别为 2.0 和 5.0。

3.12　双曲正割和反双曲正割函数

求双曲正割和反双曲正割函数值。命令格式为：

Y＝sech(X)——计算 X 中各元素的双曲正割函数值。双曲正割函数定义为 sech(z)＝1/cosh(z)。

Y＝asech(X)——计算 X 中各元素的反双曲正割函数值。反双曲正割函数定义为 asech(z)＝acosh(1/z)。

【例 3.22】　求 2 和 5 的双曲正割值,再由双曲正割值求其反双曲正割值。

解:

```
X = [2 5]
Z = sech(X)
X =

    2    5
Z =
    0.2658    0.0135
>> Z = asech(Z)

Z =

    2    5
```

可见,2 和 5 的双曲正割值分别为 0.2658 和 0.0135,0.2658 和 0.0135 的反双曲正割值分别为 2 和 5。

3.13　双曲余割和反双曲余割函数

求双曲余割和反双曲余割函数值。命令格式为：

Y＝csch(X)——计算 X 中各元素的双曲余割函数值。双曲余割函数定义为 csch(z)＝1/sinh(z)。

Y＝acsch(X)——计算 X 中各元素的反双曲余割函数值。反双曲余割函数定义为 acsch(z)＝asinh(1/z)。

【例 3.23】　求 2 和 5 的双曲余割值,再由双曲余割值求其反双曲余割值。

解:

```
X = [2  5]
Z = csch(X)
X =
```

```
     2     5
Z =
     0.2757     0.0135
>> Z = acsch(Z)
Z =
     2     5
```

可见,2 和 5 的双曲余割值分别为 0.2757 和 0.0135,0.2757 和 0.0135 的反双曲余割值分别为 2 和 5。

3.14　数值的绝对值和复数的幅值

求数值的绝对值与复数的幅值。命令格式为:

Y=abs(X)——计算数组 X 中元素的绝对值或复数的幅值。X 中的元素可以是复数。对于复数 $Z=a+b*i$,有 $abs(Z)=a^2+b^2$。

【例 3.24】　求一组复数的幅值。

解:

```
X = [1 + 2i 3 + 4i 5 + 12i];
Y = abs(X)

Y =
     2.2361     5.0000     13.0000
```

以上 3 个数就是所求 3 个复数的幅值。

【例 3.25】　求一组复数的幅值。

```
>> X = [ - 4.9 2.4 - 6.2];
Y = abs(X)
Y =

     4.9000     2.4000     6.2000
```

可见,对于实数,求得结果是原数的绝对值。

3.15　求复数的相位角

求复数的相位角。命令格式为:

P=angle(Z)——计算数组 X 中每个元素的相位角 P,返回与 Z 同维的实数数组 P。P 中每个元素的单位为弧度,其值均在$[-\pi,+\pi]$之间。

【例 3.26】　计算一组复数的相角。

```
X = [1.2 - 4.9i 2.4 + 5.3i 3.9 - 6.2i];
```

```
Y = angle(X)

Y =

    - 1.3306    1.1456    - 1.0093
```

【例 3.27】 计算一组复数的相角。

```
>> X = [1 + 2i 3 + 4i 5 + 12i];
Y = angle(X)
Y =

    1.1071    0.9273    1.1760
```

3.16 求复数的共轭值

求复数的共轭值。命令格式为:

Z＝conj(X)——计算数组 X 中每个元素的共轭值,返回与 X 同维的数组 Z。

【例 3.28】 计算一组复数的共轭值。

```
X = [1.2 - 4.9i 2.4 + 5.3i 3.9 - 6.2i];
Y = conj(X)

Y =

    1.2000 + 4.9000i    2.4000 - 5.3000i    3.9000 + 6.2000i
```

【例 3.29】 计算一组复数的共轭值。

```
>> X = [1 + 2i 3 + 4i 5 + 12i];
Y = conj(X)
Y =

    1.0000 - 2.0000i    3.0000 - 4.0000i    5.0000 - 12.0000i
```

3.17 创建复数

创建复数。命令格式为:

c＝complex(a,b)——创建复数 c。其中 a、b、c 为同维向量、矩阵或数组。c＝a＋bi。

c＝complex(a)——返回实部 a。

【例 3.30】 分别生成 3 组复数。

```
c = complex(1:3,4:6)
c =
```

```
    1.0000 + 4.0000i    2.0000 + 5.0000i    3.0000 + 6.0000i
c = complex(1:3)
c =
    1.0000 + 0.0000i    2.0000 + 0.0000i    3.0000 + 0.0000i
```

【例 3.31】　分别生成 4 组复数。

```
a = [ 2 3 5 7]
b = [ 1 2 4 6]
c = complex(a,b)
a =
    2    3    5    7
b =
    1    2    4    6
c =

    2.0000 + 1.0000i    3.0000 + 2.0000i    5.0000 + 4.0000i    7.0000 + 6.0000i
```

3.18　求复数的实数部分

求复数的实数部分。命令格式为：
P＝real(Z)——计算数组 Z 中每个元素的实数部分，返回与 Z 同维的实数数组 P。
【例 3.32】　计算一组复数的实部。

```
X = [1 + 4i 2 + 5i 3 + 6i]
Z = real(X)
X =
    1.0000 + 4.0000i    2.0000 + 5.0000i    3.0000 + 6.0000i
Z =
    1    2    3
```

以上 Z＝[1 2 3]正是复数组 X 的实部。

3.19　求复数的虚数部分

求复数的虚数部分。命令格式为：
P＝imsg(Z)——计算数组 Z 中每个元素的虚数部分，返回与 Z 同维的实数数组 P。
【例 3.33】　计算一组复数的虚部。

```
X = [1 + 4i 2 + 5i 3 + 6i]
Z = imag(X)
X =
    1.0000 + 4.0000i    2.0000 + 5.0000i    3.0000 + 6.0000i
```

```
Z =
    4    5    6
```

以上 Z＝[4 5 6]正是复数组 X 的虚部。

3.20　小结

本章共讨论了 19 种常用数学函数的计算方法。

第4章

数组的生成及运算

数可扩充为数组,数组又分一维数组和二维数组,一维数组相当于向量,二维数组相当于矩阵。下面介绍在 MATLAB 中如何建立数组以及数组的常用操作等,包括数组的算术运算、关系运算和逻辑运算以及数组的信息获取等。

4.1　建立行向量和列向量

在 MATLAB 中,一般使用方括号([ ])、逗号(,)、空格及分号(;)来创建数组。数组中同一行的元素之间用逗号或空格分开,不同行之间用分号分开。这些符号都必须在英文输入状态下输入。

空数组是 MATLAB 中最特殊的数组,不含任何元素,可以用于数组的声明或清空等。创建空数组非常简单,只要把变量赋值为一对方括号即可。数组是有方向的,一维数组包括行向量和列向量,行向量是以水平方向分布的,列向量是以竖直方向分布的。创建一维行向量,是把所有用空格或逗号分隔的元素用方括号括起来;创建一维列向量,是把所有用分号分隔的元素用方括号括起来。

【例 4.1】　建立行向量和列向量。

```
clear all;
A = [ ]
B = [1 2 3 4 5]
C = [1,2,3,4,5]
D = [1;2;3;4;5]
E = C'
```

运行后输出结果如下:

```
A =
    [ ]
B =
    1    2    3    4    5
C =
```

```
        1    2    3    4    5
D =

        1
        2
        3
        4
        5

>> E = C'
E =
        1
        2
        3
        4
        5
```

在程序中,创建空数组 A 以及行向量和列向量。行向量的元素用空格或逗号分隔;列向量的元素用分号分隔。也可以通过行向量的转置建立列向量。

4.2 一维数组元素的标识、访问和赋值

【例 4.2】 一维数组元素的标识、访问和赋值。

```
clear all;
A = [1 2 3 4 5]
b1 = A(3)                % 数组的第 3 个元素
b2 = A(2:4)              % 数组的第 2 个、第 3 个和第 4 个元素
b3 = A(3:end)            % 数组的第 3 个到最后一个元素
b4 = A(3:-1:1)           % 数组的第 3 个、第 2 个和第 1 个元素
b5 = A(end:-1:1)         % 数组元素反序输出
b6 = A([2 4])            % 数组的第 2 个和第 4 个元素
```

运行后输出结果如下:

```
A =

        1    2    3    4    5
b1 =
        3
b2 =
        2    3    4
b3 =
        3    4    5
b4 =

        3    2    1
b5 =
```

```
        5    4    3    2    1
b6 =

        2    4
```

在程序中,通过一维数组的下标来访问数组中的元素。对于数组 A,其中第一个为 A(1),最后一个元素为 A(end)。通过 A(end:−1:1)进行数组的反向输出。

4.3　通过冒号建立一维数组

通过冒号来创建一维数组,调用格式为 X=N_1:step:N_2,用于创建一维行向量 X,第一个元素为 N_1,然后每次递增(step>0)和递减(step<0)step,直到最后一个元素与 N_2 的差的绝对值小于或等于 step 的绝对值为止。当不指定 step 时,系统默认 step=1。

【例 4.3】　通过冒号创建一维数组。

```
clear all;
A = 2:6
B = 2.5:2:10.9            % 通过冒号创建数组
C = 2.3:2:9.9             % 通过冒号创建数组
D = 8: − 2:1
E = 2: − 2:6
```

运行后输出结果如下:

```
A =

    2    3    4    5    6
B =

    2.5000    4.5000    6.5000    8.5000   10.5000
C =

    2.3000    4.3000    6.3000    8.3000
D =

    8    6    4    2
E =
    Empty matrix: 1 − by − 0
```

在程序中,通过冒号来创建一维数组,如果不指定 step,则系统默认为 1。如果 step>0,则每次递增 step,但是如果 N_1>N_2,则返回空数组。如果 step<0,则每次递减 step,但是如果 N_1<N_2,则返回空数组。

4.4　通过函数 linspace()建立一维数组

在 MATLAB 中,可以通过函数 linspace()建立一维数组,与冒号的功能类似。该函数的调用格式如下:

X＝linspace(X1,X2)——该函数创建行向量 X,第一个元素为 X1,最后一个元素为 X2,形成总共默认为 100 个元素的等差数列。

X＝linspace(X1,X2,N)——该函数创建行向量 X,第一个元素为 X1,最后一个元素为 X2,形成总共 N 个元素的等差数列,N 默认为 100。如果 N＜2,则该函数返回值为 X2。

【例 4.4】 通过函数 linspace()创建一维数组。

```
clear all;
A = linspace(1,10,20)          % 创建数组
B = linspace(2,8,10)           % 创建数组
C = linspace(2,7,2)
D = linspace(2,7,1)
```

运行后输出结果如下:

A =

  Columns 1 through 11

    1.0000   1.4737   1.9474   2.4211   2.8947   3.3684   3.8421   4.3158
4.7895   5.2632   5.7368

  Columns 12 through 20

    6.2105   6.6842   7.1579   7.6316   8.1053   8.5789   9.0526   9.5263
10.0000

B =

    2.0000   2.6667   3.3333   4.0000   4.6667   5.3333   6.0000   6.6667
7.3333   8.0000

C =

    2   7
D =
    7

在程序中,利用函数 linspace()创建由等差数列组成的一维数组。当 N＝2 时,函数的返回值为出 X1 和 X2 两个元素组成的数组。当 N＝1 时,函数返回值为 X2。

4.5 通过函数 logspace()建立一维数组

在 MATLAB 中,可以通过函数 logspace()建立一维数组,和函数 linspace()的功能类似。该函数的调用格式如下:

X＝logspace(X1,X2)——该函数创建行向量 X,第一个元素为 10^{X1},最后一个元素为

10^{X_2},形成总共默认为 50 个元素的等比数列。

X=logspace(X1,X2,N)——该函数创建行向量 X,第一个元素为 10^{X_1},最后一个元素为 10^{X_2},形成总共 N 个元素的等比数列,N 默认为 50。如果 N<2,该函数返回值为 10^{X_2}。

【例 4.5】 通过函数 logspace()创建一维数组。

```
clear all;
format short;
A = logspace(1,2,10)          % 创建数组
B = logspace(0,2,10)
C = logspace(2,7,2)
D = logspace(2,7,1)
```

运行后输出结果如下:

```
A =
    10.0000   12.9155   16.6810   21.5443   27.8256   35.9381   46.4159
59.9484   77.4264   100.0000
B =
    1.0000   1.6681   2.7826   4.6416   7.7426   12.9155   21.5443   35.9381
59.9484   100.0000
C =
       100   10000000
D =
    10000000
```

在程序中,利用函数 logspace()创建由等比数列组成的一维数组。当 N=2 时,函数的返回值为由 10^{X_1} 和 10^{X_2} 两个元素组成的数组。当 N=1 时,函数返回值为 10^{X_2}。

4.6   创建二维数组

创建二维数组和创建一维数组的方法类似,用方括号把所有的元素都括起来,不同行元素之间用分号分隔,同一行不同元素之间用逗号或空格分隔。需要注意的是,在创建二维数组时,必须保证每一行的元素数相等,而且每一列的元素数也相等。

【例 4.6】 创建二维数组。

```
clear all;
A = [1 2 3;2 3 4;5 6 7]          % 创建二维数组
B = [1:3;4:6;7:1:9]              % 创建二维数组
C = [A B]
D = [A;B]
```

运行后输出结果如下:

```
A =
```

```
      1    2    3
      2    3    4
      5    6    7
B =

      1    2    3
      4    5    6
      7    8    9
C =

      1    2    3    1    2    3
      2    3    4    4    5    6
      5    6    7    7    8    9
D =
      1    2    3
      2    3    4
      5    6    7
      1    2    3
      4    5    6
      7    8    9
```

在程序中,建立 4 个二维数组。可以通过一维数组组成二维数组,也可以通过两个二维数组组成一个新的二维数组。需要注意,用方括号进行数组的连接时,空格进行数组的横向连接,分号进行数组的纵向连接。

4.7 数组的四则运算

数组运算是从数组的单个元素出发,针对每个元素进行运算。在 MATLAB 中,一维数组的基本算术运算有+(加)、-(减)、. * (乘)、. /(左除)、. \(右除)和^(乘方)等。

1. 数组的加减运算

假如有两个数组 A 和 B,则可以由 A+B 和 A-B 实现数组的加减运算。运算规则是若数组 A 和 B 维数相同,则可以执行加减运算;如果 A 和 B 维数不相同,则 MATLAB 将给出错误信息,提示用户两个数组的维数不匹配。

【例 4.7】 数组的加法和减法。

```
clear all;
A = [1 2 3 4 5]
B = [1,2,3,4,5]
C = A - B
D = A + B
E = A + 100
X = [3 4 5 6]
A - X
```

运行后输出结果如下:

```
A =
```

```
     1     2     3     4     5
B =
     1     2     3     4     5
C =
     0     0     0     0     0
D =
     2     4     6     8    10
E =

   101   102   103   104   105
X =

     3     4     5     6
```

```
Error using -
Matrix dimensions must agree.
```

在程序中，进行数组的加法和减法及数组和常数的加法。如果数组维数不相同，MATLAB将给出错误提示信息。

2. 数组的乘除运算

在MATLAB中，数组的乘法和除法分别用.*（乘）、./（左除）、.\（右除）表示。若数组A和B维数相同，则数组的乘法表示数组A和B对应元素相乘，数组的除法表示数组A和B对应元素相除。如果A和B维数不相同，则MATLAB将给出错误提示信息，提示用户两个数组A和B的维数不匹配。数组A和B相乘的运算规则如下：

- 当参与相乘运算的两个数组A和B维数相同时，运算为数组的相应元素相乘，计算结果是与参与运算数组同维的数组。
- 当参与运算的A和B有一个是标量时，运算是标量与数组的每一个元素相乘，计算结果是与参与运算数组同维的数组。

数组A和B相除的运算规则如下：

- 当参与相除运算的两个数组A和B维数相同时，运算为数组的相应元素相除，计算结果是与参与运算数组同维的数组。
- 当参与运算的A和B有一个是标量时，运算是标量和数组的每一个元素相除，计算结果是与参与运算数组同维的数组。
- 右除和左除的关系为A./B=B.\A，其中A是被除数，B是除数。

【例4.8】 数组的乘法。

```
clear all;
A = [1 2 3 4 5]
B = [0,1,3,5,2]
C = A. * B            % 数组的点乘
D = A * 3             % 数组和常数的乘法
```

运行后输出结果如下：

```
A =
     1     2     3     4     5
```

```
B =
    0    1    3    5    2
C =

    0    2    9   20   10
D =

    3    6    9   12   15
```

在程序中,两个数组相乘时,是对应元素相乘,得到和原数组同维的数组。当数组和一个数相乘时,用该数乘以数组中的每一个元素。

【例 4.9】　数组的除法,代码如下:

```
clear all;
A = [1 2 3 4 5]
B = [0,1,3,5,2]
C = A./B              % 数组和数组的左除
D = A./3              % 数组和常数的除法
E = A.\B              % 数组和数组的右除
F = B.\A
```

运行后输出结果如下:

```
A =
    1    2    3    4    5
B =
    0    1    3    5    2
C =
       Inf   2.0000   1.0000   0.8000   2.5000
D =

    0.3333   0.6667   1.0000   1.3333   1.6667
E =
    0   0.5000   1.0000   1.2500   0.4000
```

在程序中,两个数组相除时,是数组在对应元素相除。右除和左除的关系为:A./B＝B.\A。如果除数为 0,则结果为无穷大(inf)。

4.8　数组的乘方

在 MATLAB 中,数组的乘方用符号"^"表示。数组的乘方运算有 3 种不同形式,下面分别介绍。

1. 两个数组之间的乘方

【例 4.10】　数组的乘方。

```
clear all;
A = [1 2 3 4 5]
```

```
B = [0 1 3 5 2]
C = A.^B              % 数组的乘方
```

运行后输出结果如下：

```
A =
   1   2   3   4   5
B =
   0   1   3   5   2
C =
        1       2      27    1024      25
```

计算两个数组 A 和 B 的乘方。数组 A 和 B 的维数必须相同,如不相同,则显示出错信息。

2. 数组的某个具体数值的乘方

【例 4.11】　计算数组 A 的 3 次方。

```
clear all;
A = [1 2 3 4 5]
B = 3
C = A.^B              % 数组的 3 次方
```

运行后输出结果如下：

```
A =
   1   2   3   4   5
B =
   3
C =
   1   8  27  64  125
```

程序中,计算数组 A 的 3 次方。对数组的每个元素作 3 次方,得到的数组和原来的数组具有相同的维数。

3. 常数的数组 A 的乘方

【例 4.12】　计算 3^A,数组 A＝[1 2 3 4],代码如下：

```
clear all;
A = [1 2 3 4 5]
B = 3.^A
```

运行后输出结果如下：

```
A =
   1   2   3   4   5
B =
   3   9  27  81  243
```

在程序中,计算 3^A,其中数组 A＝[1 2 3 4],得到的数组和原来的数组具有相同的维数。

4.9 数组的点积

在 MATLAB 中,可以采用函数 dot() 计算点积。点积运算产生的是一个数,并且要求两个数组的维数相同。

【例 4.13】 计算数组 A 和 B 的点积。

```
clear all;
A = [1 2 3 4 5]
B = [0,1,3,5,2]
C = dot(A,B)              % 数组的点积
D = sum(A. * B)           % 数组元素的乘积之和
```

运行后输出结果如下:

```
A =
    1    2    3    4    5
B =
    0    1    3    5    2
C =

   41
D =
   41
```

在程序中,利用函数 dot() 计算数组 A 和 B 的点积。此外,也可以采用 sum(A. * B) 计算,得到相同的结果。

4.10 数组的关系运算

MATLAB 提供了 6 种关系运算符,即 < 小于关系、<= 小于或等于关系、> 大于关系、>= 大于或等于关系、== 等于关系和 ~= 不等于关系。它们的含义很容易理解,需要注意的是,其书写方法与数学中的不等式符号不尽相同。关系运算符的运算法则如下:

- 当两个比较量是标量时,直接比较两数的大小。若关系成立,则关系表达式结果为 1,否则是 0。
- 当参与比较量是两个维数相同的数组时,比较是对两数组相同位置的元素按标量关系运算规则逐个进行,并给出比较结果。最终的关系运算结果是一个维数与原矩阵相同的数组,它的元素由 0 或 1 组成。
- 当参与比较的一个是标量,而另一个是数组时,则把标量与数组的每一个元素按标量关系运算规则逐个比较,并给出元素比较结果。最终的关系运算结果是一个维数与原数组相同的数组,它的元素由 0 或 1 组成。

【例 4.14】 数组的比较。

```
clear all;
A = [11 10 13 4 5]
B = [3 15 21 6 5]
C = A <= 10              % 数组和常数的比较,小于或等于
D = A > 10               % 数组和常数的比较,大于
E = A > B                % 数组和数组的比较,大于
F = A == B               % 数组和数组的比较,恒等于
```

运行后输出结果如下:

```
A =

    11    10    13     4     5
B =

     3    15    21     6     5
C =

     0     1     0     1     1
D =

     1     0     1     0     0
E =

     1     0     0     0     0
F =

     0     0     0     0     1
```

在程序中,进行数组和常数的比较,以及数组和数组的比较,返回值是逻辑值(0 或 1),与原数组有相同的维数。

【例 4.15】 修改数组 A 中大于 10 的元素为 10。

```
clear all;
A = [11 10 13 4 5]
B = [3 15 21 6 5]
A(A > 10) = 10
B(B == 5) = 100
```

运行后输出结果如下:

```
A =

    11    10    13     4     5

B =

     3    15    21     6     5
A =
```

```
    10    10    10    4    5
B =

    3    15    21    6    100
```

在程序中,将数组 A 中大于 10 的元素改为 10,将数组 B 中等于 5 的元素改为 100。

4.11 数组的逻辑运算

数组的逻辑运算包括 &(逻辑与)、|(逻辑或)、~(逻辑非)3 种。逻辑运算的运算法则如下:

- 在逻辑运算中,如果为非零元素则为逻辑真,用 1 表示;零元素为逻辑假,用 0 表示。
- 若参与逻辑运算的是两个标量 a 和 b,那么对于 a&b,a、b 全为非零时,运算结果为 1,否则为 0;对于 A|b,a、b 中只要有一个非零,运算结果为 1;对于~a,当 a 是零时,运算结果为 1,当 a 非零时,运算结果为 0。
- 若参与逻辑运算的是两个同维数组,那么将对数组相同位置上的元素按标量规则逐个进行运算。最终运算结果是一个与原数组同维的数组,其元素由 0 或 1 组成。
- 若参与逻辑运算的一个是标量,一个是数组,那么将在标量与数组中的每个元素之间按标量规则逐个进行运算。最终运算结果是一个与数组同维的数组,其元素由 0 或 1 组成。
- 逻辑非是单目运算符,也服从数组运算规则。
- 在算术运算、关系运算、逻辑运算中,算术运算优先级最高,逻辑运算优先级最低。

【例 4.16】 数组的逻辑运算。

```
clear all;
A = [11 0 0 1 5]
B = [3 15 0 0.5 5]
C = A&B
D = A|B
E = ~A
```

运行后输出结果如下:

```
A =

    11    0    0    1    5
B =

    3.0000    15.0000    0    0.5000    5.0000
C =

    1    0    0    1    1
D =

    1    1    0    1    1
```

```
E =

    0    1    1    0    0
```

在程序中,进行数组 A 和 B 的逻辑与、逻辑或和逻辑非。返回值为逻辑型数组,与数组有相同的维数。

【例 4.17】 数组的高级逻辑运算。

```
clear all;
A = [11 0 0 1 5]
B = [3 15 0 0.5 5]
C = A&1
D = A|0
A(A&1) = 10
```

运行后输出结果如下:

```
A =

    11    0    0    1    5
B =

    3.0000    15.0000    0    0.5000    5.0000
C =

    1    0    0    1    1
D =

    1    0    0    1    1
A =

    10    0    0    10    10
```

在程序中,对数组进行逻辑运算。此外,将数组 A 中非 0 元素修改为 10。

4.12 数组信息的获取

下面介绍如何获取数组的信息,包括数组的大小、数组的维度、数组类型、内存占用,以及数组的元素查询和排序等。

1. 数组结构

MATLAB 提供很多函数对数组的结构进行测试,这些函数主要有:

- 函数 isempty(A)——该函数检测数组 A 是否为空,如果为空,则返回值为 1;否则,返回值为 0。
- 函数 isscalar(A)——该函数检测数组 A 是否为单个元素的标量,如果 size(A) = [1 1],即 A 为单个元素,则该函数返回值为 1;否则,返回值为 0。
- 函数 isvector(A)——该函数检测数组 A 是否为行向量或列向量,如果是行向量或列向量,则返回值为 1；否则,返回值为 0。

- 函数 isrow(A)——该函数检测数组 A 是否为列向量,如果是列向量,则返回值为 1；否则,返回值为 0。
- 函数 iscolum(A)——该函数检测数组 A 是否为行向量,如果是行向量,则返回值为 1；否则,返回值为 0。
- 函数 issparse(A)——该函数检测数组 A 是否为稀疏矩阵,如果 A 是稀疏矩阵,则返回值为 1；否则,返回值为 0。

【例 4.18】 对数组 A 进行检测。

```
clear all;
A = [1 1 0 0 1 5]
f1 = isempty(A)          % 数组 A 是否为空
f2 = isscalar(A)         % 数组 A 是否为标量
f3 = isvector(A)         % 数组 A 是否为向量
f4 = issparse(A)         % 数组 A 是否为稀疏矩阵
```

运行后输出结果如下：

```
A =

    11     0     0     1     5
f1 =
     0
f2 =
     0
f3 =
     1
f4 =
     0
```

对数组 A 的结构进行测试,如果为真,则返回值为 1；否则,返回值为 0。

2. 数组的大小

数组的大小是数组最常用的属性,表示数组在每一个方向上有多少元素。在 MATLAB 中,最常用的检测数组大小的函数是 size() 和 length(),该函数的调用格式为：

- d = size(A)——该函数以向量的形式返回数组 A 的行数 m 和列数 n,即 d = [m, n]。
- [m, n] = size(A)——该函数返回数组 A 的行数 m 和列数 n。
- 函数 length(A) 用于返回一维数组的长度,如果是二维数组,则返回行数和列数中的较大者,即 length(A) = max(size(A))。

【例 4.19】 获取数组 A 的大小。

```
clear all;
A = [1 1 0 0 1 5]
d = size(A)
[m, n] = size(A)         % 数组 A 的大小
length(A)                % 数组 A 的长度
```

运行后输出结果如下：

```
A =
    11    0    0    1    5
d =
    1    5
m =
    1
n =
    5
ans =
    5
```

在程序中,通过函数 size()获取数组的行和列,通过函数 length()得到一维数组的长度。

3. 数组的维数

在 MATLAB 中,利用函数 ndims()计算数组的维数,该函数的调用格式为:

N=ndims(A)——该函数返回数组的维数 N。函数 ndims(A)的返回结果等于 length(size(A))。

【例 4.20】 获取数组 A 的维数。

```
clear all;
A = [1 1 0 0 1 5]
n1 = ndims(A)            % 数组 A 的维数
a = 5;
n2 = ndims(a)            % 常数的维数
```

运行后输出结果如下:

```
A =
    11    0    0    1    5
n1 =
    2
n2 =
    2
```

在程序中,利用函数 ndims()计算数组的维数,一维数组的维数都为 2。需要注意的是,标量(或常量)在 MATLAB 中看作是一行一列的数组,维数也是 2。

4. 数组的数据类型

在 MATLAB 中,数组的元素可以是不同的数据类型,采用下面的函数对数组的类型进行测试。

- 函数 isnumeric()——该函数检测数组的元素是否为数值型,如果是数值型,则返回值为 1;否则,返回值为 0。数值型数据包括整数型和浮点型两类数据,后者又包括 float 和 double。

- 函数 isreal(A)——该函数检测数组的元素是否为实数型,如果是实数型,则返回值为 1；否则，返回值为 0。

- 函数 isfloat(A)——该函数检测数组的元素是否为浮点型，如果是浮点型，则返回值为 1；否则，返回值为 0。
- 函数 isinteger(A)——该函数检测数组的元素是否为整型，如果是整型，则返回值为 1；否则，返回值为 0。
- 函数 islogical(A)——该函数检测数组的元素是否为逻辑型，如果是逻辑型，则返回值为 1；否则，返回值为 0。
- 函数 ischar(A)——该函数检测数组的元素是否为字符型，如果是字符型，则返回值为 1；否则，返回值为 0。
- 函数 isstruct(A)——该函数检测数组的元素是否为结构体型，如果是结构体型，则返回值为 1；否则，返回值为 0。
- 函数 iscell(A)——该函数检测数组的元素是否为元胞型，如果是元胞型，则返回值为 1；否则，返回值为 0。

【例 4.21】 判断数组 A 和 B 的数据类型。

```
clear all;
A = [11 0 0 1 5]
B = A > 5
f1 = isnumeric(A)          % 是否为数值型
f2 = isreal(A)             % 是否为实数型
f3 = isinteger(A)          % 是否为整型
f4 = islogical(B)          % 是否为逻辑型
```

运行后输出结果如下：

```
A =
    11     0     0     1     5
B =
     1     0     0     0     0
f1 =
     1
f2 =
     1
f3 =
     0
f4 =
     1
```

在程序中，对数组 A 和 B 的类型进行判断，数组 A 为数值型中的浮点类型(double)，数组 B 为逻辑型(logical)。

【例 4.22】 判断数组 A 和 B 的数据类型。

```
A = [0.5 0 0 0.1 0.5]
B = A < 5
f1 = isnumeric(A)          % 是否为数值型
f2 = isreal(A)             % 是否为实数型
f3 = isinteger(A)          % 是否为整型
```

56 MATLAB矩阵分析和计算

```
    f4 = isfloat(A)          % 是否为浮点型
    f5 = ischar(A)           % 是否为字符型
    f6 = isstruct(A)         % 是否为结构体型
    f7 = iscell(A)           % 是否为元胞型
    f8 = islogical(B)        % 是否为逻辑型
```

运行后输出结果如下：

```
A =

    0.5000        0        0    0.1000    0.5000
B =

    1    1    1    1    1
f1 =

    1
f2 =

    1
f3 =

    0
f4 =

    1
f5 =

    0
f6 =

    0
f7 =

    0
f8 =
    1
```

由上可知，数组 A 不是整型、字符型、结构体型、元胞型，是数值型、实型、浮点型。数组 B 为逻辑型。

5. 数组的内存占用

在 MATLAB 中，可以通过函数 whos 来获取数组的大小以及占用多少内存。对于数组中不同的数据类型，占用的内存也不一样。

【例 4.23】 了解数组的内存占用情况。

```
clear all;
A = [11 0 0 1 5]
B = A > 0
C = ['a' 'b' 'c']
whos
```

运行后输出结果如下：

```
A =

    11     0     0     1     5
B =

     1     0     0     1     1

C =

abc

    Name      Size          Bytes  Class      Attributes

    A         1x5             40  double
    B         1x5              5  logical
    C         1x3              6  char
```

在 MATLAB 命令行中，使用函数 whos 可以查看所有变量的大小。在程序中，数组 A 的数据类型为 double，包含 5 个元素，占用 40 字节(Bytes)。数组 B 的数据类型为 logical，包含 5 个元素，占用 5 字节。数组 C 的类型为 char，包含 3 个元素，占用 6 字节。

6. 数组的查找

在 MATLAB 中，数组元素的查找采用函数 find()，返回关系表达式为真的元素的下标。可以利用该函数查找数组中特定的元素并进行修改，非常方便。

【例 4.24】　对数组 A 中大于 5 的元素加 100，等于 5 的元素加 200。

```
clear all;
A = [10 9 6 1 5]
find(A > 5)
find(A == 5)
A(find(A > 5)) = A(find(A > 5)) + 100
A(A == 5) = 200
```

运行后输出结果如下：

```
A =
    10     9     6     1     5
ans =

     1     2     3
ans =

     5
A =

   110   109   106     1     5
A =

   110   109   106     1   200
```

在程序中,利用函数 find()查找数组的元素。函数 find()的返回值为使表达式为真的元素的下标。数组 A 中大于 5 的元素加 100,等于 5 的元素加 200。

7. 数组的排序

在 MATLAB 中,数组的排序使用函数 sort(),该函数默认按照升序排列,返回值为排列后的数组,与原数组维数相同。

【例 4.25】 利用函数 sort()对数组排序。

```
clear all;
A = [10 9 6 1 5]
B = sort(A)
[C,I] = sort(A,'ascend')
D = sort(A,'descend')
```

运行后输出结果如下:

```
A =

    10    9    6    1    5
B =

     1    5    6    9   10
C =

     1    5    6    9   10
I =

     4    5    3    2    1
D =
    10    9    6    5    1
```

在程序中,利用函数 sort()对数组排序,默认为 ascend,即按照升序排列;如果为 descend,则按照降序排列。程序中的返回值 1,为排序后的元素在原数组中的位置。

4.13 小结

本章讨论数组的生成和数组的运算。包括建立行向量和列向量、一维数组元素的标识、访问和赋值、通过冒号创建一维数组、通过函数 linspace()建立一维数组、通过函数 logspace()建立一维数组、创建二维数组、数组的四则运算、数组的乘方、数组的点积、数组的关系运算、数组的逻辑运算和数组信息的获取等 12 个题目。

第5章

常用矩阵的生成

MATLAB具有快速生成常用矩阵和向量的功能。以下介绍多种常用矩阵的生成方法。

5.1 zeros——生成零矩阵

1. 生成零矩阵函数简介

零矩阵就是矩阵元素都是零的矩阵。

在MATLAB中,采用函数zeros()产生全零矩阵,该函数的调用格式如下:

A=zeros(N)——该函数产生N×N的全零矩阵。

A=zeros(M,N)——该函数产生M×N的全零矩阵。

A=zeros(M,N,P,…)——该函数产生M×N×P×…的全零矩阵。

A=zeros(size(B))——该函数产生和矩阵B维数相同的全零矩阵。

2. 生成零矩阵例子

【例5.1】 利用函数zeros()产生全零矩阵,代码如下:

```
Y1 = zeros(3)
Y1 =

    0    0    0
    0    0    0
    0    0    0

>> Y2 = zeros(2,3)

Y2 =

    0    0    0
    0    0    0
```

```
>> Y3 = zeros(2,3,3)

Y3(:,:,1) =

     0     0     0
     0     0     0


Y3(:,:,2) =

     0     0     0
     0     0     0


Y3(:,:,3) =

     0     0     0
     0     0     0

>> Y4 = zeros(size(Y3(:,:,3)))  %产生和矩阵 Y3 相同的全零矩阵

Y4 =

     0     0     0
     0     0     0
```

5.2 eye——生成单位矩阵

1. 生成单位矩阵简介

在矩阵的乘法中,有一种矩阵起着特殊的作用,如同数的乘法中的 1,这种矩阵被称为单位矩阵。它是个方阵,从左上角到右下角的对角线(称为主对角线)上的元素均为 1,除此以外全都为 0。如二阶的单位矩阵

$$\begin{pmatrix} 1 & 0 \\ 0 & 1 \end{pmatrix}$$

在 MATLAB 中,采用函数 eye()产生单位矩阵,该函数的调用格式如下:

A=eye(N)——该函数产生 N×N 的单位矩阵。

A=eye(M,N)——该函数生成 M×N 的单位矩阵,对角元素为 1,其余元素为零。

A=eye(size(B))——该函数产生和矩阵 B 维数相同的单位矩阵。

2. 生成单位矩阵例子

【例 5.2】 利用函数 eye()产生单位矩阵,代码如下:

```
Y1 = eye(3)
Y1 =

     1     0     0
```

```
        0    1    0
        0    0    1
```

```
>> Y2 = eye(3,2)
```

```
Y2 =
```

```
        1    0
        0    1
        0    0
```

```
>> Y3 = eye(size(Y2))
```

```
Y3 =
```

```
        1    0
        0    1
        0    0
```

5.3　cat——创建多维数组

在 MATLAB 中,用 cat()函数创建和链接多维数组。其调用格式为:

Y＝cat(n,X1,X2,…,Xm)——沿 n 维空间连接矩阵 X1,X2,…,Xm 构造 n 维数组 Y。

【例5.3】 演示多维数组的连接(一)。

```
>> Y2 = cat(1,[1 2 3;4 5 6],[7 8 9;10 11 12])
```

```
Y2 =
```

```
        1     2     3
        4     5     6
        7     8     9
       10    11    12
```

【例5.4】 演示多维数组的连接(二)。

```
Y1 = cat(2,[1 2 3;4 5 6],[7 8 9;10 11 12])
```

```
Y1 =
```

```
        1    2    3    7    8    9
        4    5    6   10   11   12
```

【例5.5】 演示多维数组的连接(三)。

```
Y2 = cat(3,[1 2 3;4 5 6],[7 8 9;10 11 12])
```

```
Y2(:,:,1) =
```

```
    1    2    3
    4    5    6


Y2(:,:,2) =


    7    8    9
   10   11   12
```

5.4　ones——生成全 1 矩阵

1. 生成全 1 矩阵函数简介

在 MATLAB 中，采用函数 ones()产生全 1 矩阵，该函数的调用格式如下：

A＝ones(N)——该函数产生 N×N 的全 1 矩阵 A。

A＝ones(M,N)——该函数生成 M×N 的全 1 矩阵 A。

A＝ones(M,N,P,…)——该函数生成 M×N×P×…的全 1 数组 A。

A＝ones(size(B))——该函数产生和矩阵或数组 B 维数相同的全 1 矩阵或数组 A。

2. 生成全 1 矩阵例子

【例 5.6】　利用函数 ones()产生全 1 矩阵，代码如下：

```
Y1 = ones(4)

Y1 =

    1    1    1    1
    1    1    1    1
    1    1    1    1
    1    1    1    1


>> Y2 = ones(2,3)

Y2 =

    1    1    1
    1    1    1


>> Y3 = ones(2,3,3)

Y3(:,:,1) =

    1    1    1
    1    1    1
```

```
Y3(:,:,2) =

    1    1    1
    1    1    1


Y3(:,:,3) =

    1    1    1
    1    1    1

>> Y4 = ones(size(Y3(:,:,3)))

Y4 =

    1    1    1
    1    1    1
```

5.5　hankel——生成 Hankel 矩阵

Hankel 矩阵(汉克尔 Matrix)是指每一条副对角线上的元素都相等的方阵。如以下矩阵就是一个 Hankel 矩阵。

$$\begin{pmatrix} 1 & 2 & 3 & 4 & 5 \\ 2 & 3 & 4 & 5 & 0 \\ 3 & 4 & 5 & 0 & 0 \\ 4 & 5 & 0 & 0 & 0 \\ 5 & 0 & 0 & 0 & 0 \end{pmatrix}$$

在 MATLAB 中,采用函数 hankel()产生 Hankel 矩阵,该函数的调用格式如下:

Y=hankel(c)——生成第一列为向量 c 的方形 Hankel 矩阵,且其第一个反对角线下的元素均为 0。

Y=hankel(c,r)——生成第一列为向量 c、最后一行为向量 r 的 Hankel 矩阵。如果 c 的最后一个元素与 r 的第一个元素不同,则将使用 c 的最后一个元素取代 r 的第一个元素。

【例 5.7】 生成上述两种 Hankel 矩阵。

```
c = 1:5;
>> r = 6:11;
>> Y1 = hankel(c)

Y1 =

    1    2    3    4    5
    2    3    4    5    0
    3    4    5    0    0
    4    5    0    0    0
```

```
        5    0    0    0    0

>> Y2 = hankel(c,r)
Y2 =

        1    2    3    4    5    7
        2    3    4    5    7    8
        3    4    5    7    8    9
        4    5    7    8    9   10
        5    7    8    9   10   11
```

【例 5.8】 生成上述第一种 Hankel 矩阵。

```
c = 1:3;
>> r = 4:6;
>> Y1 = hankel(c)
Y1 =

        1    2    3
        2    3    0
        3    0    0
```

5.6   magic——生成魔方矩阵

魔方矩阵又称幻方矩阵,是有相同的行数和列数,并且每行、每列及对角线上的元素之和都相等的矩阵。魔方矩阵中的每个元素不能相同。你能构造任何大小(除了 2×2)的魔方矩阵。该矩阵由 1 到 n^2 之间任意整数构造而成。

如三阶魔方矩阵为

$$\begin{pmatrix} 8 & 1 & 6 \\ 3 & 5 & 7 \\ 4 & 9 & 2 \end{pmatrix}$$

可见,该矩阵的每一行、每一列和两个对角线上元素之和都等于 15。

在 MATLAB 中,采用函数 magic()产生魔方矩阵,该函数的调用格式如下:

M＝magic(n)——生成一个 n 阶魔方矩阵 M,该矩阵由 $1\sim n^2$ 之间任意整数构造而成且每行每列的和都相等。其中,n 为大于或等于 3 的整数。

【例 5.9】 生成三阶、四阶和五阶魔方矩阵。

```
magic(3)
ans =

        8    1    6
        3    5    7
        4    9    2

>> magic(4)
```

```
ans =

    16     2     3    13
     5    11    10     8
     9     7     6    12
     4    14    15     1

Y = magic(5)
Y =

    17    24     1     8    15
    23     5     7    14    16
     4     6    13    20    22
    10    12    19    21     3
    11    18    25     2     9
```

5.7　randperm——生成随机整数排列

用 randperm() 函数生成随机整数排列。其调用格式为：

p＝randperm(n)——产生正整数 1,2,3,…,n 的随机排列 p。

【例 5.10】　使用 randperm() 函数产生 1：10 的随机置换向量。

```
P = randperm(10)

P =

     6     3     7     8     5     1     2     4     9    10
```

【例 5.11】　使用 randperm() 函数产生 1：3 的随机置换向量。

```
P = randperm(3)

P =

     3     1     2
```

5.8　hilb——生成希尔伯特矩阵

希尔伯特矩阵(Hilbert matrix)是一种数学变换矩阵,也是一种特殊矩阵,其元素 $A(i,j)＝1/(i+j-1)$,i 和 j 分别为其行标和列标。即：

$$[1,1/2,1/3,\cdots,1/n]$$
$$[1/2,1/3,1/4,\cdots,1/(n+1)]$$
$$[1/3,1/4,1/5,\cdots,1/(n+2)]$$
$$\vdots$$
$$[1/n,1/(n+1),1/(n+2),\cdots,1/(2n-1)]$$

希尔伯特矩阵是一种除第一个元素是 1 以外,其余元素都小于 1 的矩阵,正定,且高度病态(即,任何一个元素发生一点变动,整个矩阵的行列式的值和逆矩阵都会发生巨大变化),病态程度和阶数相关。

在 MATLAB 中,生成希尔伯特矩阵的函数是 hilb(n);求希尔伯特矩阵的逆的函数是 invhilb(n),其功能是求 n 阶的希尔伯特矩阵的逆矩阵(使用一般方法求逆会因为原始数据的微小扰动而产生不可靠的计算结果)。

【例 5.12】 生成三阶、四阶和五阶希尔伯特矩阵,并验证三阶希尔伯特矩阵和三阶希尔伯特逆矩阵的乘积为单位矩阵。

```
A = hilb(3)

A =

    1.0000    0.5000    0.3333
    0.5000    0.3333    0.2500
    0.3333    0.2500    0.2000

>> A = hilb(4)

A =

    1.0000    0.5000    0.3333    0.2500
    0.5000    0.3333    0.2500    0.2000
    0.3333    0.2500    0.2000    0.1667
    0.2500    0.2000    0.1667    0.1429
A = hilb(5)

A =

    1.0000    0.5000    0.3333    0.2500    0.2000
    0.5000    0.3333    0.2500    0.2000    0.1667
    0.3333    0.2500    0.2000    0.1667    0.1429
    0.2500    0.2000    0.1667    0.1429    0.1250
    0.2000    0.1667    0.1429    0.1250    0.1111

B = invhilb(3)
A * B

B =

     9     -36      30
   -36     192    -180
    30    -180     180
ans =

     1     0     0
     0     1     0
     0     0     1
```

可见,希尔伯特矩阵与其希尔伯特逆矩阵相乘的结果等于单位矩阵。

5.9 生成逆希尔伯特阵

【例 5.13】 生成三阶、四阶和五阶逆希尔伯特矩阵。

```
A = invhilb(3)
A =

     9    - 36     30
   - 36    192   - 180
    30    - 180    180


>> A = invhilb(4)
A =
     16       - 120        240        - 140
   - 120       1200      - 2700       1680
     240      - 2700      6480       - 4200
   - 140       1680      - 4200       2800
A = invhilb(5)
A =

    25         - 300       1050       - 1400        630
   - 300        4800     - 18900      26880      - 12600
    1050      - 18900      79380     - 117600      56700
   - 1400      26880     - 117600     179200      - 88200
    630       - 12600      56700      - 88200       44100
```

逆希尔伯特矩阵就是同阶希尔伯特矩阵的逆矩阵。

5.10 生成帕斯卡矩阵

二项式 $(x+y)^n$ 展开后的系数随自然数 n 的增大组成的一个三角形表,称为杨辉三角形。由杨辉三角形组成的矩阵称为帕斯卡(Pascal)矩阵。构成特点:帕斯卡矩阵的第一行元素和第一列元素都为 1,其余位置处的元素是该元素的左边元素加起上一行对应位置相加而得,如元素 $A_{i,j}=A_{i,j-1}+A_{i-1,j}$。$A_{i,j}$ 表示第 i 行、第 j 列位置上的元素。

如四阶帕斯卡矩阵为

```
Pascal(4) =
[1 1 1 1
1 2 3 4
1 3 6 10
1 4 10 20]
```

对比杨辉三角

```
1   1
2   1   1
3   1   2   1
4   1   3   3   1
5   1   4   6   4   1
6   1   5   10  10  5   1
7   1   6   15  20  15  6   1
8   1   7   21  35  35  21  7   1
9   1   8   28  56  70  56  28  8   1
10  1   9   36  84  126 126 84  36  9   1
11  1   10  45  120 210 252 210 120 45  10  1
12  …
```

以上即为杨辉三角的排列性质。

在 MATLAB 中,利用 pascal()函数可以方便地得到任意阶的帕斯卡矩阵。该函数的调用格式如下:

A=pascal(n)——n 为正整数,可得到阶数为 n 的帕斯卡矩阵 A。帕斯卡矩阵为对称、正定矩阵,其元素由帕斯卡三角系数组成。A 的逆矩阵的所有元素都是整数。

A=pascal(n,1)——产生由下三角的 Cholesky 系数组成的 n 阶帕斯卡矩阵 A。该矩阵是一个对合矩阵,即它是自身的逆矩阵。

A=pascal(n,2)——返回 pascal(n,1)的转置交换形式矩阵 A。其中,A 是单位矩阵的一个立方根。

【例 5.14】　生成二阶、三阶、四阶和五阶帕斯卡矩阵。

```
A = pascal(2)
A =
    1    1
    1    2

>> A = pascal(3)
A =
    1    1    1
    1    2    3
    1    3    6

>> A = pascal(4)
A =
    1    1    1    1
    1    2    3    4
    1    3    6    10
    1    4    10   20
A = pascal(5)
A =
    1    1    1    1    1
    1    2    3    4    5
    1    3    6    10   15
```

```
1    4   10   20   35
1    5   15   35   70
```

【例 5.15】 生成由下三角的 Cholesky 系数组成的二阶帕斯卡矩阵 A,并返回 pascal(2,1)的转置交换形式矩阵 A1。

```
A = pascal(2,1)
A =
    1    0
    1   -1
A1 = pascal(2,2)
A1 =
   -1   -1
    1    0
```

【例 5.16】 生成由下三角的 Cholesky 系数组成的三阶帕斯卡矩阵 A,并返回 pascal(3,1)的转置交换形式矩阵 A1。

```
A = pascal(3,1)

A1 = pascal(3,2)
A =

    1    0    0
    1   -1    0
    1   -2    1
A1 =

    1    1    1
   -2   -1    0
    1    0    0
```

5.11 toeplitz——生成托普利兹矩阵

托普利兹矩阵简称为 T 型矩阵,它是由 Bryc、Dembo 和 Jiang 于 2006 年提出的。托普利兹矩阵的主对角线上的元素相等,平行于主对角线的线上的元素也相等;矩阵中的各元素关于次对角线对称,即 T 型矩阵为次对称矩阵。简单的 T 型矩阵包括前向位移矩阵和后向位移矩阵。在 MATLAB 中,生成托普利兹矩阵的函数是:

toeplitz(x,y)——它生成一个以 x 为第一列,y 为第一行的托普利兹矩阵,这里 x,y 均为向量,两者不必等长。

设 $t_{ij}=t_{j-i}(i,j=1,2,\cdots,n)$,则 $t_{ij}=t_{j-i}(i,j=1,2,\cdots,n)$,即

$$T=\begin{bmatrix} t_0 & t_1 & t_2 & \cdots & t_{n-1} \\ t_{-1} & t_0 & t_1 & \cdots & t_{n-2} \\ t_{-2} & t_{-1} & t_0 & \cdots & t_{n-3} \\ \vdots & \vdots & \vdots & & \vdots \\ t_{-n+1} & t_{-n+2} & t_{-n+3} & \cdots & t_0 \end{bmatrix}$$

则称 **T** 为托普利兹矩阵(Toeplitz matrix)。

【例5.17】 利用函数 toeplitz()生成一个非对称的托普利兹矩阵。

```
c = 1:5
c =

     1     2     3     4     5
>> r = 8:0.5:10;
r =

     8.0000    8.5000    9.0000    9.5000   10.0000
>> A = toeplitz(c,r)

A =

     1.0000    8.5000    9.0000    9.5000   10.0000
     2.0000    1.0000    8.5000    9.0000    9.5000
     3.0000    2.0000    1.0000    8.5000    9.0000
     4.0000    3.0000    2.0000    1.0000    8.5000
     5.0000    4.0000    3.0000    2.0000    1.0000
```

【例5.18】 利用函数 toeplitz()生成托普利兹矩阵。

```
A = toeplitz(3:6)
x = 3:8
y = 3:7
>> B = toeplitz(x,y)
A =

     3     4     5     6
     4     3     4     5
     5     4     3     4
     6     5     4     3

x =

     3     4     5     6     7     8
y =

     3     4     5     6     7
B =

     3     4     5     6     7
     4     3     4     5     6
     5     4     3     4     5
     6     5     4     3     4
     7     6     5     4     3
     8     7     6     5     4
```

5.12 compan——生成友矩阵

友矩阵亦称伴随矩阵,它是矩阵标准形理论中一类重要的矩阵,是数域 F 上首项系数为 1 的多项式所对应的特定形式 n 阶矩阵。其主对角线上方或者下方的元素均为 1,而主对角线元素为零;最后一行或第一行的元素可取任意值;而其余元素均为零,友矩阵的特征根多项式是首一多项式。

设 $f(t)=t^n+a_1t^{n-1}+\cdots+a_{n-1}t+a_n$ 是数域 F 上的首项为 1 的多项式,则 n 阶矩阵:

$$C=\begin{bmatrix} 0 & 0 & \cdots & 0 & -a_n \\ 1 & 0 & \cdots & 0 & -a_{n-1} \\ 0 & 1 & \cdots & 0 & -a_{n-2} \\ \vdots & \vdots & & \vdots & \vdots \\ 0 & 0 & \cdots & 1 & -a_1 \end{bmatrix}$$

称为多项式 $f(t)$ 的友矩阵(或伴随矩阵),方阵的有理标准形就是由友矩阵块构成的分块对角矩阵,而有理标准形在应用上以及理论推导中,都有较大的作用。

在 MATLAB 中,利用 compan()函数可以生成友矩阵。该函数的调用格式如下:

A＝compan(u)——根据多项式系数向量 u 生成友矩阵 A。其中 A 的第 1 行元素为 $-u(2:n)/u(1)$,其中 u(2:n)为 u 的第 2 到第 n 个元素,A 的特征值就是多项式的特征根。

【例 5.19】 利用函数 compan()生成友矩阵。

```
u = [1 2 3]
A = compan(u)              % 生成由 u 决定的友矩阵
u =
    1    2    3

A =

  - 2   - 3
    1    0
eig(A)                     % 求 A 的特征值,即多项式的根
ans =
  - 1.0000 + 1.4142i
  - 1.0000 - 1.4142i
```

【例 5.20】 利用函数 compan()计算多项式(x−1)(x+2)(x−3)＝x³−8x+13 的友矩阵和根。

```
u = [1 0 - 8 13]
u =
    1    0    - 8    13
>> A = compan(u)          % 生成由 u 决定的友矩阵

A =
```

```
       0    8   - 13
       1    0    0
       0    1    0
>> eig(A)                          % 求 A 的特征值,即多项式的根

ans =

   - 3.4332
     1.7166 + 0.9165i
     1.7166 - 0.9165i
```

可见,多项式有三个根,一个实数根和一对共轭复根。

5.13   wilkinson——生成 wilkinson 特征值测试矩阵

在 MATLAB 中,采用函数 wilkinson()生成 n 阶特征值测试矩阵,它是一个对称的三对角矩阵。该函数的调用格式如下:

A＝wilkinson(n)——生成 n 阶 wilkinson 特征值测试矩阵。

【例 5.21】　生成三阶、四阶、五阶、六阶 wilkinson 特征值测试矩阵。

```
A = wilkinson(3)

A =

   1   1   0
   1   0   1
   0   1   1

>> A = wilkinson(4)

A =

   1.5000    1.0000        0        0
   1.0000    0.5000   1.0000        0
        0    1.0000   0.5000   1.0000
        0         0   1.0000   1.5000
A = wilkinson(5)

A =

   2   1   0   0   0
   1   1   1   0   0
   0   1   0   1   0
   0   0   1   1   1
   0   0   0   1   2
A = wilkinson(6)

A =
```

2.5000	1.0000	0	0	0	0
1.0000	1.5000	1.0000	0	0	0
0	1.0000	0.5000	1.0000	0	0
0	0	1.0000	0.5000	1.0000	0
0	0	0	1.0000	1.5000	1.0000
0	0	0	0	1.0000	2.5000

5.14　vander——生成范德蒙矩阵

范德蒙矩阵是法国数学家范德蒙（Vandermonde，Alexandre Theophile，1735—1796）提出的一种各列（或各行）为几何级数的矩阵。其形式有两种，如下所示：

$$V=\begin{bmatrix} 1 & \alpha_1 & \alpha_1^2 & \cdots & \alpha_1^{n-1} \\ 1 & \alpha_2 & \alpha_2^2 & \cdots & \alpha_2^{n-1} \\ 1 & \alpha_3 & \alpha_3^2 & \cdots & \alpha_3^{n-1} \\ \vdots & \vdots & \vdots & & \vdots \\ 1 & \alpha_m & \alpha_m^2 & \cdots & \alpha_m^{n-1} \end{bmatrix}$$

其第 i 行、第 j 列可以表示为 $(a_i)^{(j-1)}$。

$$V=\begin{bmatrix} 1 & 1 & 1 & \cdots & 1 \\ \alpha_1 & \alpha_2 & \alpha_3 & \cdots & \alpha_m \\ \alpha_1^2 & \alpha_2^2 & \alpha_3^2 & \cdots & \alpha_m^2 \\ \vdots & \vdots & \vdots & & \vdots \\ \alpha_1^{n-1} & \alpha_2^{n-1} & \alpha_3^{n-1} & \cdots & \alpha_m^{n-1} \end{bmatrix}$$

其第 i 行、第 j 列可以表示为 $(a_j)^{(i-1)}$。

范德蒙矩阵的特点是矩阵每行（或列）的元素组成一个等比数列。

范德蒙（Vandermonde）矩阵最后一列全为 1，倒数第二列为一个指定的向量，其他各列是其后列与倒数第二列的点乘积。可以用一个指定向量生成一个范德蒙矩阵。

在 MATLAB 中，利用 vander() 函数可以生成范德蒙矩阵，其调用格式如下：

A＝vander(c)——由长度为 n 的向量 c 生成范德蒙矩阵。其中，$A(i,j)=C_i^{n-j}$。

【例 5.22】　使用 vander() 函数生成范德蒙矩阵（一）。

```
c = 1:2:6
A = vander(c)

c =

    1    3    5
A =

    1    1    1
    9    3    1
   25    5    1
```

【例5.23】 使用 vander()函数生成范德蒙矩阵(二)。

```
c = 1:2:10

c =

    1    3    5    7    9

>> A = vander(c)
A =

       1       1       1       1       1
      81      27       9       3       1
     625     125      25       5       1
    2401     343      49       7       1
    6561     729      81       9       1
```

5.15 linspace——生成线性等分向量

在 MATLAB 中,利用 linspace()函数可以生成线性等分函数生成向量,可以在首尾两端元素之间,等分建立向量,其调用格式如下:

y＝linspace(a,b)——生成一个行向量 y,其元素由区间[a,b]上的 100 个线性等分点构成。

y＝linspace(a,b,n)——生成一个行向量 y,其元素由区间[a,b]上的 n 个线性等分点构成。

【例5.24】 生成[0,10]上的 6 个线性等分点。

```
>> linspace(0,10,6)
ans =
  0 2 4 6 8 10
```

【例5.25】 生成[0,10]上的 11 个线性等分点。

```
A = linspace(0,10,11)

A =

    0    1    2    3    4    5    6    7    8    9    10
```

5.16 logspace——生成对数等分向量

在 MATLAB 中,利用 logspace()函数可以生成对数等分向量,其调用格式如下:

y＝logspace(a,b)——生成一个行向量 y,其元素由区间$[10^a,10^b]$上的 50 个对数等分点构成。

y＝logspace(a,b,n)——生成一个行向量 y,其元素由区间$[10^a,10^b]$上的 n 个对数等分点构成。

y＝logspace(a,pi)——生成一个行向量 y,其元素由区间$[10^a,\pi]$上的 50 个对数等分点构成。

【例 5.26】　使用 logspace()函数生成一个对数等分向量(一)。

y = logspace(1,2,5) % 在[10,100]上产生 5 个对数等分点

y =

    10.0000   17.7828   31.6228   56.2341   100.0000

【例 5.27】　使用 logspace()函数生成一个对数等分向量(二)。

y = logspace(1,2) % 在[10,100]上产生 50 个对数等分点

y =

  Columns 1 through 11

    10.0000   10.4811   10.9854   11.5140   12.0679   12.6486   13.2571   13.8950
14.5635   15.2642   15.9986

  Columns 12 through 22

    16.7683   17.5751   18.4207   19.3070   20.2359   21.2095   22.2300   23.2995
24.4205   25.5955   26.8270

  Columns 23 through 33

    28.1177   29.4705   30.8884   32.3746   33.9322   35.5648   37.2759   39.0694
40.9492   42.9193   44.9843

  Columns 34 through 44

    47.1487   49.4171   51.7947   54.2868   56.8987   59.6362   62.5055   65.5129
    68.6649   71.9686   75.4312

  Columns 45 through 50

    79.0604   82.8643   86.8511   91.0298   95.4095   100.0000

5.17　blkdiag——生成指定对角线元素矩阵

在 MATLAB 中,利用 blkdiag()函数可以生成指定对角线元素矩阵,其调用格式如下:
A＝blkdiag(a,b,c,d,…)——生成以(a,b,c,d,…)为对角线元素的分块对角矩阵 A。

【例 5.28】　使用 blkdiag()函数生成一指定对角线元素的矩阵。

A = blkdiag(3,6,7,8,9)   % 产生对角线元素分别为(3,6,7,8,9)的矩阵

```
A =

    3    0    0    0    0
    0    6    0    0    0
    0    0    7    0    0
    0    0    0    8    0
    0    0    0    0    9
```

5.18　diag——生成对角矩阵

在 MATLAB 中,利用 diag()函数可以生成对角矩阵,其调用格式如下:

A＝diag(c)——生成由向量 c 中元素为对角线元素的对角矩阵 A。

c＝diag(A)——生成元素为矩阵 A 对角线元素的列向量 c。

A＝diag(c,k)——生成主对角线上第 k 条对角线元素为向量 c 的矩阵 A。

【例 5.29】　使用 diag()函数生成对角矩阵并提取其对角元素为列向量。

```
c = [3,6,7,8,9]

c =

    3    6    7    8    9

>> A = diag(c)

A =

    3    0    0    0    0
    0    6    0    0    0
    0    0    7    0    0
    0    0    0    8    0
    0    0    0    0    9

>> d = diag(A)

d =
    3
    6
    7
    8
```

【例 5.30】　使用 diag()函数生成主对角线上第 3 条对角线为 c 的矩阵。

```
c = [1 3 5];
A = diag(c,3)
A =

    0    0    0    1    0    0    0
```

0	0	0	0	3	0
0	0	0	0	0	5
0	0	0	0	0	0
0	0	0	0	0	0
0	0	0	0	0	0

5.19　spaugment——生成最小二乘增广矩阵

在 MATLAB 中,利用 spaugment()函数可以生成最小二乘增广矩阵,其调用格式如下:

S＝spaugment(A,c)——生成一个稀疏、对称的非正定方阵 S。其中,S＝[c×I A; A′ 0],I 是与矩阵 A 维数相同的单位矩阵。

【例 5.31】　生成最小二乘增广矩阵。

```
c = 5;
>> A = [1 0 1;2 3 0;1 0 2]
A =
    1    0    1
    2    3    0
    1    0    2

>> S = spaugment(A,c)

S =

(1,1)      5
(4,1)      1
(6,1)      1
(2,2)      5
(4,2)      2
(5,2)      3
(3,3)      5
(4,3)      1
(6,3)      2
(1,4)      1
(2,4)      2
(3,4)      1
(2,5)      3
(1,6)      1
(3,6)      2

>> full(S)

ans =

    5    0    0    1    0    1
    0    5    0    2    3    0
    0    0    5    1    0    2
```

```
1    2    1    0    0    0
0    3    0    0    0    0
1    0    2    0    0    0
```

可见,上面的稀疏矩阵由 4 块组成,依次是以 3 个 5 组成的对角阵、矩阵 A、矩阵 A 的转置、零矩阵。

【例 5.32】 生成最小二乘增广矩阵。

```
c = 3;
>> A = [1 0 1;2 3 0;1 0 2]

>> S = spaugment(A,c)
A =

    1    0    1
    2    3    0
    1    0    2
S =

    (1,1)        3
    (4,1)        1
    (6,1)        1
    (2,2)        3
    (4,2)        2
    (5,2)        3
    (3,3)        3
    (4,3)        1
    (6,3)        2
    (1,4)        1
    (2,4)        2
    (3,4)        1
    (2,5)        3
    (1,6)        1
    (3,6)        2
full(S)

ans =

    3    0    0    1    0    1
    0    3    0    2    3    0
    0    0    3    1    0    2
    1    2    1    0    0    0
    0    3    0    0    0    0
    1    0    2    0    0    0
```

可见,上面的稀疏矩阵由 4 块组成,依次是以 3 个 3 组成的对角阵、矩阵 A、矩阵 A 的转置、零矩阵。

【例 5.33】 生成最小二乘增广矩阵。

```
a = [1,2,3;4,5,6];
b = spaugment(a,1);              % 生成最小二乘增广矩阵
```

```
full(b)                        % 将稀疏矩阵转化为普通矩阵
ans =

    1    0    1    2    3
    0    1    4    5    6
    1    4    0    0    0
    2    5    0    0    0
    3    6    0    0    0
```

可见,上面的稀疏矩阵由 4 块组成,依次是以 2 个 1 组成的对角阵、矩阵 A、矩阵 A 的转置、零矩阵。

5.20　rand——生成 0～1 均匀分布矩阵

1. 生成 0～1 均匀分布矩阵简介

在 MATLAB 中,采用函数 rand()产生 0～1 之间均匀分布的随机矩阵,该函数的调用格式如下:

A＝rand(N)——该函数产生大小为 N×N 的 0～1 之间均匀分布的随机矩阵。

A＝rand(M,N)——该函数产生大小为 M×N 的 0～1 之间均匀分布的随机矩阵。

A＝rand(M,N,P,…)——该函数生成 M×N×P×…随机数组,其元素均匀分布在0～1 之间。

A＝rand(size(B))——该函数产生和矩阵 B 维数相同的 0～1 之间均匀分布的随机矩阵。

A＝rand('state')——获取一个均匀分布产生器当前状态的 35 元列向量。

2. 生成 0～1 均匀分布矩阵例子

【例 5.34】 利用函数 rand()依次产生 2×2、2×3、2×3×4 的 0～1 之间均匀分布的随机矩阵,代码如下:

```
Y = rand(2)

Y =

    0.8147    0.1270
    0.9058    0.9134

>> Y = rand(2,3)

Y =

    0.6324    0.2785    0.9575
    0.0975    0.5469    0.9649

>> Y = rand(2,3,4)

Y(:,:,1) =
```

```
      0.1576    0.9572    0.8003
      0.9706    0.4854    0.1419


Y(:,:,2) =

      0.4218    0.7922    0.6557
      0.9157    0.9595    0.0357


Y(:,:,3) =

      0.8491    0.6787    0.7431
      0.9340    0.7577    0.3922
Y(:,:,4) =

      0.6555    0.7060    0.2769
      0.1712    0.0318    0.0462
```

【例 5.35】 利用函数 rand()产生和三阶矩阵 A 维数相同的 0~1 之间均匀分布的随机矩阵，并获取一个均匀分布产生器当前状态的 35 元列向量。

```
>> A = [1 2 3;4 5 6;7 8 9]

A =

      1     2     3
      4     5     6
      7     8     9

>> Y = rand(size(A))

Y =

      0.0971    0.3171    0.4387
      0.8235    0.9502    0.3816
      0.6948    0.0344    0.7655

>> Y = rand('state')

Y =

      0.8301
      0.6705
      0.0845
      0.0686
      0.0371
      0.3854
      0.1653
      0.3752
```

```
    0.7297
    0.4534
    0.8596
    0.5685
    0.9848
    0.3742
    0.3715
    0.9499
    0.9774
    0.7428
    0.4958
    0.4157
    0.0777
    0.3299
    0.9429
    0.0906
    0.3091
    0.5518
    0.0350
    0.0018
    0.9854
    0.8229
    0.4586
    0.9710
         0
         0
    0.0000
```

【例 5.36】 产生一个元素在区间(20,40)上均匀分布的 6×6 随机矩阵。

```
>> x = 20 + (40 − 20) * rand(6)

x =

   35.9040   35.0937   29.9673   25.1019   22.7725   24.8705
   23.7375   25.5205   39.1949   30.1191   22.9859   38.5853
   29.7953   33.5941   26.8077   33.9815   25.1502   26.9997
   28.9117   33.1020   31.7054   37.8181   36.8143   23.9319
   32.9263   23.2522   24.4762   39.1858   25.0856   25.0217
   34.1873   22.3800   35.0253   30.9443   36.2857   32.3209
```

通过在产生的随机数矩阵上乘以 n,可以得到 0~n 之间均匀分布的随机矩阵。以上是在 20~40 间均匀分布的随机矩阵。

5.21　randn——生成服从正态分布矩阵

1. 生成标准正态分布随机矩阵简介

在 MATLAB 中,采用函数 randn()产生均值为 0、方差为 1、标准差也为 1 的正态分布矩阵。该函数的调用格式如下：

A＝randn(N)——该函数产生大小为 N×N 的随机矩阵，其元素服从均值为 0、方差为 1 的标准正态分布。

A＝randn(M,N)——该函数产生大小为 M×N 的随机矩阵，其元素服从均值为 0、方差为 1 的标准正态分布。

A＝randn(M,N,P,…)——该函数生成 M×N×P×… 随机数组，其元素服从均值为 0、方差为 1 的标准正态分布。

A＝randn(size(B))——该函数产生和矩阵 B 维数相同的随机数组，其元素服从均值为 0、方差为 1 的标准正态分布。

2. 生成标准正态分布随机矩阵例子

【例 5.37】　利用函数 randn() 依次产生 2×2、2×3、2×3×4 的均值为 0 且方差为 1 的标准正态分布随机矩阵，代码如下：

```
Y = randn(2)

Y = randn(2,3)

Y = randn(2,3,4)

Y =

   - 0.4326     0.1253
   - 1.6656     0.2877


Y =

   - 1.1465     1.1892     0.3273
     1.1909   - 0.0376     0.1746


Y(:,:,1) =

   - 0.1867   - 0.5883   - 0.1364
     0.7258     2.1832     0.1139

Y(:,:,2) =

     1.0668   - 0.0956     0.2944
     0.0593   - 0.8323   - 1.3362


Y(:,:,3) =

     0.7143   - 0.6918     1.2540
     1.6236     0.8580   - 1.5937
```

```
Y(:,:,4) =

   - 1.4410    - 0.3999     0.8156
     0.5711      0.6900     0.7119
```

【例 5.38】　产生和矩阵 A 维数相同的随机数组,其元素服从均值为 0、方差为 1 的标准正态分布。

```
>> A = [1 2 3;4 5 6;7 8 9]
A =
     1      2      3
     4      5      6
     7      8      9
Y = randn(size(A))


Y =


    1.2902     - 1.2025     - 1.6041
    0.6686     - 0.0198       0.2573
    1.1908     - 0.1567     - 1.0565
```

【例 5.39】　产生一个平均值为 0.5、方差为 2 的 6×6 随机正态分布矩阵。

```
x = 0.5 + sqrt(2) * randn(6)

x =

    2.5013      0.4163     - 0.4102       0.0505      1.3172      0.0816
  - 0.6386    - 0.9293       1.0379       2.0486      0.5570    - 1.5862
    1.2478      1.3690     - 0.9271     - 2.1502      1.4575      0.1691
    0.8102      1.2181       0.4724       1.1055      1.3045      0.6675
  - 0.8038      2.8935       0.4318       1.7666      0.1385      0.9452
  - 2.5698      1.3362       0.5001       1.5337     - 0.0338      2.5414
```

5.22　小结

本章共讨论了 21 种矩阵或向量的生成方法。

第6章

矩阵的运算(一)

矩阵是单个数和数组的推广。单个数是 1×1 矩阵,数组是 $1 \times n$ 矩阵,所以单个数和数组都是矩阵的特殊情形。

矩阵也是标量和向量的推广。标量是 1×1 矩阵,向量是 $1 \times n$ 矩阵,所以标量和向量都是矩阵的特殊情形。

因此,掌握矩阵的运算极其重要。

6.1 方阵的行列式

1. 方阵的行列式简介

把一个方阵看作一个行列式,并对其按行列式的规则求值,这个值就称为矩阵所对应的行列式的值。以下是二阶和三阶行列式的求值公式。

二阶行列式

$$\begin{vmatrix} a_{11} & a_{12} \\ a_{21} & a_{22} \end{vmatrix} = a_{11}a_{22} - a_{12}a_{21}$$

可见,一个二阶行列式值是由对角的两个元素相乘之差形成的。再看三阶行列式。

三阶行列式

$$\begin{vmatrix} a_{11} & a_{12} & a_{13} \\ a_{21} & a_{22} & a_{23} \\ a_{31} & a_{32} & a_{33} \end{vmatrix} = a_{11}a_{22}a_{33} + a_{12}a_{23}a_{31} + a_{13}a_{21}a_{32} - a_{11}a_{23}a_{32} - a_{12}a_{21}a_{33} - a_{13}a_{22}a_{31}$$

可见,一个三阶行列式是由不同行不同列的 3 个数相乘而得到的 6 个项的代数和。

【手工计算例1】

$$\begin{vmatrix} 1 & 1 \\ 1 & -2 \end{vmatrix} = -2 \times 1 - 1 \times 1 = -3$$

【手工计算例 2】

$$\begin{vmatrix} 2 & 1 & 2 \\ -2 & 3 & 1 \\ 2 & 3 & 5 \end{vmatrix} = 2\times3\times5+1\times1\times2+2\times(-2)\times3-2\times3\times1-1\times(-2)\times$$

$$5-2\times3\times2 = 30+2-12-6+10-12 = 12$$

2. 求方阵的行列式命令说明

在 MATLAB 中,求方阵 A 所对应的行列式的值的函数是 det(A)。

d=det(A)——计算方阵 A 的行列式值 d。

3. 求方阵的行列式值的例子

【例 6.1】 求以下二阶方阵 A 的行列式值。

$$A = \begin{bmatrix} 1 & 2 \\ 3 & 4 \end{bmatrix}$$

解:

```
A = [1 2;3 4]
A =

    1    2
    3    4

>> det(A)

ans =

    -2
```

可见,方阵 A 的行列式值为-2。

【例 6.2】 求以下三阶方阵 A 的行列式值。

$$A = \begin{bmatrix} 1 & 2 & 3 \\ 4 & 5 & 6 \\ 7 & 8 & 9 \end{bmatrix}$$

解:

```
A = [1 2 3;4 5 6;7 8 9]
A =
    1    2    3
    4    5    6
    7    8    9
>> det(A)

ans =

    0
```

可见,矩阵 A 的行列式值为零。

【例 6.3】 求以下四阶方阵 A 的行列式值。

$$A = \begin{pmatrix} 1 & 2 & 3 & 4 \\ 5 & 6 & 7 & 8 \\ 9 & 10 & 11 & 12 \\ 13 & 14 & 15 & 16 \end{pmatrix}$$

解:

```
>> A = [1 2 3 4;5 6 7 8;9 10 11 12;13 14 15 16]

A =

    1    2    3    4
    5    6    7    8
    9   10   11   12
   13   14   15   16

>> det(A)

ans =

   4.7332e - 30
```

可见,矩阵 A 的行列式值为极接近零的一个数。

【例 6.4】 求以下方阵 A 的行列式值。

$$A = \begin{pmatrix} 1 & 2 & 3 \\ 4 & 5 & 6 \\ 7 & 8 & 2 \end{pmatrix}$$

解:

```
A = [1 2 3;4 5 6;7 8 2]
det(A)
A =
    1    2    3
    4    5    6
    7    8    2
ans =
    21
```

可见,矩阵 A 的行列式值为 21。

值得注意的是,只有方阵才能求行列式的值,否则会显示出错信息。

6.2 矩阵的转置

1. 矩阵的转置简介

把一个矩阵 **A** 的行列互换,所得到的矩阵称为这个矩阵的转置。

设 A 是一个 $n \times s$ 矩阵：

$$A = \begin{pmatrix} a_{11} & a_{12} & \cdots & a_{1n} \\ a_{21} & a_{22} & \cdots & a_{2n} \\ \vdots & \vdots & & \vdots \\ a_{s1} & a_{s2} & \cdots & a_{sn} \end{pmatrix}$$

$n \times s$ 矩阵

$$\begin{pmatrix} a_{11} & a_{21} & \cdots & a_{s1} \\ a_{12} & a_{22} & \cdots & a_{s2} \\ \vdots & \vdots & & \vdots \\ a_{1n} & a_{2n} & \cdots & a_{sn} \end{pmatrix}$$

称为 A 的转置矩阵，记作 A'。

例如设

$$A = \begin{pmatrix} 1 & 2 & 3 \\ 2 & -1 & 1 \\ 0 & 2 & 4 \end{pmatrix}$$

则

$$A' = \begin{pmatrix} 1 & 2 & 0 \\ 2 & -1 & 2 \\ 3 & 1 & 4 \end{pmatrix}$$

如果矩阵 A 中含有复数，则 A' 进行矩阵转置后，复数将转化为共轭复数。

如果要复数单纯转置，不要变为共轭复数，就执行"A.'"命令。此外，函数 transpose(A) 也可以实现复数单纯转置，不变为共轭复数。也就是说，命令 A.' 和 transpose(A) 功能相同。

2. 矩阵的转置命令说明

对于矩阵 A 有以下转置命令：

(1) A'——将矩阵 A 转置。如果矩阵 A 中含有复数，则 A' 进行矩阵转置后，复数将转化为共轭复数。

(2) A.'——将矩阵 A 转置。如果矩阵 A 中含有复数，则 A.' 进行矩阵转置后，复数不变。

(3) transpose(A)——与命令 A.' 功能相同。

3. 矩阵的转置例子

【例 6.5】 用 3 种矩阵转置命令，使以下实数矩阵 A 转置。

$$A = \begin{pmatrix} 1 & 2 & 3 \\ 4 & 5 & 6 \\ 7 & 8 & 9 \end{pmatrix}$$

解：

```
A = [1 2 3;4 5 6;7 8 9]
A1 = A'
A2 = A.'
```

```
A3 = transpose(A)
A =
    1    2    3
    4    5    6
    7    8    9
A1 =
    1    4    7
    2    5    8
    3    6    9
A2 =
    1    4    7
    2    5    8
    3    6    9
A3 =
    1    4    7
    2    5    8
    3    6    9
```

可见,如果 A 是实数矩阵,则 3 个函数 A′、A′. 和 transpose(A)执行结果相同。

【例 6.6】 用矩阵转置命令"'",使以下复数矩阵 A 转置。

$$A = \begin{pmatrix} 1 & 1+i & 2i \\ 1-i & 4 & 2-3i \\ -2i & 2+3i & 7 \end{pmatrix}$$

解:

```
A = [1 1 + i 2i;1 - i 4 2 - 3i; - 2i 2 + 3i 7]
A1 = A'
A =
    1.0000 + 0.0000i    1.0000 + 1.0000i    0.0000 + 2.0000i
    1.0000 - 1.0000i    4.0000 + 0.0000i    2.0000 - 3.0000i
    0.0000 - 2.0000i    2.0000 + 3.0000i    7.0000 + 0.0000i
A1 =
    1.0000 + 0.0000i    1.0000 + 1.0000i    0.0000 + 2.0000i
    1.0000 - 1.0000i    4.0000 + 0.0000i    2.0000 - 3.0000i
    0.0000 - 2.0000i    2.0000 + 3.0000i    7.0000 + 0.0000i
```

可见,因为 A 矩阵是复数矩阵,矩阵转置后,复数也转化为共轭复数了。

【例 6.7】 用 3 种矩阵转置命令,使以下复数矩阵 A 转置。

$$A = \begin{pmatrix} 1+i & 1+2i & 1-i \\ 1+4i & 3+i & 2-3i \end{pmatrix}$$

解:

```
>> A = [1 + i 1 + 2i 1 - i;1 + 4i 3 + i 2 - 3i]
A1 = A'
A =
    1.0000 + 1.0000i    1.0000 + 2.0000i    1.0000 - 1.0000i
    1.0000 + 4.0000i    3.0000 + 1.0000i    2.0000 - 3.0000i
A1 =
    1.0000 - 1.0000i    1.0000 - 4.0000i
```

```
    1.0000 - 2.0000i   3.0000 - 1.0000i
    1.0000 + 1.0000i   2.0000 + 3.0000i
```

可见,因为 A 矩阵是复数矩阵,矩阵转置后,复数也转化为共轭复数了。

```
A2 = A.'
A2 =
    1.0000 + 1.0000i   1.0000 + 4.0000i
    1.0000 + 2.0000i   3.0000 + 1.0000i
    1.0000 - 1.0000i   2.0000 - 3.0000i
```

可见,虽然 A 矩阵是复数矩阵,因为执行 A.'命令,矩阵转置后,复数没有变为共轭复数。

```
A3 = transpose(A)
A3 =
    1.0000 + 1.0000i   1.0000 + 4.0000i
    1.0000 + 2.0000i   3.0000 + 1.0000i
    1.0000 - 1.0000i   2.0000 - 3.0000i
```

可见,虽然 A 矩阵是复数矩阵,因为执行 transpose(A)命令,矩阵转置后,复数没有变为共轭复数。

总之,如果矩阵 A 中元素没有复数,则 3 个函数 A'、A.'和 transpose(A)执行结果相同;如果矩阵中元素有复数,则执行 A'矩阵转置后,复数要转化为共轭复数。A.'和 transpose(A)执行后,矩阵转置但复数不变。

6.3 矩阵的旋转

1. 矩阵的旋转命令说明

矩阵的旋转可以采用转置的方法,也可采用函数 rot90()。该函数的调用方式如下:

B=rot90(A)——该函数将矩阵 A 逆时针旋转 90°。

B=rot90(A,k)——该函数将矩阵 A 逆时针旋转 90°的 k 倍,k 的默认值为 1。k 还可取负值,k 取负值时,矩阵 A 顺时针旋转。

2. 矩阵的旋转例子

【例 6.8】 将以下矩阵 A 逆时针旋转 90°。

$$A = \begin{bmatrix} 1 & 2 & 3 \\ 4 & 5 & 6 \\ 7 & 8 & 9 \end{bmatrix}$$

解:

```
A = [1 2 3;4 5 6;7 8 9]
Y1 = rot90(A)
A =
    1    2    3
    4    5    6
    7    8    9
```

```
Y1 =
   3   6   9
   2   5   8
   1   4   7
```

矩阵 Y1 就是旋转后的矩阵。

【例 6.9】 将以下矩阵 A 顺时针旋转 180°。

$$A = \begin{pmatrix} 1 & 2 & 3 \\ 4 & 5 & 6 \\ 7 & 8 & 9 \end{pmatrix}$$

解：

```
A = [1 2 3;4 5 6;7 8 9]
Y1 = rot90(A, -2)
A =
   1   2   3
   4   5   6
   7   8   9
Y1 =
   9   8   7
   6   5   4
   3   2   1
```

矩阵 Y1 就是旋转后的矩阵。

【例 6.10】 将以下矩阵 A 顺时针旋转 90°。

$$A = \begin{pmatrix} 1 & 2 & 3 \\ 4 & 5 & 6 \\ 7 & 8 & 9 \end{pmatrix}$$

解：

```
A = [1 2 3;4 5 6;7 8 9]
Y1 = rot90(A, -1)
A =
   1   2   3
   4   5   6
   7   8   9
Y1 =
   7   4   1
   8   5   2
   9   6   3
```

矩阵 Y1 就是旋转后的矩阵。

6.4 矩阵的翻转

1. 矩阵的翻转命令说明

矩阵的翻转分为左右翻转和上下翻转。矩阵左右翻转是将原矩阵的第一列和最后一列调换,第二列和倒数第二列调换,依此类推。在 MATLAB 中,矩阵左右翻转函数是 fliplr()。

矩阵上下翻转是将原矩阵的第一行和最后一行调换,第二行和倒数第二行调换,依此类推。在 MATLAB 中,矩阵上下翻转函数是 flipud()。

此外,还可以采用函数 flipdim()进行矩阵的翻转,该函数的调用格式为:

flipdim(A,k)——该函数在指定的方向 k 进行矩阵 A 的翻转。当 k＝1 时,相当于 flipud(A);当 k＝2 时,相当于 fliplr(A)。

2. 矩阵的翻转例子

【例 6.11】 将以下矩阵 A 左右翻转。

$$A = \begin{bmatrix} 1 & 2 & 3 \\ 4 & 5 & 6 \\ 7 & 8 & 9 \end{bmatrix}$$

解:

```
A = [1 2 3;4 5 6;7 8 9]
Y1 = fliplr(A)
Y2 = flipdim(A,2)
A =
    1    2    3
    4    5    6
    7    8    9
Y1 =
    3    2    1
    6    5    4
    9    8    7
Y2 =
    3    2    1
    6    5    4
    9    8    7
```

可见,命令 fliplr(A)和 flipdim(A,2)的功能是一样的。

【例 6.12】 将以下矩阵 A 上下翻转。

$$A = \begin{bmatrix} 1 & 2 & 3 \\ 4 & 5 & 6 \\ 7 & 8 & 9 \end{bmatrix}$$

解:

```
A = [1 2 3;4 5 6;7 8 9]
Y1 = flipud(A)
Y2 = flipdim(A,1)
A =
    1    2    3
    4    5    6
    7    8    9
Y1 =
    7    8    9
    4    5    6
```

```
            1     2     3
Y2 =
            7     8     9
            4     5     6
            1     2     3
```

可见,命令 flipud(A)和 flipdim(A,1)的功能是一样的。

6.5 矩阵尺寸的改变

1. 矩阵尺寸改变简介

在矩阵总元素数不变的前提下,用函数 reshape()改变矩阵的尺寸。该函数的调用格式为 Y= reshape(X,m,n),将矩阵 X 转换为 m×n 的二维矩阵 Y。矩阵的总元素数不变,即 sum(size(X))=m+n。

2. 矩阵尺寸改变的例子

【例 6.13】 利用函数 reshape()改变矩阵的尺寸。

```
clear all;
X = [1:4;5:8]
Y1 = reshape(X,1,8)         % 改变矩阵的尺寸
Y2 = reshape(Y1,[4,2])      % 改变矩阵的尺寸
Y3 = reshape(X,size(Y2))
```

运行结果是:

```
X =
     1     2     3     4
     5     6     7     8
Y1 =
     1     5     2     6     3     7     4     8
Y2 =
     1     3
     5     7
     2     4
     6     8
Y3 =
     1     3
     5     7
     2     4
     6     8
```

6.6 矩阵的加减运算

1. 矩阵加减运算简介

假设有两个矩阵 **A** 和 **B**,则可以由 **A**+**B** 和 **A**−**B** 实现矩阵的加减运算,要求矩阵 **A** 和

B 的维数必须相同。矩阵的加法和减法是矩阵中对应元素加减。如果 A 和 B 中有一个为标量,则将矩阵中的每一个元素和该标量进行加减运算。

2. 矩阵加减运算的例子

【例 6.14】 求两矩阵的和与差。

解：

```
>> A = magic(3)
A =

     8     1     6
     3     5     7
     4     9     2

>> B = [7 - 1 0;5 8 4;3 9 7];
>> C = A + B

C =

    15     0     6
     8    13    11
     7    18     9
>> D = A - B

D =

     1     2     6
    -2    -3     3
     1     0    -5
```

【例 6.15】 矩阵加减运算。

解：

```
A = [1:4;5:8]
B = [2 3 5 4;6 7 4 5]
A - B
A + B
D = A + 100
```

运行结果是：

```
A =

     1     2     3     4
     5     6     7     8
B =

     2     3     5     4
     6     7     4     5
ans =
```

```
     -1   -1   -2    0
     -1   -1    3    3
ans =

      3    5    8    8
     11   13   11   13
D =

    101  102  103  104
    105  106  107  108
```

在矩阵进行加法和减法运算时,两个矩阵的维数必须相同,除非其中一个是标量。

6.7　矩阵的乘法运算

1. 矩阵乘法运算简介

任意的两个数都可以相乘,但任意的两个矩阵却不一定能相乘。两个矩阵能相乘的条件是第 1 个矩阵(被乘矩阵)的列数必须等于第 2 个矩阵(乘矩阵)的行数。在此规定下,任意两个同阶数的方阵可以相乘。任意的两个不同阶数的矩阵中,只有哪些满足第 1 个矩阵的列数等于第 2 个矩阵的行数的两个矩阵可以相乘。

在 MATLAB 中,"＊"为矩阵的乘法运算符。矩阵 A 乘矩阵 B 表示为 A＊B。

此外,矩阵 A 和 B 的点乘为 A.＊B,表示矩阵 A 和 B 中的对应元素相乘。要求矩阵 A 和 B 具有相同的维数,返回结果和原矩阵有相同的维数。

用手工做三阶及三阶以上矩阵的乘法,比较烦琐,用 MATLAB 来做矩阵的乘法很方便。

2. 矩阵乘法运算例子

【例 6.16】　求以下两个三阶实方阵相乘之积。

$$A = \begin{pmatrix} 1 & 3 & -2 \\ -2 & -1 & 5 \\ 3 & -3 & 2 \end{pmatrix}, \quad B = \begin{pmatrix} 4 & 5 & -1 \\ 2 & -2 & 6 \\ 0 & 3 & -5 \end{pmatrix}$$

解:在 MATLAB 命令窗口,执行如下命令:

```
>> edit matmult33.m
```

将程序修改为:

```
% matmult33.m
syms A B C
A = [1 3 -2;-2 -1 5;3 -3 2]
B = [4 5 -1;2 -2 6;0 3 -5]
C = A＊B
```

保存后执行命令:

```
matmult33
```

运行结果为：

```
A =
     1     3    -2
    -2    -1     5
     3    -3     2
B =
     4     5    -1
     2    -2     6
     0     3    -5
C =
    10    -7    27
   -10     7   -29
     6    27   -31
```

可见,两个三阶实方阵相乘的结果,仍是三阶实方阵。即

$$C = AB = \begin{pmatrix} 10 & -7 & 27 \\ -10 & 7 & -29 \\ 6 & 27 & -31 \end{pmatrix}$$

【例 6.17】 求以下 4×5 实矩阵与 5×3 实矩阵相乘之积。

$$A = \begin{pmatrix} 1 & 3 & -2 & 0 & 4 \\ -2 & -1 & 5 & -7 & 2 \\ 0 & 8 & 4 & 1 & -5 \\ 3 & -3 & 2 & -4 & 1 \end{pmatrix} \quad B = \begin{pmatrix} 4 & 5 & -1 \\ 2 & -2 & 6 \\ 7 & 8 & 1 \\ 0 & 3 & -5 \\ 9 & 8 & -6 \end{pmatrix}$$

解：在 MATLAB 命令窗口,执行如下命令：

```
>> edit matmult45.m
```

将程序修改为：

```
% matmult45.m
syms A B C
A = [1 3 -2 0 4;-2 -1 5 -7 2;0 8 4 1 -5;3 -3 2 -4 1]
B = [4 5 -1;2 -2 6;7 8 1;0 3 -5;9 8 -6]
C = A * B
```

保存后执行命令：

```
matmult45
```

运行结果为：

```
A =
     1     3    -2     0     4
    -2    -1     5    -7     2
     0     8     4     1    -5
     3    -3     2    -4     1
B =
     4     5    -1
```

```
        2    - 2      6
        7      8      1
        0      3    - 5
        9      8    - 6
C =
       32     15    - 9
       43     27     24
      - 1   - 21     77
       29     33    - 5
```

可见,4×5 实矩阵与 5×3 实矩阵相乘的结果,是一个 4×3 实矩阵。即

$$C = AB = \begin{pmatrix} 32 & 15 & -9 \\ 43 & 27 & 24 \\ -1 & -21 & 77 \\ 29 & 33 & -5 \end{pmatrix}$$

这个 4×5 实矩阵与 5×3 实矩阵相乘就满足前面说的"第 1 个矩阵的列数必须等于第 2 个矩阵的行数"的规定。

【例 6.18】 矩阵的乘法运算。

```
A = [1:4;5:8]
B = [2 3;1 3;6 7; 4 5]
C = A * B
D = A. * B'
E = A * 5

A =

    1    2    3    4
    5    6    7    8
B =

    2    3
    1    3
    6    7
    4    5
C =

   38   50
   90  122
D =

    2    2   18   16
   15   18   49   40
E =

    5   10   15   20
   25   30   35   40
```

当 A 和 B 中有一个是常数时,该常数要和矩阵中的每一项相乘。

6.8 矩阵的除法

1. 矩阵除法运算简介

矩阵的除法有两种:一种叫左除"\",另一种叫右除"/",通常矩阵的除法用来求方程组的解。一般情况下,矩阵 A 和 B 的左除为 X=A\B,表示方程组 A∗X=B 的解,近似等于 inv(A)∗B 或 pinv(A)∗B。矩阵 A 和 B 的右除为 X=B/A,表示线性方程组 X∗A=B 的解,近似为 B∗inv(A) 或 B∗pinv(A)。如果 X 不存在或不唯一,则系统显示警告信息。

此外,还有矩阵的点除,分左点除和右点除,分别用".\"和"./"表示,表示矩阵中对应元素相除。

2. 矩阵除法运算的例子

【例 6.19】 矩阵的左除和右除。

解:

```
clear all;
A = [21 2 3;7 3 1;9 4 2];
B = [3 5 7;2 12 4;2 7 4];
C1 = A\B            % 矩阵的左除
C2 = inv(A) ∗ B
D1 = B/A            % 矩阵的右除
D2 = B ∗ inv(A)
```

程序运行后,输出结果如下:

```
C1 =
     0.2286     1.6286     0.5143
     0.4286     4.4286     0.7143
   - 0.8857  - 12.6857   - 1.7429
C2 =
     0.2286     1.6286     0.5143
     0.4286     4.4286     0.7143
   - 0.8857  - 12.6857   - 1.7429
D1 =

   - 0.3429  - 10.3714     9.2000
   - 1.4857   - 1.9429     5.2000
   - 0.7714   - 4.0857     5.2000
D2 =
   - 0.3429  - 10.3714     9.2000
   - 1.4857   - 1.9429     5.2000
   - 0.7714   - 4.0857     5.2000
```

由上可见,矩阵的左除 A\B=inv(A)∗B;矩阵的右除 B/A=B∗inv(A)。

【例 6.20】 两矩阵左除和右除。

解：

```
A = [1,2,3;4,5,6];
D = [1,4,7;8,5,2;3,6,0];

>> D\A      % 矩阵的左除,一个 2×3 矩阵不能左除 3×3 矩阵
??? Error using ==> mldivide
Matrix dimensions must agree.

>> D\A'     % 矩阵的左除,一个 3×2 矩阵能左除 3×3 矩阵

ans =

   - 0.0370        0
     0.5185   1.0000
   - 0.1481        0

>> A/D      % 矩阵的右除,一个 2×3 矩阵能右除 3×3 矩阵
ans =

   0.4074   0.0741   0.0000
   0.7407   0.4074   0.0000
```

【例 6.21】 两矩阵右除。

解：

```
A = rand(3)
A =
   0.9649   0.9572   0.1419
   0.1576   0.4854   0.4218
   0.9706   0.8003   0.9157
>> B = rand(2,3)
B =
   0.7922   0.6557   0.8491
   0.9595   0.0357   0.9340
>> X = B/A     % 矩阵的右除,一个 2×3 矩阵能右除 3×3 矩阵
X =

   - 0.1117   0.0580   0.9179
   - 0.6824  - 1.8152   1.9617
```

【例 6.22】 两矩阵的点除——左除和右除。

解：

```
A = [1,2,3;7,3,1;9,4,2];
B = [3 5 7;2 12 4;2 7 4];
C1 = A.\B      % 矩阵的点除,左除
C2 = A./B      % 矩阵的点除,右除
C3 = A./2      % 用一个数点除一个矩阵
```

```
C1 =

     0.3333    0.4000    0.4286
     3.5000    0.2500    0.2500
     4.5000    0.5714    0.5000
C2 =

     3.0000    2.5000    2.3333
     0.2857    4.0000    4.0000
     0.2222    1.7500    2.0000
C3 =

     0.5000    1.0000    1.5000
     3.5000    1.5000    0.5000
     4.5000    2.0000    1.0000
```

两个矩阵点除时,将矩阵中对应的元素相除,两个矩阵维数必须相同。用一个数点除一个矩阵是用该数去除矩阵中的每一项。

6.9　矩阵元素的求和

1. 矩阵元素的求和简介

在 MATLAB 中,矩阵在元素求和时,采用函数 sum()和 cumsum(),其调用格式如下:

Y=sum(X)——该函数对矩阵 X 的元素求和,返回矩阵 X 中各列元素的和组成的向量。

Y=sum(X,DIM)——该函数返回在给定维数 DIM 上的元素的和,当 DIM=1 时,计算矩阵各列元素的和;当 DIM=2 时,计算矩阵各行元素的和。

函数 cumsum()的调用格式与 sum()类似,不同之处是函数 cumsum()的返回值为矩阵。

2. 矩阵元素的求和例子

【例 6.23】　矩阵元素的求和。

解:

```
clear all;
A = [1 2 3 4;5 6 7 8;1 1 1 1];
B1 = sum(A)          % 矩阵各列元素的和
B2 = sum(A,2)        % 矩阵各行元素的和
C1 = cumsum(A)       % 矩阵各列元素的和
C2 = cumsum(A,2)     % 矩阵各行元素的和
D = sum(sum(A))      % 矩阵所有元素的和
```

程序运行后,输出结果如下:

```
A =
     1    2    3    4
     5    6    7    8
```

```
          1    1    1    1
B1 =
          7    9   11   13
B2 =

         10
         26
          4
C1 =

          1    2    3    4
          6    8   10   12
          7    9   11   13
C2 =

          1    3    6   10
          5   11   18   26
          1    2    3    4
D =

         40
```

由上可以看出,函数 sum()的返回值为向量,函数 cumsum()的返回值为矩阵。通过 sum(sum(A))可以得到矩阵中所有元素之和。

【例 6.24】　矩阵元素的求和。

解:

```
clear all;
A = [1 2;3 4];
B1 = sum(A)          % 矩阵各列元素的和
B2 = sum(A,2)        % 矩阵各行元素的和
C1 = cumsum(A)       % 矩阵各列元素的和
C2 = cumsum(A,2)     % 矩阵各行元素的和
D = sum(sum(A))      % 矩阵所有元素的和
```

运行结果为:

```
A =
          1    2
          3    4
B1 =

          4    6
B2 =
          3
          7
C1 =
          1    2
          4    6
C2 =
          1    3
```

```
        3    7
D =
       10
```

6.10　矩阵元素的求积

1. 矩阵元素的求积简介

在 MATLAB 中,矩阵在元素求积时,采用函数 prod() 和 cumprod(),其调用格式如下:

Y=prod(X)——该函数对矩阵 X 的元素求积,返回矩阵 X 中各列元素的积组成的向量。

Y=prod(X,DIM)——该函数返回在给定维数 DIM 上的元素的积,当 DIM=1 时,计算矩阵各列元素的积;当 DIM=2 时,计算矩阵各行元素的积。

函数 cumprod() 的调用格式与 prod() 类似,不同之处是函数 cumprod() 的返回值为矩阵。

2. 矩阵元素的求积例子

【例 6.25】 矩阵元素的求积。

解:

```
clear all;
A = [1 2 3 0;2 6 7 8;1 2 3 5];
B1 = prod(A)          % 矩阵各列元素的积
B2 = prod(A,2)        % 矩阵各行元素的积
C1 = cumprod(A)       % 矩阵各列元素的积
C2 = cumprod(A,2)     % 矩阵各行元素的积
```

程序运行后,输出结果如下:

```
A =
     1    2    3    0
     2    6    7    8
     1    2    3    5
B1 =

     2   24   63    0

B2 =
     0
   672
    30

C1 =

     1    2    3    0
     2   12   21    0
     2   24   63    0
```

```
C2 =
    1    2    6    0
    2   12   84  672
    1    2    6   30
```

可见,B1是矩阵A各列对应元素的积;B2是矩阵A各行对应元素的积;矩阵C1的第一行是矩阵A的第一行,第二行是矩阵A中头两行对应元素的积;第三行是矩阵A的各列对应元素的积;矩阵C2的第一列是矩阵A的第一列,第二列是矩阵A中头两列对应元素的积,第三列是矩阵A中头三列的对应元素的积;第四列是矩阵A中四列对应元素的积。

6.11 矩阵元素的差分

1. 矩阵元素的差分简介

矩阵元素的差分,顾名思义,就是在矩阵中,一行(一列)的元素与上一行(上一列)对应元素的差值,依次排列在上一行(上一列)元素对应所在位置。矩阵元素的差分分为行差分和列差分,第一行和第一列不做差分计算。上述的定义是定义一阶差分计算,若进行多阶矩阵元素的差分计算,仅需要进行迭代计算。

在MATLAB中,利用函数diff()计算矩阵的差分,其调用格式如下:

Y=diff(X)——该函数计算矩阵各行的差分。

Y=diff(X,N)——该函数计算矩阵各行的N阶差分。

Y=diff(X,N,DIM)——该函数计算矩阵在DIM方向上的N阶差分。当DIM=1时,计算矩阵各行元素的差分;当DIM=2时,计算矩阵各列元素的差分。

2. 矩阵元素的差分例子

【例6.26】 矩阵元素的差分。

解:

```
clear all;
A = [1 2 3 0;2 6 7 8;1 2 3 5]
B1 = diff(A)          %计算矩阵各行的差分
B2 = diff(A,2)        %计算矩阵各行的二阶差分
C1 = diff(A,1,1)      %计算矩阵各行的差分
C2 = diff(A,1,2)      %计算矩阵各列的差分
```

程序运行后,输出结果如下:

```
A =
    1    2    3    0
    2    6    7    8
    1    2    3    5
B1 =

    1    4    4    8
   -1   -4   -4   -3
B2 =
```

```
        -2   -8   -8   -11

C1 =

     1    4    4    8
    -1   -4   -4   -3
C2 =

     1    1   -3
     4    1    1
     1    1    2
```

在以上程序中,利用函数 diff()计算矩阵的差分,当 DIM＝1 时,按照各行进行差分;当 DIM＝2 时,按照各列差分。当 N＞＝size(X,DIM)时,该函数的返回值为空矩阵。

6.12　矩阵元素的查找

1. 矩阵元素的查找简介

在 MATLAB 中,采用函数 find()进行矩阵元素的查找。函数 find()通常与关系运算和逻辑运算相结合,能够对矩阵中元素进行查找。该函数的调用格式如下:

i＝find(A)——该函数查找矩阵 A 中的非零元素,返回这些元素的单下标。

[i,j]＝find(A)——该函数查找矩阵 A 中的非零元素,返回这些元素的双下标 i 和 j。

2. 矩阵元素的查找例子

【例 6.27】　矩阵元素的查找。

解:

```
clear all;
A = [1 0 3;0 3 1;9 4 2]
B = find(A)              % 矩阵中非 0 元素的下标
C = find(A> = 3)         % 矩阵中大于等于 3 的元素下标
D = A(find(A> = 3))      % 矩阵中大于等于 3 的元素
A(find(A == 9)) = 100    % 将矩阵中等于 9 的元素修改为 100
```

程序运行后,输出结果如下:

```
A =

     1    0    3
     0    3    1
     9    4    2
B =
     1
     3
     5
     6
     7
     8
     9
```

```
C =
    3
    5
    6
    7
D =
    9
    3
    4
    3
A =
      1    0    3
      0    3    1
    100    4    2
```

6.13   矩阵的排序

1. 矩阵元素的排序简介

在 MATLAB 中,矩阵元素的排序使用函数 sort()。该函数默认按照升序排列,返回值为排序后的矩阵,与原矩阵维数相同。该函数的调用格式如下:

Y=sort(X)——该函数对矩阵 X 按照升序排列。当 X 为向量时,返回由小到大排序后的向量;当 X 为矩阵时,返回 X 中各列按照由小到大排序后的矩阵。

Y=sort(X,DIM)——该函数返回在给定的维数 DIM 上按照由小到大顺序排序后的结果,当 DIM=1 时,按照列进行排序;当 DIM=2 时,按照行进行排序。

Y=sort(X,DIM,'MODE')——该函数可以指定排序的方式。参数 MODE 默认值为'ascend',即按照升序进行排列;当 MODE 为'descend'时,对矩阵进行降序排列。

[Y,I]=sort(X)——该函数的输出参数 Y 为排序后的结果,输出参数 I 中元素表示 Y 中对应元素在输入参数 X 中的位置。

2. 矩阵元素的排列例子

【例 6.28】 矩阵元素的排列。

解:

```
clear all;
A = [1 0 3;0 3 1;9 4 2]
B = sort(A)                  % 矩阵元素的排序,按列进行
C = sort(A,2)                % 矩阵元素的排序,按行进行
D = sort(A, 'descend')       % 矩阵元素按列降序排列
E =  sort (A,2,'descend')    % 矩阵元素按行降序排列
```

程序运行后,输出结果如下:

```
A =
    1    0    3
    0    3    1
```

$$B = \begin{matrix} 9 & 4 & 2 \\ 0 & 0 & 1 \\ 1 & 3 & 2 \end{matrix}$$

$$C = \begin{matrix} 9 & 4 & 3 \\ 0 & 1 & 3 \\ 0 & 1 & 3 \\ 2 & 4 & 9 \end{matrix}$$

$$D = \begin{matrix} 9 & 4 & 3 \\ 1 & 3 & 2 \\ 0 & 0 & 1 \end{matrix}$$

$$E = \begin{matrix} 3 & 1 & 0 \\ 3 & 1 & 0 \\ 9 & 4 & 2 \end{matrix}$$

6.14　矩阵的乘方

1. 矩阵乘方简介

"^"为矩阵乘方的运算符。矩阵乘方可分为以下 4 种情形：

（1）当 A 为方阵，P 为大于零的整数时，$A \verb|^| P$ 表示 A 的 P 次方，即 A 自乘 P 次；P 为小于零的整数时，$A \verb|^| P$ 表示 A 的逆阵的 $-P$ 次方。

（2）当 A 为方阵，P 为非整数时，$A \verb|^| P = V \begin{bmatrix} d_{11}^p & & \\ & \ddots & \\ & & d_{nn}^p \end{bmatrix} V^{-1}$。其中 V 为 A 的特征向量，$D = \begin{bmatrix} d_{11} & & \\ & \ddots & \\ & & d_{nn} \end{bmatrix}$ 为特征值对角矩阵。

（3）标量的矩阵乘方 P^A，其定义为 $P^A = V \begin{bmatrix} p^{d_{11}} & & \\ & \ddots & \\ & & p^{d_{nn}} \end{bmatrix} V^{-1}$。其中 V、D 取自特征值分解，$AV = AD$。

（4）标量的数组乘方 $P.\verb|^|A$，定义为 $P.\verb|^|A = \begin{bmatrix} p^{a_{11}} & \cdots & p^{a_{1n}} \\ \vdots & & \vdots \\ p^{a_{m1}} & \cdots & p^{a_{mn}} \end{bmatrix}$。

2. 计算矩阵乘方的例子

【例 6.29】　A 为以下方阵，P 为大于零的整数，求 $A \verb|^| 2$、$A \verb|^| 3$、$A \verb|^| 4$。

$$A = \begin{bmatrix} 1 & 2 & 3 \\ 4 & 5 & 6 \\ 7 & 8 & 9 \end{bmatrix}$$

解:

```
A = [1 2 3;4 5 6;7 8 9]
A^2
A^3
A^4

A =

     1      2      3
     4      5      6
     7      8      9
ans =

    30     36     42
    66     81     96
   102    126    150
ans =

   468    576    684
  1062   1305   1548
  1656   2034   2412
ans =

  7560   9288  11016
 17118  21033  24948
 26676  32778  38880
```

【例 6.30】 A 为以下方阵,P 为小于零的整数,求 A^(−2)和 A^(−3)。

$$A = \begin{bmatrix} 1 & 2 & 3 \\ 4 & 5 & 6 \\ 7 & 8 & 9 \end{bmatrix}$$

解:

```
A = [1 2 3;4 5 6;7 8 9]
A^(−2)
A^(−3)
A =
     1      2      3
     4      5      6
     7      8      9
```

```
Warning: Matrix is close to singular or badly scaled. Results may be inaccurate. RCOND =
3.083953e−18.
> In matlab.internal.math.mpower.viaMtimes (line 35)
```

ans =

 1.0e + 14 ∗

    1.4074   − 2.8147   1.4074
   − 2.8147   5.6295   − 2.8147
    1.4074   − 2.8147   1.4074

Warning: Matrix is close to singular or badly scaled. Results may be inaccurate. RCOND =
1.531218e − 17.
> In matlab. internal. math. mpower. viaMtimes (line 35)

ans =

 1.0e + 12 ∗

    1.7578   − 3.5157   1.7578
   − 3.5157   7.0314   − 3.5157
    1.7578   − 3.5157   1.7578

【例 6.31】　A 为以下方阵,P 为小于零的整数,求 A^(−2)。

$$A = \begin{bmatrix} 2 & 3 \\ 1 & 2 \end{bmatrix}$$

解:

A = [2 3;1 2]

  A^ (− 2)

A =

      2   3
      1   2
ans =

    7.0000   − 12.0000
   − 4.0000   7.0000

用“A^P 表示 A 的逆阵的−P 次方”的方法求解:

≫ B = inv(A)

B =

      2   − 3
     − 1   2

≫ B^2
ans =

      7   − 12

$$-4 \qquad 7$$

可见,两种方法所得结果相同。

【例 6.32】 A 为以下方阵,P 为大于零小于 1 的小数,求 A^(0.1)和 A^(0.5)。

$$A = \begin{bmatrix} 1 & 2 & 3 \\ 4 & 5 & 6 \\ 7 & 8 & 9 \end{bmatrix}$$

解:

```
>> A^0.1

   ans =

      0.8467 + 0.2270i    0.3596 + 0.0578i    - 0.0965 - 0.1014i
      0.4013 + 0.0215i    0.4530 + 0.0134i      0.4429 - 0.0147i
    - 0.0132 - 0.1739i    0.4846 - 0.0510i      1.0133 + 0.0820i
A^0.5

   ans =

      0.4498 + 0.7623i    0.5526 + 0.2068i    0.6555 - 0.3487i
      1.0185 + 0.0842i    1.2515 + 0.0228i    1.4844 - 0.0385i
      1.5873 - 0.5940i    1.9503 - 0.1611i    2.3134 + 0.2717i
```

又由

```
A = [1 2 3;4 5 6;7 8 9]

A =

   1    2    3
   4    5    6
   7    8    9

>> B = sqrtm(A)

B =

   0.4498 + 0.7623i    0.5526 + 0.2068i    0.6555 - 0.3487i
   1.0185 + 0.0842i    1.2515 + 0.0228i    1.4844 - 0.0385i
   1.5873 - 0.5940i    1.9503 - 0.1611i    2.3134 + 0.2717i
```

可见,A^0.5= sqrtm(A)。

【例 6.33】 A 为以下方阵,P 为非整数,求 A^(3.5)。

$$A = \begin{bmatrix} 2 & 3 \\ 1 & 2 \end{bmatrix}$$

解:

```
A = [2 3;1 2]
```

```
A =
      2    3
      1    2
>> A^3

ans =

     26   45
     15   26

>> A^4
ans =

     97  168
     56   97

>> A^(3.5)

ans =

    50.2145    86.9569
    28.9856    50.2145
```

可见,A^(3.5)的大小在 A^3 和 A^4 之间。

再用求特征值的方法计算本题。

```
A = [2 3;1 2]

A =

      2         3
      1         2

>> [V,D] = eig(A)

V =

    0.8660  - 0.8660
    0.5000    0.5000
D =

    3.7321         0
         0    0.2679
>> Q = D^(3.5)

Q =

  100.4191         0
         0    0.0100
>> V * Q * V^(-1)
```

```
ans =

   50.2145   86.9569
   28.9856   50.2145
```

可见,此法与直接求 A^(3.5)的结果相同。

【例 6.34】　A 为以下方阵,求标量的矩阵乘方 P^A,其中 P=3。

$$A = \begin{bmatrix} 1 & 1 \\ 0 & 2 \end{bmatrix}$$

解:

```
A = [1 1;0 2]
B = expm(A)
C = 2^A
D = 3^A

A =

        1        1
        0        2
B =

   2.7183   4.6708
        0   7.3891
C =

        2        2
        0        4
D =

   3.0000   6.0000
        0   9.0000
```

可见,$D = 3^A = \begin{bmatrix} 3 & 6 \\ 0 & 9 \end{bmatrix}$。

再用求特征值的方法计算本题。

```
A = [1 1;0 2];

>> [V,D] = eig(A)

V =

   1.0000   0.7071
        0   0.7071
D =

        1        0
        0        2
```

```
>> D1 = [ 3 0;0 9]

D1 =

        3         0
        0         9

>> V * D1 * V^( - 1)

ans =

        3         6
        0         9
```

可见,此方法与直接求 3^A 的结果相同。

【例 6.35】 A 为以下方阵,求标量的数组乘方 P.^A,其中 P=3。

$$① A = \begin{bmatrix} 1 & 1 \\ 0 & 2 \end{bmatrix} \quad ② A = \begin{bmatrix} 1 & 2 & 3 \\ 4 & 5 & 6 \\ 7 & 8 & 9 \end{bmatrix}$$

解：①

```
A = [ 1 1;0 2]
A =

        1    1
        0    2

3.^A

ans =

        3    3
        1    9
```

②

```
A = [1 2 3;4 5 6;7 8 9]

A =

        1         2         3
        4         5         6
        7         8         9

>> 3.^A

ans =

        3         9        27
       81       243       729
```

```
       2187    6561   19683
```

【例 6.36】 A 为以下数组,求标量的数组乘方 P^A,其中 P=2。
$$A = (1\ 2\ 3\ 4\ 5)$$

解:

```
>> A = [1 2 3 4 5]
2^A

A =

     1     2     3     4     5

Error using ^
Inputs must be a scalar and a square matrix.
To compute elementwise POWER, use POWER (.^) instead.
```

可见,求标量的乘方 P^A 中,A 只能是标量或方阵,不能为数组。

```
A = [1 2 3 4 5]
2.^A

A =

     1     2     3     4     5


ans =

     2     4     8    16    32
```

可见,求标量的乘方 P.^A 中,A 可以是标量、方阵或数组。

6.15　矩阵的函数

1. 矩阵的函数简介

用含变量 x 的式子表示的函数,叫作 x 的函数。用含矩阵 A 的式子表示的函数,叫作矩阵 A 的函数。

哈密尔顿-凯莱定理(Hamilton-Cayley):设 A 是一个 n 阶矩阵,$f(\lambda)=|\lambda E-A|$ 是 A 的特征多项式,那么 $f(A)=0$。

根据哈密尔顿-凯莱定理,也可以计算矩阵的乘方。

【手工计算例 3】 设

$$A = \begin{bmatrix} 2 & 3 \\ 1 & 2 \end{bmatrix}$$

求 A^2、A^3、A^4。

解: A 的特征多项式为 $f(\lambda)=\lambda^2-4\lambda+1$,所以 $A^2-4A+I=0$,故知

$$A^2 = 4A - I, \quad A^3 = 4A^2 - A = 15A - 4I, \quad A^4 = 15A^2 - 4A = 56A - 15I$$

即

$$A^2 = \begin{pmatrix} 7 & 12 \\ 4 & 7 \end{pmatrix}, \quad A^3 = \begin{pmatrix} 26 & 45 \\ 15 & 26 \end{pmatrix}, \quad A^4 = \begin{pmatrix} 97 & 168 \\ 56 & 97 \end{pmatrix}$$

【手工计算例 4】 设

$$A = \begin{pmatrix} 1 & 2 \\ 3 & -4 \end{pmatrix}$$

求 $y = A^2 + 3A - 10$。

解：$y = A^2 + 3A - 10 = A * A + 3 * A - 10$

$$= \begin{pmatrix} 1 & 2 \\ 3 & -4 \end{pmatrix}\begin{pmatrix} 1 & 2 \\ 3 & -4 \end{pmatrix} + 3\begin{pmatrix} 1 & 2 \\ 3 & -4 \end{pmatrix} - 10\begin{pmatrix} 1 & 0 \\ 0 & 1 \end{pmatrix}$$

$$= \begin{pmatrix} 7 & -6 \\ -9 & -10 \end{pmatrix} + \begin{pmatrix} 3 & 6 \\ 9 & -12 \end{pmatrix} - \begin{pmatrix} 10 & 0 \\ 0 & 10 \end{pmatrix} = \begin{pmatrix} 0 & 0 \\ 0 & -32 \end{pmatrix}$$

2. 矩阵的函数例子

【例 6.37】 设

$$A = \begin{pmatrix} 2 & 3 \\ 1 & 2 \end{pmatrix}$$

求 A^2、A^3、A^4、A^5。

解：

```
A = [ 2 3;1 2]
A =

    2    3
    1    2
>> A^2

ans =

    7   12
    4    7

>> A^3

ans =

   26   45
   15   26

>> A^4

ans =

   97  168
   56   97
```

```
>> A^5

ans =

   362   627
   209   362
```

【例 6.38】 设

$$A = \begin{pmatrix} 1 & 5 & 9 \\ 3 & 2 & 7 \end{pmatrix}$$

求 $y=2A+5-A+A/2$。

解:

```
>> A = [1 5 9;3 2 7];
>> y = 2 * A + 5 - A + A./2

y =

    6.5000    12.5000    18.5000
    9.5000     8.0000    15.5000
```

【例 6.39】 设

$$A = \begin{pmatrix} 1 & 2 \\ 4 & 3 \end{pmatrix}$$

求 $y=2A+5-A+A/2$。

解:

```
>> A = [1 2;4 3];
y = 2 * A + 5 - A + A./2

y =

    6.5000     8.0000
   11.0000     9.5000
```

【例 6.40】 设

$$A = \begin{pmatrix} 1 & 2 \\ 4 & 3 \end{pmatrix}$$

求 $y=2A^2-3A+5$ 和 $y=A^2+3A-10$。

解:

```
A = [1 2;3 - 4];
y = 2 * A * A - 3 * A + 5

y =

    16    - 13
   - 22      61
```

```
>> y = A * A + 3 * A - 10
y =

     0    - 10
   - 10      0
```

6.16 矩阵的点运算

1. 矩阵的点运算简介

矩阵的点运算就是对矩阵之间的对应元素直接计算。MATLAB 中的语法格式如下：

C＝A. * B——进行矩阵 A 和 B 的对应元素之间的乘法运算，返回结果矩阵 C，即 $c_{ij}=a_{ij}b_{ij}$。

C＝A. /B——进行矩阵 A 和 B 的对应元素之间的右除运算，返回结果矩阵 C，即 $c_{ij}=a_{ij}/b_{ij}$。

C＝A. \B——进行矩阵 A 和 B 的对应元素之间的左除运算，返回结果矩阵 C，即 $c_{ij}=a_{ij}\backslash b_{ij}$。

C＝A. ^ B——进行矩阵 A 和 B 的对应元素之间的幂运算，返回结果矩阵 C，即 $c_{ij}=a_{ij}^{b_{ij}}$。

注意，进行这些运算要求矩阵 A 和 B 的维数相同，或其中一个为标量。

C＝A. '——对矩阵 A 进行转置，返回结果矩阵 C。

2. 矩阵的点运算例子

【例 6.41】 对以下矩阵 A 和 B 进行点运算。

$$A = \begin{bmatrix} 1 & 2 & 3 \\ 4 & 5 & 6 \\ 7 & 8 & 9 \end{bmatrix}, \quad B = \begin{bmatrix} 1 & 3 & 5 \\ 2 & 4 & 6 \\ 7 & 8 & 9 \end{bmatrix}$$

解：

```
A = [1 2 3;4 5 6;7 8 9]
A =
   1    2    3
   4    5    6
   7    8    9
B = [1 3 5;2 4 6;7 8 9]
B =
   1    3    5
   2    4    6
   7    8    9
>> C = A. * B
C =
    1     6    15
    8    20    36
   49    64    81
>> D = A. /B
```

```
D =
    1.0000    0.6667    0.6000
    2.0000    1.2500    1.0000
    1.0000    1.0000    1.0000
>> F = A. \B
F =
    1.0000    1.5000    1.6667
    0.5000    0.8000    1.0000
    1.0000    1.0000    1.0000
>> E = A.^B
E =
         1         8         243
        16       625       46656
    823543  16777216  387420489
>> G = A.'
G =
    1    4    7
    2    5    8
    3    6    9
```

【例 6.42】 对以下矩阵 A 和 B 进行点运算。

$$A = \begin{pmatrix} 1 & 1 \\ 0 & 1 \end{pmatrix}, \quad B = \begin{pmatrix} 1 & 1 \\ 0 & 1 \end{pmatrix}$$

解：

```
A = [1 1;0 1]
B = [1 1;0 1]
C = A. * B
D = A. /B
F = A. \B
E = A.^B
A =
    1    1
    0    1
B =
    1    1
    0    1
C =
    1    1
    0    1
D =
    1    1
  NaN    1
F =
    1    1
  NaN    1
E =
    1    1
    1    1
```

以上 D 和 F 矩阵中出现"NaN"，是因为这两处零作除数了。

6.17　矩阵的逆

1. 矩阵的逆简介

对于一个方阵 A,如果存在一个与其同阶的方阵 B,使得 $AB=BA=I$(I 为单位矩阵),则称 B 为 A 的逆矩阵,记作 A^{-1}。当然,A 也是 B 的逆矩阵。

矩阵 A 可逆的充分必要条件是:A 是非退化的(指 $|A|\neq0$),而且当 A 可逆时,

$$A^{-1} = \frac{1}{|A|}A^*$$

其中,$|A|$ 是矩阵 A 的行列式,A^* 是 A 的伴随矩阵。

伴随矩阵的定义:

设 A_{ij} 是矩阵

$$A = \begin{pmatrix} a_{11} & a_{12} & \cdots & a_{1n} \\ a_{21} & a_{22} & \cdots & a_{2n} \\ \vdots & \vdots & & \vdots \\ a_{n1} & a_{n2} & \cdots & a_{nn} \end{pmatrix}$$

中元素 a_{ij} 的代数余子式。矩阵

$$A^* = \begin{pmatrix} A_{11} & A_{12} & \cdots & A_{1n} \\ A_{21} & A_{22} & \cdots & A_{2n} \\ \vdots & \vdots & & \vdots \\ A_{n1} & A_{n2} & \cdots & A_{nn} \end{pmatrix}$$

称为 A 的伴随矩阵。

可逆矩阵具有如下性质:

(1) 若 A、B 为可逆矩阵,则 AB 仍为可逆矩阵,且

$$(AB)^{-1} = B^{-1}A^{-1}$$

(2) 矩阵 A 可逆的充分必要条件是:$|A|\neq0$。

(3) 若矩阵 A 可逆,则

$$|A^{-1}|\neq 0,且 |A^{-1}| = |A|^{-1}$$

(4) 矩阵 A 可逆的充分必要条件是:矩阵 A 的特征值全不为零。

【手工计算例 5】 判断矩阵

$$A = \begin{pmatrix} 1 & 2 \\ 3 & 4 \end{pmatrix}$$

是否可逆。如果可逆,求 A^{-1}。

解:因为

$$|A| = \begin{vmatrix} 1 & 2 \\ 3 & 4 \end{vmatrix} = -2 \neq 0$$

所以,A 是可逆的。

又因

$$A_{11} = 4, \quad A_{12} = -3, \quad A_{21} = -2, \quad A_{22} = 1$$

所以

$$A^{-1} = -\frac{1}{2}\begin{pmatrix} 4 & -2 \\ -3 & 1 \end{pmatrix} = \begin{pmatrix} -2 & 1 \\ 3/2 & -1/2 \end{pmatrix}$$

【手工计算例 6】　判断矩阵

$$A = \begin{pmatrix} 2 & 1 & 1 \\ 3 & 1 & 2 \\ 1 & -1 & 0 \end{pmatrix}$$

是否可逆。如果可逆，求 A^{-1}。

　　解：因为

$$|A| = \begin{vmatrix} 2 & 1 & 1 \\ 3 & 1 & 2 \\ 1 & -1 & 0 \end{vmatrix} = 2 \neq 0$$

所以，A 是可逆的。

　　又因

$$A_{11} = 2, A_{12} = 2, A_{13} = -4$$
$$A_{21} = -1, A_{22} = -1, A_{23} = 3$$
$$A_{31} = 1, A_{32} = -1, A_{33} = -1$$

所以

$$A^{-1} = \frac{1}{2}\begin{pmatrix} 2 & -1 & 1 \\ 2 & -1 & -1 \\ -4 & 3 & -1 \end{pmatrix} = \begin{pmatrix} 1 & -0.5 & 0.5 \\ 1 & -0.5 & -0.5 \\ -2 & 1.5 & -0.5 \end{pmatrix}$$

2. 矩阵的逆的函数说明

求方阵 A 的逆矩阵 B 的可调用函数是 B＝inv(A)。若 A 为奇异阵或近似奇异阵，系统将给出警告信号。

3. 求矩阵的逆的例子

【例 6.43】　已知

$$A = \begin{pmatrix} 2 & 1 & 1 \\ 3 & 1 & 2 \\ 1 & -1 & 0 \end{pmatrix}$$

求 A^{-1}。

解：

```
syms A B C
A = [2 1 1;3 1 2;1 -1 0]
B = inv(A)
C = A * B  % A * A⁻¹ = I
A =
     2    1    1
```

```
    3     1      2
    1    -1      0
B =
    1.0000   -0.5000     0.5000
    1.0000   -0.5000    -0.5000
   -2.0000    1.5000    -0.5000
C =
    1.0000   -0.0000   -0.0000
         0    1.0000   -0.0000
         0         0    1.0000
```

这表明,

$$A^{-1} = \begin{pmatrix} 1 & -0.5 & 0.5 \\ 1 & -0.5 & -0.5 \\ -2 & 1.5 & -0.5 \end{pmatrix}$$

C 为单位矩阵,可见,B 为 A 的逆阵。A^{-1} 和手工计算例 6 结果一致。

【例 6.44】 已知

$$A = \begin{pmatrix} 1 & 5 \\ 4 & 6 \end{pmatrix}$$

求 A^{-1}。

解:

```
A = [1 5;4 6]
B = inv(A)
A =
    1     5
    4     6
B =
   -0.4286    0.3571
    0.2857   -0.0714
```

这表明,

$$A^{-1} = \begin{pmatrix} -0.4286 & 0.3571 \\ 0.2857 & -0.0714 \end{pmatrix}$$

```
>> C = A * B
C =
    1.0000    0.0000
         0    1.0000
```

C 为单位矩阵,可见,B 为 A 的逆阵。

【例 6.45】 已知

$$A = \begin{pmatrix} 1 & 2 \\ 3 & 4 \end{pmatrix}$$

求 A^{-1}。

解：

```
A = [1 2;3 4]
B = inv(A)

A =

    1    2
    3    4
B =

  -2.0000   1.0000
   1.5000  -0.5000
```

所以，$A^{-1} = B = \begin{pmatrix} -2 & 1 \\ 3/2 & -1/2 \end{pmatrix}$，和手工计算例 5 结果一致。

其实，用手工求矩阵的逆是很麻烦的，因为既要计算行列式的值，又要计算伴随矩阵中的每一项，所求矩阵阶数高时尤其如此。

6.18 向量范数

1. 向量范数简介

向量(一维数组)或矩阵(二维数组)的范数用来度量向量或矩阵在某种意义下的长度。范数有多种方法定义，其定义不同，范数值也就不同。

设 a、b 是任意数，我们常用 $|a|$ 及 $|a-b|$ 来衡量 a 的大小及 a 与 b 相差的大小。为了衡量向量 x、y 本身以及它们差的大小，似应构造适当的概念以反映它们，这就是所谓的向量范数。

线性空间的某个向量 $X = \{x_1, x_2, \cdots, x_n\}$，其 p 范数可以定义为 $\|X\|_p = \left(\sum_{i=1}^{n} |x_i|^p \right)^{1/p}$，其中的参数 $p = 1, 2, \cdots, n$。

$p = 1$ 时，称为向量 X 的 1-范数，$\|X\|_1 = \sum_{i=1}^{n} |x_i|$。

$p = 2$ 时，称为向量 X 的欧几里得范数，$\|X\|_2 = \left(\sum_{i=1}^{n} |x_i|^2 \right)^{1/2}$。

对于无穷范数则可以定义为：

$\|X\|_\infty = \max |x_i|, 1 \leqslant i \leqslant n$

$\|X\|_{-\infty} = \min |x_i|, 1 \leqslant i \leqslant n$

2. 向量范数函数说明

求向量范数的 MATLAB 命令如下：

n = norm(X)——求向量 X 的欧几里得范数，即 $\|X\|_2 = \sqrt{\sum_k |x_k|^2}$。

n = norm(X,1)——求向量 X 的 1-范数，即 $\|X\|_1 = \sum_k |x_k|$。

$n = \text{norm}(X, p)$——求向量 X 的 p-范数，即 $\|X\|_p = \sqrt[p]{\sum_k |x_k|^p}$。

$n = \text{norm}(X, \text{inf})$——求向量 X 的 ∞-范数，即向量 X 中所有元素的绝对值的最大值。

$n = \text{norm}(X, -\text{inf})$——求向量 X 的 $-\infty$-范数，即向量 X 中所有元素的绝对值的最小值。

3. 求向量范数例子

【例 6.46】 求三维向量 B=[1 4 7]的各个范数。

解：

```
B = [1 4 7]
B =
    1    4    7
>> n6 = norm(B)
n6 =

    8.1240

>> n7 = norm(B, inf)
n7 =


    7
>> n8 = norm(B, - inf)
n8 =


    1

>> n9 = norm(B, 1)
n9 =


    12

>> n10 = norm(B, 2)
n10 =

    8.1240
>> n11 = norm(B, 3)
n11 =

    7.4169
```

可见，向量 B 的欧几里得范数、∞-范数、$-\infty$-范数、1-范数、2-范数、3-范数依次是 8.1240、7、1、12、8.1240、7.4169。其中欧几里得范数和 2-范数是相同的。

【例 6.47】 求二维向量 B=[1 2]的各个范数。

解：

```
B = [1 2]

B =
```

```
        1     2

>> n6 = norm(B)

n6 =

    2.2361

>> n7 = norm(B,inf)

n7 =

    2

>> n8 = norm(B,1)

n8 =

    3

>> n9 = norm(B, - inf)

n9 =

    1

>> n10 = norm(B,3)

n10 =

    2.0801
```

可见,向量 B 的欧几里得范数、∞-范数、－∞-范数、1-范数、3-范数依次是 2.2361、2、1、3、2.0801。

6.19　矩阵的范数

1. 矩阵范数简介

矩阵范数可以看成是实数的绝对值或者复数的模的推广,是一种衡量矩阵(包括向量)大小的尺度。

矩阵的范数是在向量范数的基础上定义的,即对于 n 阶方阵 $\boldsymbol{A} = (a_{ij})_{n \times n}$,定义

$$\| \boldsymbol{A} \| = \max \frac{\| \boldsymbol{A}x \|}{\| x \|}, x \neq 0$$

矩阵的范数常用的是 1、2、∞ 和 Frobenius 范数。它们的定义如下:

$$\| \boldsymbol{A} \|_1 = \max \sum_{i=1}^{n} | a_{ij} | , \quad 1 \leqslant i \leqslant n$$

$$\| \boldsymbol{A} \|_2 = \sqrt{S_{\max} \{ \boldsymbol{A}^{\mathrm{T}} \boldsymbol{A} \}}$$

$$\| \boldsymbol{A} \|_\infty = \max \sum_{j=1}^{n} | a_{ij} | , \quad 1 \leqslant j \leqslant n$$

$$\| \boldsymbol{A} \|_{\mathrm{F}} = \sqrt{\sum_i \sum_j | A(i,j) |^2}$$

2. 求矩阵范数函数说明

求矩阵范数的 MATLAB 命令如下:

n=norm(A)——求矩阵 A 的欧几里得范数 $\| A \|_2$,即 A 的最大奇异值。用公式 s = svd(A),可求出矩阵 A 的各个奇异值,最大奇异值就是欧几里得范数 $\| A \|_2$。

n=norm(A,1)——求矩阵 A 的列范数 $\| A \|_1$,即 A 的列向量的 1-范数的最大值。

n=norm(A,2)——求矩阵 A 的欧几里得范数 $\| A \|_2$,其作用与 norm(A)相同。

n=norm(A,inf)——求矩阵 A 的行范数 $\| A \|_\infty$,即 A 的行向量的 1-范数的最大值。

n = norm(A,'fro')—— 求矩阵 A 的 Frobenius 范数,即 $\sqrt{\sum_i \sum_j | A(i,j) |^2}$。

3. 求矩阵范数的例子

【例 6.48】 求以下三阶矩阵 A 的各个范数。

$$A = \begin{bmatrix} 1 & 2 & 3 \\ 4 & 5 & 6 \\ 7 & 8 & 9 \end{bmatrix}$$

解:

```
A = [1 2 3;4 5 6;7 8 9]
A =

   1   2   3
   4   5   6
   7   8   9

>> n1 = norm(A)

n1 =

   16.8481

>> n2 = norm(A, inf)

n2 =

   24

>> n3 = norm(A, 'fro')

n3 =
```

16.8819

$$\sqrt{1^2 + 2^2 + 3^2 + \cdots + 9^2} = 16.8819$$

```
>> n4 = norm(A,1)

n4 =

    18

>> n5 = norm(A,2)

n5 =

    16.8481
```

可见,矩阵 A 的欧几里得范数 $\parallel A \parallel_2$、行范数 $\parallel A \parallel_\infty$、Frobenius 范数 $\parallel A \parallel_F$、列范数 $\parallel A \parallel_1$、norm(A,2) 依次是 16.8481、24、16.8819、18、16.8481。其中命令 norm(A) 和 norm(A,2) 所得结果相同,都是 16.8481。

也可用求矩阵奇异值的方法计算欧几里得范数 $\parallel A \parallel_2$:

```
s = svd(A)
s =
    16.8481
    1.0684
    0.0000
```

以上 3 个奇异值中最大的奇异值 16.8481 就是欧几里得范数。

【例 6.49】 求以下二阶矩阵 A 的各个范数。

$$A = \begin{pmatrix} 1 & 2 \\ 3 & 4 \end{pmatrix}$$

解:

```
A = [1 2;3 4]

A =
    1    2
    3    4

>> n1 = norm(A)

n1 =

    5.4650

>> n2 = norm(A, inf)

n2 =

    7
```

```
>> n3 = norm(A,1)

n3 =

    6

>> n4 = norm(A,2)

n4 =

    5.4650

>> n5 = norm(A,'fro')

n5 =

    5.4772
```
$$\sqrt{1^2 + 2^2 + 3^2 + 4^2} = 5.4772$$

可见,矩阵 A 的欧几里得范数 $\|A\|_2$、行范数 $\|A\|_\infty$、Frobenius 范数 $\|A\|_F$、列范数 $\|A\|_1$、norm(A,2)依次是 5.4650、7、5.4772、6、5.4650。其中命令 norm(A)和 norm(A,2)所得结果相同,都是 5.4650。

用求矩阵奇异值的方法也可计算 $\|A\|_2$:

```
>> s = svd(A)
s =
    5.4650
    0.3660
```

以上两个奇异值中最大的奇异值 5.4650 就是欧几里得范数。

6.20　奇异值分解

1. 矩阵的奇异值分解简介

矩阵的奇异值和特征值都是矩阵固有参数,矩阵的奇异值较之其特征值的一个优点是非零奇异值的个数恰好是该矩阵的秩,而矩阵的非零特征值的个数一般比秩少。因此,常用此点来计算矩阵的秩。

奇异值分解(Singular Value Decomposition,SVD)在矩阵分析中占有极其重要的地位。奇异值分解定义是:对于 $m \times n$ 的矩阵 A,若存在 $m \times n$ 的酉矩阵 U 和 $n \times n$ 的酉矩阵 V,使得 $A = U * \Sigma * V'$,其中 Σ 为一个 $m \times n$ 的非负对角矩阵,并且其对角元素的值按降序排列,则式子 $A = U * \Sigma * V'$,即为矩阵 A 的奇异值分解,U、Σ 和 V 称为矩阵 A 的三对组。

2. 矩阵的奇异值分解函数说明

在 MATLAB 中,奇异值分解由函数 svd()来实现,其调用格式如下:

[U,S,V]=svd(X)——对矩阵 X 进行奇异值分解。

[U,S,V]＝svd(X,0)——"经济"方式的奇异值分解,设矩阵 X 的大小为 m×n,若 m>n,则只计算 U 的前 n 列元素,S 为 n×n 矩阵;若 m<=n,则与[U,S,V]＝svd(X)效果一致。

[U,S,V]＝svd(X,'econ')——设矩阵 X 的大小为 m×n,若 m>n,则与[U,S,V]＝svd(X,0)效果一致,若 m<=n,则只计算 V 的前 m 列元素,S 为 m×m 矩阵。

S＝svd(X)——返回包含所有奇异值的向量。

3. 矩阵的奇异值分解例子

【例 6.50】 把以下 4×2 矩阵 A 分解为奇异值的三对组。

$$A = \begin{bmatrix} 1 & 2 \\ 3 & 4 \\ 5 & 6 \\ 7 & 8 \end{bmatrix}$$

解:

```
A = [1 2;3 4;5 6;7 8]
A =

    1    2
    3    4
    5    6
    7    8
>> [U,S,V] = svd(A)

U =

  - 0.1525   - 0.8226   - 0.3945   - 0.3800
  - 0.3499   - 0.4214     0.2428     0.8007
  - 0.5474   - 0.0201     0.6979   - 0.4614
  - 0.7448     0.3812   - 0.5462     0.0407

S =

   14.2691          0
         0     0.6268
         0          0
         0          0
V =

  - 0.6414     0.7672
  - 0.7672   - 0.6414
>> [U,S,V] = svd(A,0)
U =

  - 0.1525   - 0.8226
  - 0.3499   - 0.4214
  - 0.5474   - 0.0201
  - 0.7448     0.3812
```

```
S =

    14.2691            0
         0       0.6268
V =

   - 0.6414       0.7672
   - 0.7672     - 0.6414
```

由上可见,以"经济"方式得到的矩阵尺寸更小。

【例 6.51】 把以下 2×2 矩阵 A 分解为奇异值的三对组。

$$A = \begin{pmatrix} 1 & 2 \\ 3 & 4 \end{pmatrix}$$

解:

```
A = [1 2;3 4]

A =

    1    2
    3    4

>> [U,S,V] = svd(A,0)

U =

   - 0.4046     - 0.9145
   - 0.9145       0.4046
S =

    5.4650            0
         0       0.3660
V =

   - 0.5760       0.8174
   - 0.8174     - 0.5760

>> [U,S,V] = svd(A)
U =

   - 0.4046     - 0.9145
   - 0.9145       0.4046
S =

    5.4650            0
         0       0.3660
V =

   - 0.5760       0.8174
```

```
      - 0.8174     - 0.5760

[U, S, V] = svd(A, 'econ')

U =

      - 0.4046     - 0.9145
      - 0.9145       0.4046
S =

        5.4650          0
             0     0.3660
验证 A = U * S * V'
A1 = V'

A1 =

      - 0.5760     - 0.8174
        0.8174     - 0.5760

>> D = U * S * A1

D =

        1.0000       2.0000
        3.0000       4.0000
```

经验证,可知上述分解是正确的。

【例 6.52】 把以下 2×3 矩阵 A 分解为奇异值的三对组。

$$A = \begin{pmatrix} 1 & 0 & 1 \\ 0 & 1 & -1 \end{pmatrix}$$

解：

```
A = [1 0 1;0 1 -1]

[U, S, V] = svd(A,0)

A =

   1    0    1
   0    1   -1
U =

  - 0.7071   0.7071
    0.7071   0.7071
S =

   1.7321         0         0
        0    1.0000         0
V =
```

$$-0.4082 \quad 0.7071 \quad -0.5774$$
$$0.4082 \quad 0.7071 \quad 0.5774$$
$$-0.8165 \quad -0.0000 \quad 0.5774$$

```
>> D = U * S * V'

D =

    1.0000    0.0000    1.0000
  - 0.0000    1.0000  - 1.0000
```

以上矩阵 U、S、V 就是矩阵 A 分解为奇异值的三对组。

【例 6.53】 把以下 2×3 矩阵 A 分解为奇异值的三对组。

$$A = \begin{pmatrix} 3 & 4 & 5 \\ 2 & 1 & 7 \end{pmatrix}$$

解：

```
A = [ 3 4 5;2 1 7]
[U,S,V] = svd(A,0)
A =

   3    4    5
   2    1    7
U =
  - 0.6912    - 0.7226
  - 0.7226      0.6912
S =

   9.8511         0         0
        0    2.6373         0
V =

  - 0.3572  - 0.2978  - 0.8853
  - 0.3540  - 0.8339    0.4234
  - 0.8643    0.4647    0.1925
D = U * S * V'
D =
   3.0000    4.0000    5.0000
   2.0000    1.0000    7.0000
```

6.21 矩阵的平方根

矩阵的超越函数主要包括 sqrtm()、logm()、expm()和 funm()。函数 sqrtm()用于计算矩阵的平方根,函数 logm()用于计算矩阵的自然对数,函数 expm()用于计算矩阵的指数,函数 funm()用于计算矩阵的超越函数值。

1. 求矩阵的平方根简介

我们知道,单个数有平方根,矩阵是单个数的推广形式,故矩阵也有平方根。若矩阵是对称正定阵或复共轭正定阵,则计算出的矩阵平方根也为同样类型。

该函数的调用格式为:

X=sqrtm(A)——计算矩阵 A 的平方根,返回值为 X,即 X＊X＝A。

另一命令 A^(0.5),也可求得矩阵 A 的平方根。函数 sqrtm(A)比 A^(0.5)的运算精度高。

矩阵的开平方运算函数 sqrtm()是对整个矩阵作开平方运算,它有别于对矩阵元素的开平方运算 sqrt(A)和 A^(0.5)。

2. 求矩阵平方根的例子

【例 6.54】 求以下 3×3 矩阵 A 的平方根。

$$A = \begin{bmatrix} 1 & 2 & 3 \\ 4 & 5 & 6 \\ 7 & 8 & 9 \end{bmatrix}$$

解:

```
A = [1 2 3;4 5 6;7 8 9]

A =

   1   2   3
   4   5   6
   7   8   9

>> B = sqrtm(A)

B =

  0.4498 + 0.7623i   0.5526 + 0.2068i   0.6555 - 0.3487i
  1.0185 + 0.0842i   1.2515 + 0.0228i   1.4844 - 0.0385i
  1.5873 - 0.5940i   1.9503 - 0.1611i   2.3134 + 0.2717i
```

验算:

```
>> B * B

ans =

  1.0000 + 0.0000i   2.0000 + 0.0000i   3.0000 + 0.0000i
  4.0000 + 0.0000i   5.0000 + 0.0000i   6.0000 - 0.0000i
  7.0000 + 0.0000i   8.0000              9.0000 - 0.0000i
```

以上矩阵 B 就是矩阵 A 的平方根,经得起 B＊B＝A 的验证。由于数值计算过程中有舍入误差,所以返回值的虚部为 0,实部为原来的矩阵。

```
B = sqrt(A)
```

```
B =

    1.0000    1.4142    1.7321
    2.0000    2.2361    2.4495
    2.6458    2.8284    3.0000
```

求矩阵 A 的平方根应与求矩阵各元素的平方根相区别。sqrt(A)命令是求矩阵中各元素的平方根。

【例 6.55】　求以下 3×3 对称正定矩阵 A 的平方根。

$$A = \begin{pmatrix} 5 & -4 & 1 \\ -4 & 6 & -4 \\ 1 & -4 & 6 \end{pmatrix}$$

解：

```
A = [5 - 4 1; - 4 6 - 4; 1 - 4 6]

A =

    5    - 4    1
   - 4     6   - 4
    1    - 4    6
>> X = sqrtm(A)

X =

    2.0091    - 0.9812    0.0223
   - 0.9812     2.0463   - 0.9218
    0.0223    - 0.9218    2.2693
```

验算：

```
>> X * X

ans =

    5.0000    - 4.0000    1.0000
   - 4.0000     6.0000   - 4.0000
    1.0000    - 4.0000    6.0000
```

以上矩阵 X 就是矩阵 A 的平方根，经得起 X * X＝A 的验证。因为矩阵 A 为对称正定阵，所以其平方根 X 也是对称正定阵。

【例 6.56】　求以下 2×2 矩阵 A 的平方根。

$$A = \begin{pmatrix} 1 & 2 \\ 3 & 4 \end{pmatrix}$$

解：

```
A = [1 2; 3 4]

A =
```

```
    1    2
    3    4

>> B = sqrtm(A)

B =

    0.5537 + 0.4644i    0.8070 - 0.2124i
    1.2104 - 0.3186i    1.7641 + 0.1458i
```

验算：

```
>> B * B

ans =
    1.0000 + 0.0000i    2.0000
    3.0000 + 0.0000i    4.0000
```

以上矩阵 B 就是矩阵 A 的平方根,经得起 B * B＝A 的验证。

```
B = sqrt(A)

B =

    1.0000    1.4142
    1.7321    2.0000
```

用 sqrt(A)命令求得矩阵 B,它是矩阵 A 各元素的平方根。

求矩阵 A 的平方根的另一个命令为 A^(0.5)。

```
A^(0.5)
ans =

    0.5537 + 0.4644i    0.8070 - 0.2124i
    1.2104 - 0.3186i    1.7641 + 0.1458i
```

可见,所求结果与上面的矩阵 B 相同。

6.22   矩阵的指数

1. 矩阵的指数运算简介

求矩阵 **A** 的指数运算,就是求 e^A。

在 MATLAB 中,函数 expm()可实现求矩阵的指数运算。该函数的调用格式为:

(1) Y＝expm(A)——使用 Pade 近似算法计算 e^A,这是一个内部函数,A 为方阵。

(2) Y＝expm1(A)——等价于求 exp(A)－1,其中 exp(A)表示对矩阵 A 中的每一个元素求以 e 为底的指数函数。

(3) 用求方阵特征值和特征向量的方法计算 expm(A):先用函数 eig()对矩阵 A 作特

征值分解，即［V，D］＝eig(A)，得到 A 的特征向量组成的矩阵 V 和特征值组成的矩阵 D。矩阵的指数函数可以通过公式 expm(A)＝V * diag(exp(diag(D)))/V 计算。

(4) 使用泰勒级数计算 e^A——$e^A = I + A + \frac{1}{2}A^2 + \frac{1}{3!}A^3 + \cdots$

要注意 expm(A)和 exp(A)的区别。

2．矩阵的指数运算例子

【例 6.57】　求以下 3×3 矩阵 A 的 e^A。

$$A = \begin{bmatrix} 1 & 2 & 3 \\ 4 & 5 & 6 \\ 7 & 8 & 9 \end{bmatrix}$$

解：

```
A = [1 2 3;4 5 6;7 8 9]
A =
    1    2    3
    4    5    6
    7    8    9
>> B = expm(A)
B =

  1.0e + 006 *

   1.1189    1.3748    1.6307
   2.5339    3.1134    3.6929
   3.9489    4.8520    5.7552


>> B1 = exp(A)

B1 =

  1.0e + 003 *

   0.0027    0.0074    0.0201
   0.0546    0.1484    0.4034
   1.0966    2.9810    8.1031
```

可见，对同一矩阵 A，expm(A)和 exp(A)的区别很大。

【例 6.58】　求以下 2×2 矩阵 A 的 e^A。

$$A = \begin{pmatrix} 1 & 2 \\ 3 & 4 \end{pmatrix}$$

解：

```
A = [1 2;3 4]

A =

    1    2
```

```
>> B = expm(A)

B =

    51.9690    74.7366
   112.1048   164.0738

>> B1 = exp(A)

B1 =

     2.7183     7.3891
    20.0855    54.5982
```

【例 6.59】 用求方阵特征值和特征向量的方法计算以下 3×3 矩阵 A 的 e^A。

$$A = \begin{bmatrix} 1 & 2 & 3 \\ 4 & 5 & 6 \\ 7 & 8 & 9 \end{bmatrix}$$

解：

```
A = [1 2 3;4 5 6;7 8 9]
A =
    1    2    3
    4    5    6
    7    8    9

>> Y = expm(A)

Y =

  1.0e + 006 *

    1.1189     1.3748     1.6307
    2.5339     3.1134     3.6929
    3.9489     4.8520     5.7552
>> [V,D] = eig(A)     % 先求方阵 A 的特征值和特征向量

V =

   - 0.2320    - 0.7858     0.4082
   - 0.5253    - 0.0868    - 0.8165
   - 0.8187     0.6123     0.4082
D =

    16.1168         0          0
         0    - 1.1168          0
         0          0    - 0.0000
```

再计算以下式子:

```
>> V * diag(exp(diag(D)))/V

ans =

  1.0e + 006 *

    1.1189    1.3748    1.6307
    2.5339    3.1134    3.6929
    3.9489    4.8520    5.7552
```

可见,这个结果与前面的矩阵 Y 是相同的。

【例 6.60】 用求方阵特征值和特征向量的方法计算以下 2×2 矩阵 A 的 e^A。

$$A = \begin{pmatrix} 1 & 2 \\ 4 & 5 \end{pmatrix}$$

解:

```
A = [1 2 ;4 5]
A =

    1    2
    4    5

>> Y = expm(A)

Y =

    136.1004    185.0578
    370.1155    506.2159

>> [V,D] = eig(A)      % 先求方阵 A 的特征值和特征向量
V =

  - 0.8069    - 0.3437
    0.5907    - 0.9391
D =

  - 0.4641          0
        0      6.4641

>> V * diag(exp(diag(D)))/V

ans =

    136.1004    185.0578
    370.1155    506.2159
```

可见,这个结果与前面的矩阵 Y 是相同的。

【例 6.61】 对以下 2×2 矩阵 A 使用函数 expm1()。

$$A = \begin{pmatrix} 1 & 2 \\ 4 & 5 \end{pmatrix}$$

解：

```
A = [1 2; 4 5]
A = 1 2
    4 5
>> Y = expm1(A)

Y =

    1.7183     6.3891
   53.5982   147.4132

>> Y = exp(A) - 1

Y =

    1.7183     6.3891
   53.5982   147.4132
```

可见，函数 expm1(A) 与 exp(A)−1 等价。

【例 6.62】　对以下 3×3 矩阵 A 使用函数 expm1()。

$$A = \begin{bmatrix} 1 & 2 & 3 \\ 4 & 5 & 6 \\ 7 & 8 & 9 \end{bmatrix}$$

解：

```
A = [1 2 3;4 5 6;7 8 9]
   1 2 3
A = 4 5 6
   7 8 9
>> Y = expm1(A)

Y =

  1.0e + 003 *

    0.0017    0.0064    0.0191
    0.0536    0.1474    0.4024
    1.0956    2.9800    8.1021
```

还可以用另一种方法，得到此矩阵 Y。

```
>> Y = exp(A)

Y =

  1.0e + 003 *

    0.0027    0.0074    0.0201
    0.0546    0.1484    0.4034
    1.0966    2.9810    8.1031
```

把方阵中每个数－1,就是 expm1(A)的值。

Y = exp(A) － 1

Y =

　　1.0e + 003　*

　　　0.0017　　0.0064　　0.0191
　　　0.0536　　0.1474　　0.4024
　　　1.0956　　2.9800　　8.1021

可见,函数 expm1(A)与 exp(A)－1 等价。

【例 6.63】　求以下 2×2 矩阵 A 的 e^A、$\sin(A)$、$\cos(A)$。

$$A = \begin{pmatrix} 1 & 1 \\ 0 & 2 \end{pmatrix}$$

解：

A = [1 1;0 2]

A =
　　　1　　1
　　　0　　2
>> expm(A)

ans =

　　2.7183　　4.6708
　　　　　0　　7.3891
>> sin(A)

ans =

　　0.8415　　0.8415
　　　　　0　　0.9093
>> cos(A)

ans =

　　0.5403　　0.5403
　　1.0000　－0.4161

6.23　矩阵的对数

1. 矩阵的对数运算简介

矩阵的对数运算,就是求矩阵 A 的自然对数。求矩阵 A 的自然对数用函数 logm(A)实现,它是矩阵指数函数 expm(A)的反函数。

该函数的调用格式为:

Y＝logm(A)——求矩阵 A 的自然对数 Y。

[Y,ester]= logm(A)——计算矩阵 A 的自然对数 Y,并返回相对残差的估计值 ester。
要注意 logm(A)和 log(A)的区别。

2. 矩阵的对数运算例子

【例 6.64】 先求以下 3×3 矩阵 A 的 e^A,再求 e^A 的自然对数。

$$A = \begin{pmatrix} 1 & 2 & 3 \\ 4 & 5 & 6 \\ 7 & 8 & 9 \end{pmatrix}$$

解:

A = [1 2 3;4 5 6;7 8 9]

Y = expm(A)

A =
```
     1     2     3
     4     5     6
     7     8     9
```
Y =

   1.0e + 006 *
```
   1.1189    1.3748    1.6307
   2.5339    3.1134    3.6929
   3.9489    4.8520    5.7552
```

\>> X = logm(Y)

X =
```
   1.0000    2.0000    3.0000
   4.0000    5.0000    6.0000
   7.0000    8.0000    9.0000
```

可见,logm(Y)是 expm(A)的反函数。

【例 6.65】 先求以下 2×2 矩阵 A 的 e^A,再求 e^A 的自然对数。

$$A = \begin{pmatrix} 1 & 2 \\ 4 & 5 \end{pmatrix}$$

解:

\>> A = [1 2;4 5]
Y = expm(A)

A =
```
     1     2
     4     5
```
Y =

```
      136.1004    185.0578
      370.1155    506.2159
```

```
>> X = logm(Y)
X =
```

```
       1.0000    2.0000
       4.0000    5.0000
```

可见,先求矩阵 A 的 e^A,再求 e^A 的自然对数,结果就是原矩阵 A。也就是说,对矩阵 A 先求指数,再求自然对数,得到原矩阵。

【例 6.66】　先求以下 2×2 矩阵 A 的自然对数 B,再求 e^B。

$$A = \begin{pmatrix} 1 & 2 \\ 3 & 4 \end{pmatrix}$$

解：

```
A = [1 2;3 4]
```

```
B = logm(A)
```

```
A =
```

```
       1    2
       3    4
```

```
Warning: Principal matrix logarithm is not defined for A with nonpositive real eigenvalues. A
non - principal matrix
logarithm is returned.
> In funm (line 163)
  In logm (line 24)
```

```
B =
```

```
   - 0.3504 + 2.3911i    0.9294 - 1.0938i
     1.3940 - 1.6406i    1.0436 + 0.7505i
```

```
>> X = expm(B)
X =
```

```
     1.0000 - 0.0000i    2.0000 - 0.0000i
     3.0000 - 0.0000i    4.0000 - 0.0000i
```

可见,先求矩阵 A 的自然对数 B,产生警告信息,然后再求 B 的指数,结果也得原矩阵 A。

【例 6.67】　用 logm()命令和 log()命令求以下 3×3 矩阵 A 的自然对数。

$$A = \begin{pmatrix} 1 & 4 & 7 \\ 8 & 5 & 2 \\ 3 & 6 & 0 \end{pmatrix}$$

解：

```
A = [ 1 4 7;8 5 2;3 6 0]

A =

    1    4    7
    8    5    2
    3    6    0

>> B = log(A)

B =

       0    1.3863    1.9459
  2.0794    1.6094    0.6931
  1.0986    1.7918     - Inf

>> B = logm(A)

B =

  1.2447   - 0.9170    2.8255
  1.6044    2.5760   - 1.9132
- 0.7539    1.1372    1.6724
```

可见,logm(A)命令是求整个矩阵的自然对数；log(A)命令是对矩阵中的各个元素逐一求其自然对数。

6.24　矩阵的条件数

1. 矩阵的条件数简介

矩阵的条件数是用来判断矩阵是否病态的一个量。矩阵的条件数越大,则表明该矩阵越病态,否则该矩阵越良态。矩阵的条件数通常大于1,正交矩阵的条件数等于1,奇异矩阵的条件数为∞,病态矩阵的条件数为1～∞之间比较大的数。希尔伯特矩阵就是有名的病态矩阵。矩阵的条件数是在矩阵的逆和矩阵范数的基础上定义的。

2. 矩阵的条件数调用说明

在 MATLAB 中,计算矩阵 A 的 p-范数的条件数。p 的值可以是 1、2、inf 或者'fro':

(1) cond(A,1)——计算 A 的 1-范数下的条件数。

(2) cond(A)或 cond(A,2)——计算 A 的 2-范数下的条件数。

(3) cond(A,inf)——计算 A 的 ∞-范数下的条件数。

(4) cond(A,'fro')——计算 A 的 Frobenius-范数下的条件数。

矩阵 A 的条件数等于 A 的范数与 A 的逆的范数的乘积,即 $\mathrm{cond}(A) = \|A\| \cdot \|A^{-1}\|$,对应矩阵的 4 种范数,相应地可以定义 4 种条件数。函数 cond(A,1)、cond(A)、cond(A,inf)

或 cond(A,'fro') 是判断矩阵病态与否的一种度量,条件数越大矩阵越病态。

3. 求矩阵的条件数例子

【例 6.68】　求三阶希尔伯特矩阵 A 的条件数。

解:

```
A = hilb(3)
x = cond(A,2)
x = cond(A,1)
x = cond(A,inf)
x = cond(A,'fro')
A =
    1.0000    0.5000    0.3333
    0.5000    0.3333    0.2500
    0.3333    0.2500    0.2000
x =
  524.0568
x =
  748.0000
x =
  748.0000
x =
  526.1588
```

可见,三阶希尔伯特矩阵 A 的 2-范数下的、1-范数下的、∞-范数下的、Frobenius-范数下的条件数都很大。其中 1-范数下的和∞-范数下的条件数相同。

【例 6.69】　求以下三阶矩阵 A 的条件数。

$$A = \begin{bmatrix} 1 & 2 & 3 \\ 4 & 5 & 6 \\ 7 & 8 & 9 \end{bmatrix}$$

解:

```
A = [1 2 3;4 5 6;7 8 9]
A =
    1    2    3
    4    5    6
    7    8    9

>> x = cond(A,2)
x = cond(A,1)
x = cond(A,inf)
x = cond(A,'fro')

x =

   3.8131e + 16

Warning: Matrix is close to singular or badly scaled. Results may be inaccurate. RCOND =
1.541976e - 18.
> In cond (line 46)
```

```
x =

   6.4852e + 17
```

Warning: Matrix is close to singular or badly scaled. Results may be inaccurate. RCOND = 1.541976e − 18.
> In cond (line 46)

```
x =

   8.6469e + 17
```

Warning: Matrix is close to singular or badly scaled. Results may be inaccurate. RCOND = 1.541976e − 18.
> In cond (line 46)

```
x =

   4.5618e + 17
```

因为本例矩阵 A 是奇异矩阵(A 的行列式等于零),故矩阵 A 的条件数都比较大,可以说接近于∞了。以上警告的意思是:矩阵接近于奇异矩阵,结果可能是不准确的。

【例 6.70】 求以下二阶矩阵 A 的条件数。

$$A = \begin{pmatrix} 1 & 0 \\ 0 & -1 \end{pmatrix}$$

解:

```
A = [1 0;0 −1]
x = cond(A,2)
x = cond(A,1)
x = cond(A,inf)
x = cond(A,'fro')
A =

   1    0
   0   −1
x =

   1
x =

   1
x =

   1
x =

   2.0000
```

验证:矩阵 A 的条件数等于 A 的范数与 A 的逆的范数的乘积,即 cond(A) = ‖ A ‖ ·

$\parallel A^{-1}\parallel$。

```
n2 = norm(A)
B = inv(A)
n3 = norm(B)
n2 * n3
A =

    1    0
    0   -1
n2 =

    1
B =

    1    0
    0   -1
n3 =

    1
ans =

    1
```

验证完毕。

以上矩阵 A 的 2-范数下的、1-范数下的、∞-范数下的条件数都等于 1。Frobenius-范数下的条件数等于 2。这是因为 A 为正交矩阵,而正交矩阵的条件数等于 1。

6.25　矩阵 1-范数的条件数估计

1. 求 1-范数的条件数估计函数说明

在 MATLAB 中,求 1-范数的条件数估计的函数是 condest(),该函数的调用格式为:

c＝condest(A)——计算方阵 A 的 1-范数的条件数的下限值。

[c,v]＝condest(A)——计算方阵 A 的 1-范数的条件数的下限值和向量 v,其中,v 满足

$$\parallel Av\parallel = \frac{\parallel A\parallel \cdot \parallel v\parallel}{c}$$

[c,v]＝condest(A,t)——计算方阵 A 的 1-范数的条件数的下限值和向量 v,且显示第 t 倍步的计算过程。如果 t＝1,则显示计算过程的每一步。

2. 求 1-范数的条件数估计值例子

【例 6.71】　求以下 3×3 矩阵 A 的 1-范数的条件数估计值。

$$A = \begin{pmatrix} 1 & 2 & 3 \\ 4 & 5 & 6 \\ 7 & 8 & 9 \end{pmatrix}$$

解：

```
A = [1 2 3;4 5 6;7 8 9]
c = condest(A)
[c,v] = condest(A)
[c,v] = condest(A,1)
A =

    1    2    3
    4    5    6
    7    8    9
c =

    6.4852e + 17
c =

    6.4852e + 17
v =
     0.2500
    -0.5000
     0.2500
c =
    6.4852e + 17
v =
     0.2500
    -0.5000
     0.2500
```

可见，矩阵 A 的 1-范数的条件数估计值是很大的数。

【例 6.72】 生成一个随机阵，并求其 1-范数的条件数估计值。

解：

```
A = rand(3)
c = condest(A)
[c,v] = condest(A)
[c,v] = condest(A,1)
A =
    0.9649    0.9572    0.1419
    0.1576    0.4854    0.4218
    0.9706    0.8003    0.9157
c =
    12.1323
c =
    12.1323
v =
    -0.4581
     0.4478
     0.0942
c =
    12.1323
v =
```

$$-0.4581$$
$$0.4478$$
$$0.0942$$

可见,上述随机矩阵 A 的 1-范数的条件数估计值是个大于 10 的数。

6.26 矩阵 2-范数的条件数估计

1. 求 2-范数的条件数估计函数说明

在 MATLAB 中求 2-范数的条件数估计的函数是 normest(),该函数的调用格式为:

nrm＝normest(A)——计算方阵 A 的 2-范数的条件数的估计值。

nrm＝normest(A,tol)——计算指定相对误差 tol 下矩阵 A 的 2-范数条件数的估计值。

[nrm,count]＝normest(…)——计算矩阵 A 的 2-范数条件数的估计值和计算范数幂迭代的次数 count。

2. 求 2-范数的条件数估计值例子

【例 6.73】 求以下 3×3 矩阵 A 的 2-范数的条件数估计值。

$$A = \begin{bmatrix} 1 & 2 & 3 \\ 4 & 5 & 6 \\ 7 & 8 & 9 \end{bmatrix}$$

解:

```
A = [1 2 3;4 5 6;7 8 9]
nrm = normest(A)
nrm = normest(A,0.001)
A =
    1    2    3
    4    5    6
    7    8    9
nrm =
    16.8481
nrm =
    16.8481
```

可见,矩阵 A 的 2-范数的条件数估计值是 16.8481。

【例 6.74】 求以下 3×3 矩阵 A 的 2-范数的条件数估计值。

$$A = \begin{bmatrix} 1 & -2 & 2 \\ -2 & -2 & 4 \\ 2 & 4 & -2 \end{bmatrix}$$

解:

```
A = [1 -2 2;-2 -2 4;2 4 -2]
nrm = normest(A)
nrm = normest(A,0.001)
A =
```

$$\begin{array}{rrr} 1 & -2 & 2 \\ -2 & -2 & 4 \\ 2 & 4 & -2 \end{array}$$

```
nrm =

    7.0000
nrm =
    7.0000
```

可见,矩阵 A 的 2-范数的条件数估计值是 7.0000。

6.27　矩阵可逆的条件数估计

1. 矩阵可逆的条件数估计简介

在 MATLAB 中,求矩阵可逆的条件数估计的函数是 rcond(),该函数的调用格式为:
c＝rcond(A)——返回矩阵可逆的条件数估计值 c,它是矩阵 A 的 1-范数的条件数的倒数。
若 A 是病态矩阵,则 c 是接近于 0 的数;若 A 是良态矩阵,则 c 是接近于 1 的数。

2. 矩阵可逆的条件数估计例子

【例 6.75】　求以下 3×3 矩阵 A 的矩阵可逆的条件数估计。

$$A = \begin{bmatrix} 1 & 2 & 3 \\ 4 & 5 & 6 \\ 7 & 8 & 9 \end{bmatrix}$$

解:

```
A = [1 2 3;4 5 6;7 8 9]
A =
    1    2    3
    4    5    6
    7    8    9
>> c = rcond(A)
c =
    1.5420e - 018
```

因为 c 值很小,可见 A 是病态矩阵。

【例 6.76】　求以下 3×3 矩阵 A 的矩阵可逆的条件数估计。

$$A = \begin{bmatrix} 1 & 2 & 3 \\ 4 & 5 & 6 \\ 7 & 2 & 1 \end{bmatrix}$$

解:

```
A = [1 2 3;4 5 6;7 2 1]
c = rcond(A)
A =
    1    2    3
    4    5    6
```

```
    7    2    1
c =
    0.0139
```

因为本例 c 值虽小,却比例 6.74 的大,可见 A 是病情较轻的病态矩阵。

【例 6.77】 求三阶魔方矩阵的可逆条件数估计值。

解：

```
a = magic(3)
rcond(a)      % 魔方矩阵 a 的可逆条件数估计值
a =
    8    1    6
    3    5    7
    4    9    2
ans =
    0.1875
```

【例 6.78】 求以下 3×3 矩阵 A 的矩阵可逆的条件数估计。

$$A = \begin{bmatrix} 1 & -2 & 2 \\ -2 & -2 & 4 \\ 2 & 4 & -2 \end{bmatrix}$$

解：

```
A = [1 -2 2; -2 -2 4; 2 4 -2]
c = rcond(A)
A =
    1    -2    2
   -2    -2    4
    2     4   -2
c =
    0.1944
```

6.28 矩阵特征值的条件数

1. 矩阵特征值条件数简介

特征值条件数(condition number of eigen-value)是衡量特征值病态程度的标准。矩阵 A 的特征值的条件数是 A 的左右特征向量之间夹角余弦值的倒数。

在 MATLAB 中,使用函数 condeig( )计算矩阵 A 的特征值的条件数,其调用格式如下:

C=condeig(A)——计算矩阵 A 的特征值的条件数 c,它是 A 的左右特征向量之间夹角余弦值的倒数。

[V,D,c]=condeig(A)——计算矩阵 A 的特征值的条件数 c、特征值对角阵 D、特征向量 V。

2. 求矩阵特征值条件数的例子

【例 6.79】 求以下 3×3 矩阵 A 特征值的条件数。

$$A = \begin{pmatrix} 1 & 2 & 3 \\ 4 & 5 & 6 \\ 7 & 8 & 9 \end{pmatrix}$$

解：

```
A = [1 2 3;4 5 6;7 8 9]

>> B = condeig(A)
B =
    1.0396
    1.0396
    1.0000
>> [V,D,c] = condeig(A)

V =

   -0.2320   -0.7858    0.4082
   -0.5253   -0.0868   -0.8165
   -0.8187    0.6123    0.4082
D =

   16.1168         0         0
         0   -1.1168         0
         0         0   -0.0000
c =

    1.0396
    1.0396
    1.0000
```

可见,矩阵 A 的特征值的条件数 c,特征值对角阵 D、特征向量 V 依次为

$$c = (1.0396, 1.0396, 1.0000)$$

$$V = \begin{pmatrix} -0.230 & -0.7858 & 0.4082 \\ -0.5253 & -0.0868 & -0.8165 \\ -0.8187 & 0.6123 & 0.4082 \end{pmatrix}$$

$$D = \begin{pmatrix} 16.1168 & 0 & 0 \\ 0 & -1.1168 & 0 \\ 0 & 0 & 0 \end{pmatrix}$$

【例 6.80】 求以下 3×3 矩阵 A 特征值的条件数。

$$A = \begin{pmatrix} 1 & -2 & 2 \\ -2 & -2 & 4 \\ 2 & 4 & -2 \end{pmatrix}$$

解：

```
A = [1 -2 2;-2 -2 4;2 4 -2]
B = condeig(A)
```

```
[V,D,c] = condeig(A)
```

ans =

```
    1    - 2     2
  - 2    - 2     4
    2      4   - 2
```

B =

```
   1.0000
   1.0000
   1.0000
```

V =

```
   0.3333     0.9339    - 0.1293
   0.6667   - 0.3304    - 0.6681
 - 0.6667     0.1365    - 0.7327
```

D =

```
 - 7.0000        0          0
        0   2.0000          0
        0        0     2.0000
```

c =

```
   1.0000
   1.0000
   1.0000
```

可见,矩阵 A 的特征值的条件数 c、特征值对角阵 D、特征向量 V 依次为

$$c = (1.0, 1.0, 1.0)$$

$$V = \begin{bmatrix} 0.3333 & 0.9339 & -0.1293 \\ 0.6667 & -0.3304 & -0.6681 \\ -0.6667 & 0.1365 & -0.7327 \end{bmatrix}$$

$$D = \begin{bmatrix} -7 & 0 & 0 \\ 0 & 2 & 0 \\ 0 & 0 & 2 \end{bmatrix}$$

6.29 两向量的数量积(或点积、点乘、内积)

1. 两向量数量积简介

两向量数量积等于两向量的模及其夹角的余弦的乘积。即 $A \cdot B = |A| \| B| \cos\phi$。或者说,两向量数量积等于其中的一个向量的模和另一个向量在此向量的方向上的投影的乘积。两向量数量积运算产生的是一个数,要求两个向量维数相同。数量积具有如下基本性质:

(1) 当且仅当两向量之一为零向量或两向量垂直时,它们的数量积才等于零。

（2）两向量间夹角的余弦等于它们的数量积与模的乘积之商。即

$$\cos\phi = \frac{\boldsymbol{A} \cdot \boldsymbol{B}}{|\boldsymbol{A}||\boldsymbol{B}|}$$

（3）设 $\boldsymbol{A}=[X_1\ Y_1\ Z_1]$，$\boldsymbol{B}=[X_2\ Y_2\ Z_2]$，则

$$\boldsymbol{C}=\boldsymbol{A} \cdot \boldsymbol{B}=X_1 X_2+Y_1 Y_2+Z_1 Z_2$$

【手工计算例 7】　已知两向量 $\boldsymbol{A}=[2\ 5\ 7]$，$\boldsymbol{B}=[1\ 2\ 4]$，求数量积 $\boldsymbol{A} \cdot \boldsymbol{B}$。

解：根据数量积的基本性质，知 $\boldsymbol{C}=\boldsymbol{A} \cdot \boldsymbol{B}=X_1 X_2+Y_1 Y_2+Z_1 Z_2=2\times1+5\times2+7\times4=$ $2+10+28=40$

所以，$\boldsymbol{A} \cdot \boldsymbol{B}=40$。

2. 两向量数量积命令说明

C=dot(A,B)——计算维数相同的两个向量或矩阵 A、B 的数量积 C。若 A、B 为向量，则返回向量 A 与 B 的数量积；若 A、B 为矩阵，则返回 A 和 B 的沿第一个非单一维对进行数量积的结果。

C=dot(A,B,dim)——计算向量或矩阵 A、B 的在 dim 维数据的数量积 C。

3. 两向量数量积的例子

【例 6.81】　计算两个向量 x=[1 3 5]和 y=[2 4 6]的数量积。

解：

```
>> x = [1 3 5]
x =
     1    3    5
>> y = [2 4 6]
y =
     2    4    6
>> c = dot(x,y)
c =
    44
```

可见，两向量点积的结果是 44。

【例 6.82】　计算两个向量 x=[1 2]和 y=[3 4]的数量积。

解：

```
>> x = [1 2]

x =

     1    2

>> y = [3 4]

y =

     3    4

>> c = dot(x,y)
```

c =

   11

可见,两向量点积的结果是 11。

【例 6.83】 计算两个三维矩阵

$$A = \begin{pmatrix} 1 & 2 & 3 \\ 2 & -1 & 1 \\ 0 & 2 & 4 \end{pmatrix}, \quad B = \begin{pmatrix} 1 & 0 & 3 \\ 2 & 2 & 1 \\ 0 & 2 & 3 \end{pmatrix}$$

的数量积。

解:

(1) 用 dot(A,B)命令：

```
A = [1 2 3;2 -1 1;0 2 4]
B = [1 0 3;2 2 1;0 2 3]
C = dot(A,B)
A =
    1    2    3
    2   -1    1
    0    2    4
B =
    1    0    3
    2    2    1
    0    2    3
C =

    5    2   22
```

可见,两矩阵的点积结果是 3 个数,它们是矩阵 A 和 B 的第一列、第二列、第三列相互点积产生的。

(2) 用 dot(A,B,1)命令：

```
A = [1 2 3;2 -1 1;0 2 4]
B = [1 0 3;2 2 1;0 2 3]
C = dot(A,B,1)

A =
    1    2    3
    2   -1    1
    0    2    4
B =

    1    0    3
    2    2    1
    0    2    3
C =
    5    2   22
```

可见,当 dim 取 1 时,结果同第(1)题。

(3) 用 dot(A,B,2)命令。

```
>> A = [1 2 3;2 -1 1;0 2 4]
B = [1 0 3;2 2 1;0 2 3]
C = dot(A,B,2)

A =

    1    2    3
    2   -1    1
    0    2    4
B =

    1    0    3
    2    2    1
    0    2    3
C =

   10
    3
   16
```

可见,当 dim 取 2 时,两矩阵的点积结果也是 3 个数,它们是矩阵 A 和 B 的第一行、第二行、第三行相互点积产生的。

(4) 用 dot(A,B,3)命令。

```
>> A = [1 2 3;2 -1 1;0 2 4]
B = [1 0 3;2 2 1;0 2 3]
C = dot(A,B,3)

A =
    1    2    3
    2   -1    1
    0    2    4
B =
    1    0    3
    2    2    1
    0    2    3
C =
    1    0    9
    4   -2    1
    0    4   12
```

可见,当 dim 取 3 时,两个三阶矩阵的点积结果也是一个三阶矩阵,它们是矩阵 A 和 B 对应位置的数相乘产生的。

6.30 两向量的向量积(或叉乘、叉积、外积)

1. 两向量的向量积简介

与两向量的数量积运算产生的是一个数不同,两向量 *A* 和 *B* 的向量积是一个向量,假

设为向量 C。向量 C 的模等于向量 A、B 模及其夹角的正弦的乘积,即 $C = A \times B = |A||B| \sin\phi$。或者说,向量 C 的模在数值上等于以两向量 A 和 B 为两边的平行四边形面积。向量 C 同时垂直于向量 A 和 B,因此向量 C 垂直于向量 A 和 B 所决定的平面;向量 A 的正向按照"右手法则"来确定。向量积具有如下基本性质:

(1) 当且仅当两向量之一为零向量或两向量平行时,它们的向量积才等于零。

(2) 设 $A = [X_1\ Y_1\ Z_1]$,$B = [X_2\ Y_2\ Z_2]$,则

$$C = A \times B = \begin{vmatrix} i & j & k \\ X_1 & Y_1 & Z_1 \\ X_2 & Y_2 & Z_2 \end{vmatrix}$$

【手工计算例8】 已知两向量 $A = [2\ 5\ 7]$,$B = [1\ 2\ 4]$,求向量积 $A \times B$。

解:根据向量积基本性质,知

$$A \times B = \begin{vmatrix} i & j & k \\ X_1 & Y_1 & Z_1 \\ X_2 & Y_2 & Z_2 \end{vmatrix} = \begin{vmatrix} i & j & k \\ 2 & 5 & 7 \\ 1 & 2 & 4 \end{vmatrix} = 6i - j - k$$

所以,$A \times B = [6\ -1\ -1]$。

2. 两向量的向量积命令说明

C=cross(A,B)——计算同维向量或矩阵 A、B 的向量积,若 A、B 为向量,则 A、B 必须为 3 个元素的向量;若 A、B 为矩阵,则 A、B 的行数必须为 3。

C=cross(A,B,dim)——计算向量或矩阵 A、B 在 dim 维数的向量积 C。其中,A、B 维数相同,且在第 dim 维的维数必须为 3。

3. 两向量的向量积例子

【例6.84】 计算两个向量 x=[1 3 5]和 y=[2 4 6]的向量积。

解:

```
x = [1 3 5]
y = [2 4 6]
c = cross(x,y)

x =
    1    3    5
y =
    2    4    6
c =
   -2    4   -2
```

可见,两向量叉积的结果仍是一个向量[-2 4 -2]。

【例6.85】 计算两个向量 x=[1 3 7]和 y=[4 6 8]的向量积。

```
>> x = [1 3 7]
y = [4 6 8]
c = cross(x,y)

x =
```

```
y =

    4    6    8

c =

  -18   20   -6
```

可见,两向量叉积的结果仍是一个向量[−18 20 −6]。

【例 6.86】 计算两个三维矩阵

$$A = \begin{bmatrix} 1 & 2 & 3 \\ 2 & -1 & 1 \\ 0 & 2 & 4 \end{bmatrix}, \quad B = \begin{bmatrix} 1 & 0 & 3 \\ 2 & 2 & 1 \\ 0 & 2 & 3 \end{bmatrix}$$

的向量积。

解:

```
A = [1 2 3;2 -1 1;0 2 4]
B = [1 0 3;2 2 1;0 2 3]
C = cross(A,B)
A =

    1    2    3
    2   -1    1
    0    2    4
B =
    1    0    3
    2    2    1
    0    2    3
C =

    0   -6   -1
    0   -4    3
    0    4    0
```

可见,两个三阶矩阵 A、B 叉积的结果是一个三阶矩阵 C,C 中的第一列、第二列、第三列依次是矩阵 A 和 B 的第一列、第二列、第三列相互叉积产生的。

【例 6.87】 当 dim 取 1 时,计算【例 6.86】。

解:

```
A = [1 2 3;2 -1 1;0 2 4]
B = [1 0 3;2 2 1;0 2 3]
C = cross(A,B,1)

A =
    1    2    3
    2   -1    1
    0    2    4
B =
```

```
    1    0    3
    2    2    1
    0    2    3
C =

    0   -6   -1
    0   -4    3
    0    4    0
```

可见,当 dim 取 1 时,结果同【例 6.86】。

【例 6.88】 当 dim 取 2 时,计算【例 6.86】。

解:

```
>> A = [1 2 3;2 -1 1;0 2 4]
B = [1 0 3;2 2 1;0 2 3]
C = cross(A,B,2)
A =
    1    2    3
    2   -1    1
    0    2    4
B =
    1    0    3
    2    2    1
    0    2    3
C =
    6    0   -2
   -3    0    6
   -2    0    0
```

可见,当 dim 取 2 时,两个三阶矩阵 A、B 叉积的结果是一个三阶矩阵 C,C 中的第一行、第二行、第三行依次是矩阵 A 和 B 的第一行、第二行、第三行相互叉积产生的。

【例 6.89】 当 dim 取 3 时,计算【例 6.86】。

解:

```
A = [1 2 3;2 -1 1;0 2 4]
B = [1 0 3;2 2 1;0 2 3]
C = cross(A,B,3)

A =

    1    2    3
    2   -1    1
    0    2    4
B =

    1    0    3
    2    2    1
    0    2    3
Error using cross (line 49)
```

A and B must be of length 3 in the dimension in which the cross product is taken.

可见,当 dim 取 3 时,两个三阶矩阵 A 和 B 叉积不能计算。

【例 6.90】 计算两个三阶矩阵

$$A = \begin{pmatrix} 1 & 3 & 5 \\ 1 & 3 & 7 \\ 0 & 2 & 1 \end{pmatrix}, B = \begin{pmatrix} 2 & 4 & 6 \\ 4 & 6 & 8 \\ 1 & 0 & 1 \end{pmatrix}$$

的向量积。

解:

```
A = [1 3 5;1 3 7;0 2 1]
B = [2 4 6;4 6 8;1 0 1]
C = cross(A,B)
A =
    1    3    5
    1    3    7
    0    2    1
B =

    2    4    6
    4    6    8
    1    0    1
C =
    1  - 12   - 1
  - 1    8     1
    2    6   - 2
```

可见,两个三阶矩阵 A、B 叉积的结果是一个三阶矩阵 C,C 中的第一列、第二列、第三列依次是矩阵 A 和 B 的第一列、第二列、第三列相互叉积产生的。

```
>> C = cross(A,B,1)

C =

    1    - 12    - 1
  - 1      8      1
    2      6    - 2
```

可见,当 dim 取 1 时,结果同【例 6.90】。

```
>> C = cross(A,B,2)

C =

   - 2     4    - 2
  - 18    20    - 6
    2      1    - 2
```

可见,当 dim 取 2 时,两个三阶矩阵 A、B 叉积的结果是一个三阶矩阵 C,C 中的第一行、第二行、第三行依次是矩阵 A 和 B 的第一行、第二行、第三行相互叉积产生的。

```
>> C = cross(A,B,3)
Error using cross (line 49)
A and B must be of length 3 in the dimension in which the cross product is taken.
```

可见,当 dim 取 3 时,两个三阶矩阵 A、B 叉积不能计算。

6.31　三向量的混合积

1. 三向量的混合积简介

先作两向量 **A** 和 **B** 的向量积,再将此结果与向量 **C** 作数量积,即 $(A \times B) \cdot C$,叫三向量的混合积或三重数积。向量的混合积 $(A \times B) \cdot C$ 不是向量而是一个数,它的绝对值表示以 **A**、**B**、**C** 三向量为棱的平行六面体体积。如果向量 **A**、**B**、**C** 组成右手系,那么混合积的符号是正的;如果组成左手系,那么混合积的符号是负的。

设 $A = [X_1\ Y_1\ Z_1]$,$B = [X_2\ Y_2\ Z_2]$,$C = [X_3\ Y_3\ Z_3]$,则

$$A \times B \cdot C = \begin{vmatrix} X_1 & Y_1 & Z_1 \\ X_2 & Y_2 & Z_2 \\ X_3 & Y_3 & Z_3 \end{vmatrix}$$

【手工计算例 9】　计算 3 个向量 $x = [1\ 3\ 5]$,$y = [2\ 4\ 6]$ 和 $z = [1\ -2\ -3]$ 的混合积。

解:根据向量混合积基本性质,知

$$A \times B \cdot C = \begin{vmatrix} X_1 & Y_1 & Z_1 \\ X_2 & Y_2 & Z_2 \\ X_3 & Y_3 & Z_3 \end{vmatrix} = \begin{vmatrix} 1 & 3 & 5 \\ 2 & 4 & 6 \\ 1 & -2 & -3 \end{vmatrix} = -4$$

所以,$A \times B \cdot C = -4$。

2. 三向量混合积命令说明

d = dot(x,cross(y,z))——先叉乘向量 y 和 z,再将叉乘结果与向量 x 点乘。注意:先叉乘后点乘,顺序不可颠倒。

3. 三向量混合积的例子

【例 6.91】　计算 3 个向量 x = [1 3 5],y = [2 4 6] 和 z = [1 -2 -3]的混合积。

解:

```
x = [1 3 5]
y = [2 4 6]
z = [1 -2 -3]
d = dot(x,cross(y,z))

x =

    1    3    5
y =
```

```
     2    4    6
z =

     1   -2   -3
d =
    -4
```

可见,所得结果和前面手工计算例 9 的结果一样。

6.32 三重向量积

1. 三重向量积简介

三重向量积是 3 个向量中的一个和另两个向量的叉积相乘得到的叉积,其结果是个向量。$(A\times B)\times C$ 叫作三重向量积。

一般来说,$(A\times B)\times C\neq A\times(B\times C)$。

以下恒等式,称作三重积展开或拉格朗日公式,对于任意向量 A、B、C 均成立:

$$A\times(B\times C)=B(A\cdot C)-C(A\cdot B)$$
$$A\times(B\times C)=-C\times(A\times B)=-A(C\cdot B)+B(C\cdot A)$$

2. 三重向量积命令说明

d=cross(x,cross(y,z))——先叉乘向量 y 和 z,再将叉乘结果与向量 x 叉乘。

3. 三重向量积的例子

【例 6.92】 计算 3 个向量 x=[1 3 5]、y=[2 4 6]和 z=[1 -2 -3]的三重向量积。

解:

```
x = [1 3 5]
y = [2 4 6]
z = [1 -2 -3]
d = cross(x,cross(y,z))

x =

     1    3    5

y =

     2    4    6

z =

     1   -2   -3

d =

   -84    8   12
```

可见,三重向量积的结果仍是向量。

6.33　张量积

1. 张量积简介

矩阵的张量积定义：设 $A=(a_{ij})$ 与 $B=(b_{st})$ 分别是 $m\times n$ 与 $p\times q$ 矩阵，A 与 B 的张量积矩阵，记作 $A\otimes B$，是指 $mp\times nq$ 矩阵

$$\begin{pmatrix} a_{11}B & a_{12}B & \cdots & a_{1n}B \\ a_{21}B & a_{22}B & \cdots & a_{2n}B \\ \vdots & \vdots & & \vdots \\ a_{m1}B & a_{m2}B & \cdots & a_{mn}B \end{pmatrix}$$

【手工计算例 10】 已知矩阵

$$A = \begin{pmatrix} 1 & 2 \\ 3 & 4 \end{pmatrix}, \quad B = \begin{pmatrix} 5 & 6 \\ 7 & 8 \end{pmatrix}$$

计算 $A\otimes B$。

解：$A\otimes B = \begin{pmatrix} 1B & 2B \\ 3B & 4B \end{pmatrix} = \begin{pmatrix} 5 & 6 & 10 & 12 \\ 7 & 8 & 14 & 16 \\ 15 & 18 & 20 & 24 \\ 21 & 24 & 28 & 32 \end{pmatrix}$

2. 张量积命令说明

C＝kron(A,B)——计算矩阵 A 和 B 的张量积 C。若 A 为 m×n 矩阵，B 为 p×q 矩阵，则 C 为 mp×nq 矩阵。

3. 张量积的例子

【例 6.93】 已知矩阵

$$A = \begin{pmatrix} 1 & 2 \\ 3 & 4 \end{pmatrix}, \quad B = \begin{pmatrix} 5 & 6 \\ 7 & 8 \end{pmatrix}$$

计算 A⊗B。

解：

```
A = [1 2;3 4]

B = [5 6;7 8]

A =
    1    2
    3    4
B =
    5    6
    7    8
>> C = kron(A,B)
C =
    5    6    10    12
```

```
    7    8   14   16
   15   18   20   24
   21   24   28   32
```

可见,所得结果和手工计算例 10 的结果一样。

【例 6.94】 已知矩阵

$$A = \begin{pmatrix} 1 & 2 & 3 \\ 4 & 5 & 6 \end{pmatrix}, \quad B = \begin{bmatrix} 1 & 3 \\ 5 & 7 \\ 2 & 4 \end{bmatrix}$$

计算 A⊗B。

解：

```
A = [1 2 3;4 5 6]
A =

   1    2    3
   4    5    6
>> B = [1 3;5 7;2 4]
B =
   1    3
   5    7
   2    4


>> C = kron(A,B)

C =

    1    3    2    6    3    9
    5    7   10   14   15   21
    2    4    4    8    6   12
    4   12    5   15    6   18
   20   28   25   35   30   42
    8   16   10   20   12   24
```

6.34 矩阵正交规范化(或矩阵的标准正交基)

1. 标准正交基简介

在 n 维欧氏空间中,由 n 个向量组成的正交向量组称为正交基;由单位向量组成的正交基称为标准正交基。

将矩阵正交规范化亦即求矩阵的标准正交基。任一矩阵都有与其秩相等的由列向量组成的标准正交基。通过函数 orth() 可以得到矩阵的标准正交基,该函数的调用格式为 B=orth(A),矩阵 B 的列向量组成了矩阵 A 的一组标准正交基,于是 B′*B＝eye(rank(A))。eye(rank(A)) 表示生成阶数等于矩阵 A 的秩的单位阵。矩阵 B 的列数等于矩阵 A 的秩。

2. 求矩阵的标准正交基的例子

【例 6.95】 求以下矩阵 A 的标准正交基。

$$A = \begin{bmatrix} 1 & 2 & 3 \\ 4 & 5 & 6 \\ 7 & 8 & 9 \end{bmatrix}$$

解：

```
A = [1 2 3;4 5 6;7 8 9]
A =
    1    2    3
    4    5    6
    7    8    9
>> B = orth(A)
B =
   - 0.2148    0.8872
   - 0.5206    0.2496
   - 0.8263   - 0.3879
>> Q = B' * B
Q =
    1.0000   - 0.0000
   - 0.0000    1.0000
```

可见，以上矩阵 B 和 B 的转置的乘积为单位阵。矩阵 B 即为矩阵 A 的标准正交基，因本例中的矩阵 A 的秩是 2(非满秩矩阵)，故矩阵 B 的列数也为 2。

【例 6.96】 求以下矩阵 A 的标准正交基。

$$A = \begin{bmatrix} 1 & 2 & 4 \\ 2 & -2 & 2 \\ 4 & 2 & 1 \end{bmatrix}$$

解：

```
A = [1 2 4;2 - 2 2;4 2 1]
A =
    1    2    4
    2   - 2    2
    4    2    1
>> B = orth(A)

B =

   - 0.6667    0.7454   - 0.0000
   - 0.3333   - 0.2981   - 0.8944
   - 0.6667   - 0.5963    0.4472
>> Q = B' * B
Q =
    1.0000    0.0000    0.0000
    0.0000    1.0000   - 0.0000
    0.0000   - 0.0000    1.0000
```

可见，以上矩阵 B 和 B 的转置的乘积为单位阵。矩阵 B 即为矩阵 A 的标准正交基，因本例中的矩阵 A 的秩是 3，故矩阵 B 的列数也为 3。

【例 6.97】 求以下矩阵 A 的标准正交基。

$$A = \begin{pmatrix} 1 & 2 \\ 3 & 4 \end{pmatrix}$$

解：

```
A = [1 2;3 4]
A =
    1    2
    3    4
>> B = orth(A)
B =
   - 0.4046   - 0.9145
   - 0.9145    0.4046
>> Q = B' * B
Q =

    1.0000        0
         0    1.0000
```

可见，以上矩阵 B 和 B 的转置的乘积为单位阵。矩阵 B 即为矩阵 A 的标准正交基，因本例中的矩阵 A 的秩是 2，故矩阵 B 的列数也为 2。

【例 6.98】 求以下矩阵 A 和 B 的标准正交基。

$$A = \begin{bmatrix} 1 & 2 & 3 \\ 3 & 5 & 7 \\ 9 & 5 & 8 \end{bmatrix}, \quad B = \text{magic}(3)$$

解：

```
A = [1 2 3;3 5 7;9 5 8]
B = magic(3)
C = orth(A)
D = orth(B)
C' * C
D' * D
eye(rank(A))

A =
    1    2    3
    3    5    7
    9    5    8
B =
    8    1    6
    3    5    7
    4    9    2
C =
   - 0.2210   - 0.3608   - 0.9061
   - 0.5489   - 0.7220    0.4213
```

$$
\begin{array}{ccc}
-0.8062 & 0.5904 & -0.0385
\end{array}
$$

D =
$$
\begin{array}{ccc}
-0.5774 & 0.7071 & 0.4082 \\
-0.5774 & 0.0000 & -0.8165 \\
-0.5774 & -0.7071 & 0.4082
\end{array}
$$

ans =
$$
\begin{array}{ccc}
1.0000 & -0.0000 & -0.0000 \\
-0.0000 & 1.0000 & 0.0000 \\
-0.0000 & 0.0000 & 1.0000
\end{array}
$$

ans =
$$
\begin{array}{ccc}
1.0000 & 0.0000 & -0.0000 \\
0.0000 & 1.0000 & -0.0000 \\
-0.0000 & -0.0000 & 1.0000
\end{array}
$$

ans =
$$
\begin{array}{ccc}
1 & 0 & 0 \\
0 & 1 & 0 \\
0 & 0 & 1
\end{array}
$$

因 C' ＊ C 和 D' ＊ D 均为单位矩阵，以上矩阵 C、D 分别是矩阵 A 和 B 的标准正交基。

6.35　普通矩阵函数运算

1. 普通矩阵函数运算简介

在 MATLAB 中，通过函数 funm() 计算矩阵的超越函数值。该函数的调用格式为 funm(A,'fun')。该函数计算直接作用于矩阵 A 的由'fun'指定的超越函数值。fun 可取 sin、cos、exp、log 等函数，当 fun 取 exp 时，funm(A,@exp) 可以计算矩阵 A 的指数，与 expm() 的计算结果相同。

2. 普通矩阵函数运算的例子

【例 6.99】 求以下 3×3 矩阵 A 的 $\sin(A)$、$\cos(A)$、e^A、$\log(A)$、$\sinh(A)$、$\cosh(A)$。

$$
A = \begin{bmatrix} 1 & 2 & 3 \\ 4 & 5 & 6 \\ 7 & 8 & 9 \end{bmatrix}
$$

解：

```
A = [1 2 3;4 5 6;7 8 9]

A =

    1    2    3
    4    5    6
    7    8    9

>> F1 = funm(A,'sin')
```

```
F1 =
   - 0.6928    - 0.2306     0.2316
   - 0.1724    - 0.1434    - 0.1143
     0.3479    - 0.0561    - 0.4602

>> F2 = funm(A,'cos')

F2 =

     0.3802    - 0.3738    - 0.1278
   - 0.5312      0.3901    - 0.6886
   - 0.4426    - 0.8460    - 0.2493
>> F3 = funm(A,'exp')

F3 =

  1.0e + 006  *

    1.1189      1.3748      1.6307
    2.5339      3.1134      3.6929
    3.9489      4.8520      5.7552


>> F4 = funm(A,'log')
Warning: Principal matrix logarithm is not defined for A with
        nonpositive real eigenvalues. A non - principal matrix
        logarithm is returned.
> In funm at 156

F4 =

   - 5.3211 + 2.7896i    11.8288 - 0.4325i    - 5.2948 - 0.5129i
    12.1386 - 0.7970i   - 21.9801 + 2.1623i    12.4484 - 1.1616i
   - 4.6753 - 1.2421i    12.7582 - 1.5262i    - 4.0820 + 1.3313i

>> F5 = funm(A,'sinh')
F5 =

  1.0e + 006  *

   0.5595     0.6874     0.8154
   1.2669     1.5567     1.8465
   1.9744     2.4260     2.8776


>> F6 = funm(A,'cosh')

F6 =
  1.0e + 006  *

   0.5595     0.6874     0.8154
   1.2669     1.5567     1.8465
   1.9744     2.4260     2.8776
```

【例 6.100】 求以下 3×3 矩阵 A 的 $\sin(A)$、$\cos(A)$、e^A、$\log(A)$、$\sinh(A)$、$\cosh(A)$。

$$A = \begin{pmatrix} 5 & -4 & 1 \\ -4 & 6 & -4 \\ 1 & -4 & 6 \end{pmatrix}$$

解:

```
A = [5 - 4 1; - 4 6 - 4;1 - 4 6]
A =
    5    -4     1
   -4     6    -4
    1    -4     6
sin(A)

ans =

  -0.9589    0.7568    0.8415
   0.7568   -0.2794    0.7568
   0.8415    0.7568   -0.2794

>> A_sin = funm(A,'sin')

A_sin =

  -0.4355    0.4693    0.4544
   0.4693   -0.0192    0.3168
   0.4544    0.3168   -0.5909

>> A_cos = funm(A,'cos')

A_cos =

   0.3466    0.0842    0.5063
   0.0842    0.8177   -0.0565
   0.5063   -0.0565    0.2904

>> A_exp = funm(A,'exp')

A_exp =

  1.0e + 004 *

   3.4519   -4.9872    3.9406
  -4.9872    7.2129   -5.7055
   3.9406   -5.7055    4.5191

>> A_log = funm(A,'log')

A_log =

   1.0943   -1.1458   -0.2381
```

```
    - 1.1458      0.8911    - 1.0059
    - 0.2381    - 1.0059      1.4157
```

```
>> A_sinh = funm(A, 'sinh')
```

```
A_sinh =
```

```
  1.0e + 004 *
```

```
    1.7259    - 2.4936      1.9703
  - 2.4936      3.6064    - 2.8528
    1.9703    - 2.8528      2.2596
```

```
>> A_cosh = funm(A, 'cosh')
```

```
A_cosh =
```

```
  1.0e + 004 *
```

```
    1.7260    - 2.4936      1.9703
  - 2.4936      3.6065    - 2.8527
    1.9703    - 2.8527      2.2596
```

【例 6.101】 求一个三阶魔方矩阵的正弦值和指数值。

解:

```
a = magic(3)
a =
    8    1    6
    3    5    7
    4    9    2
sin(a)                % 对矩阵中的每个元素计算正弦
ans =
    0.9894      0.8415    - 0.2794
    0.1411    - 0.9589      0.6570
  - 0.7568      0.4121      0.9093
funm(a, @sin)         % 对矩阵计算正弦,结果与 sin(a)不同
ans =
  - 0.3850      1.0191      0.0162
    0.6179      0.2168    - 0.1844
    0.4173    - 0.5856      0.8185
funm(a, @exp)         % 用 funm 函数对矩阵计算指数值
ans =
  1.0e + 006 *
    1.0898      1.0896      1.0897
    1.0896      1.0897      1.0897
    1.0896      1.0897      1.0897
expm(a)               % 用 expm 对矩阵计算指数,结果与 funm(a, @exp)相同
ans =
```

```
 1.0e + 006  *
  1.0898     1.0896     1.0897
  1.0896     1.0897     1.0897
  1.0896     1.0897     1.0897
```

6.36 向量的卷积和多项式乘法

求向量卷积或进行多项式乘法运算。长度为 m 的向量 u 与长度为 n 的向量 v 的卷积 (Convolution)定义为 w(k)＝sum(u(j) * v(k＋1－j))。向量 w 的长度为 m＋n－1。

函数 conv()的调用格式为：

w＝conv(u,v)——u、v 为向量,其长度可不相同,w 向量序列的长度为(m＋n－1)。

卷积相当于多项式乘法。两个多项式卷积的结果仍是多项式。

【例 6.102】 求两个向量 x＝[1 2 3 4]和 y＝[1 1 1 1 1]的卷积。

解：

```
% conv
x = [1,2,3,4];
y = [1,1,1,1,1];
z = conv(x,y)
N = length(z);
stem(0:N - 1,z);
z =

    1     3     6     10     10     9     7     4
```

【例 6.103】 求两个向量 x＝[1 2]和 y＝[1 1 1]的卷积。

解：

```
% conv2
x = [1,2];
y = [1,1,1];
z = conv(x,y)

z =

    1     3     3     2
```

【例 6.104】 求两个向量 a＝[1 1 1]和 b＝[2 3]的卷积。

解：

```
% con3
a = [1,1,1];
b = [2,3];
z = conv(a,b)
z =

    2     5     5     3
```

6.37　向量反卷积和多项式除法

函数 deconv() 的调用,格式为:

[q,r] = deconv(v,u)——多项式 v 除以多项式 u,返回商多项式 q 和余多项式 r。注意:v、u、q、r 都是按降幂排列的多项式系数向量。

【例 6.105】 求多项式 x^3+8x^2+6 和 $5x^2+20x$ 的卷积值,再求该卷积值与多项式 x^3+8x^2+6 的反卷积值。

解:

```
m = [1 8 0 6]
m =
    1    8    0    6
>> n = [5 20 0]

n =

    5   20    0
>> s = conv(m,n)          % 生成多项式 x³ + 8x² + 6 和 5x² + 20x 的卷积值

s =

    5   60  160   30  120    0

>> [q,r] = deconv(s,m)     % 求多项式的反卷积值

q =

    5   20    0

r =

    0    0    0    0    0    0
```

以上的 q 多项式,就是原来的 $5x^2+20x$。

6.38　三种对数之比较

1. 三种对数运算简介

我们知道,对数有三种,分别是:ln——自然对数;lg——常用对数和 lb——以 2 为底的对数。

中学数学教科书中说,零和负数没有对数。其实,负数是可以有对数的,根据欧拉公式:由 $e^{i\theta}=\cos\theta+i\sin\theta$,当 $\theta=\pi$ 时,得到 $e^{i\pi}+1=0$,即 $e^{i\pi}=-1$,这样,-1 的自然对数就等于 $i\pi$。

在 MATLAB 中,用 log 表示自然对数,用 log10 表示常用对数,用 log2 表示以 2 为底

的对数。

Y＝log(X)——求复数或向量或矩阵 X 中每一元素的自然对数。

Y＝log10(X)——求复数或向量或矩阵 X 中每一元素的常用对数。

Y＝log2(X)——求复数或向量或矩阵 X 中每一元素的以 2 为底的对数。

2. 求复数或向量或矩阵对数的例子

【例 6.106】 求实数 8 的自然对数、常用对数及以 2 为底的对数。

解：

```
X = 8
Y = log(X)
Y1 = log10(X)
Y2 = log2(X)
X =
    8
Y =
  2.0794
Y1 =
  0.9031
Y2 =
    3
```

【例 6.107】 求复数 3－4i 的自然对数、常用对数及以 2 为底的对数。

解：

```
X = 3 - 4i
Y = log(X)
Y1 = log10(X)
Y2 = log2(X)
X =
    3.0000 - 4.0000i
Y =
    1.6094 - 0.9273i
Y1 =
    0.6990 - 0.4027i
Y2 =
    2.3219 - 1.3378i
```

【例 6.108】 求以下复数数组 X 的自然对数、常用对数及以 2 为底的对数。

$$x = [1.2 - 4.9i \ 2.4 + 5.3i \ 3.9 - 6.2i]$$

解：

```
X = [1.2 - 4.9i 2.4 + 5.3i 3.9 - 6.2i];
Y = log(X)
Y =
    1.6184 - 1.3306i    1.7610 + 1.1456i    1.9912 - 1.0093i
>> X = [1.2 - 4.9i 2.4 + 5.3i 3.9 - 6.2i];
Y = log10(X)
Y =
    0.7028 - 0.5779i    0.7648 + 0.4975i    0.8648 - 0.4383i
```

```
>> Y = log2(X)
Y =
    2.3348 - 1.9197i    2.5405 + 1.6527i    2.8728 - 1.4561i
```

【例 6.109】 求实数数组 X＝[1 2 3]的自然对数、常用对数及以 2 为底的对数。

解：

```
>> X = [1 2 3];
>> Y = log(X)

Y =

        0    0.6931    1.0986
>> Y = log10(X)

Y =

        0    0.3010    0.4771
>> Y = log2(X)

Y =

        0    1.0000    1.5850
```

【例 6.110】 求实数数组 X＝[－1 －2 3]的自然对数、常用对数及以 2 为底的对数。

解：

```
X = [ -1 -2 3];
Y = log(X)

Y =

      0 + 3.1416i    0.6931 + 3.1416i    1.0986
>> Y = log10(X)

Y =
      0 + 1.3644i    0.3010 + 1.3644i    0.4771
>> Y = log2(X)
Y =

      0 + 4.5324i    1.0000 + 4.5324i    1.5850
```

可见，负数也有对数。

【例 6.111】 求以下 3×3 实数矩阵 A 的自然对数、常用对数及以 2 为底的对数。

$$A = \begin{bmatrix} 1 & 4 & 7 \\ 8 & 5 & 2 \\ 3 & 6 & 0 \end{bmatrix}$$

解：

```
A = [1 4 7;8 5 2;3 6 0]
```

```
>> B = log(A)
C = log10(A)
D = log2(A)

A =

   1    4    7
   8    5    2
   3    6    0
B =

       0    1.3863    1.9459
  2.0794    1.6094    0.6931
  1.0986    1.7918     - Inf
C =

       0    0.6021    0.8451
  0.9031    0.6990    0.3010
  0.4771    0.7782     - Inf
D =

       0    2.0000    2.8074
  3.0000    2.3219    1.0000
  1.5850    2.5850     - Inf
```

可见,0 的对数是－Inf,可以说 0 没有对数。

【例 6.112】 求以下 2×2 复数矩阵 A 的自然对数、常用对数及以 2 为底的对数。

$$A = \begin{pmatrix} 2 - i & 3 + i \\ 1 & 2i \end{pmatrix}$$

解:

```
A = [2 - i 3 + i;1 2 * i]
B = log(A)
C = log10(A)
D = log2(A)
A =
  2.0000 - 1.0000i    3.0000 + 1.0000i
  1.0000 + 0.0000i    0.0000 + 2.0000i
B =
  0.8047 - 0.4636i    1.1513 + 0.3218i
  0.0000 + 0.0000i    0.6931 + 1.5708i
C =
  0.3495 - 0.2014i    0.5000 + 0.1397i
  0.0000 + 0.0000i    0.3010 + 0.6822i
D =
  1.1610 - 0.6689i    1.6610 + 0.4642i
  0.0000 + 0.0000i    1.0000 + 2.2662i
```

用 log()、log10()、log2()这三个函数求对数时,都是针对数组或矩阵中每一元素的,注意与针对整个矩阵的函数 logm()相区别。

6.39 矩阵的海森伯格分解

1. 矩阵的海森伯格(Hessenberg)分解简介

对于任意一个 n 阶方阵 A 可以进行海森伯格分解。分解公式为 $A = PHP'$。其中，P 为酉矩阵，H 的第一子对角线下的元素均为 0，即 H 为海森伯格矩阵。

2. 矩阵的海森伯格分解命令说明

在 MATLAB 中，通过函数 hess() 进行方阵的海森伯格分解。该函数的调用格式为：

H＝hess(A)——计算矩阵 A 的海森伯格矩阵 H。

[P，H]＝hess(A)——计算矩阵 A 的海森伯格矩阵 H 及酉矩阵 P，满足 A＝PHP′，且 P′P＝eye(size(A))。其中，eye(size(A))表示生成与矩阵 A 维数相同的单位矩阵。

3. 矩阵的海森伯格分解的例子

【例 6.113】 利用函数 hess()对以下矩阵 A 作海森伯格分解。

$$A = \begin{bmatrix} 1 & 2 & 3 \\ 4 & 5 & 6 \\ 7 & 8 & 9 \end{bmatrix}$$

解：

```
A = [1 2 3;4 5 6;7 8 9]
A =
    1    2    3
    4    5    6
    7    8    9
>> [P,H] = hess(A)
P =
    1.0000         0         0
         0  - 0.4961  - 0.8682
         0  - 0.8682    0.4961
H =
    1.0000  - 3.5970  - 0.2481
  - 8.0623   14.0462    2.8308
         0    0.8308  - 0.0462
>> P' * P
ans =
    1.0000         0         0
         0    1.0000  - 0.0000
         0  - 0.0000    1.0000
P * H * P'
ans =
    1.0000    2.0000    3.0000
    4.0000    5.0000    6.0000
    7.0000    8.0000    9.0000
```

以上表明，用函数 hess()对矩阵 A 作海森伯格分解后，得到 P 矩阵和 H 矩阵。采用公式 A＝PHP′和 P′P＝eye(size(A))验证，满足这两个公式。

【例 6.114】 利用函数 hess()对以下矩阵 A 作海森伯格分解。

$$A = \begin{bmatrix} 3 & 2 & 0 \\ 2 & 4 & -2 \\ 0 & -2 & 5 \end{bmatrix}$$

解：

```
A = [3 2 0;2 4 -2;0 -2 5]
[P,H] = hess(A)
A =
    3    2    0
    2    4   -2
    0   -2    5
P =
    1    0    0
    0    1    0
    0    0    1
H =
    3    2    0
    2    4   -2
    0   -2    5
>> P * H * P'
ans =

    3    2    0
    2    4   -2
    0   -2    5
```

可见，矩阵 A 不能进行海森伯格分解，因为分解的结果还是原矩阵 A。

【例 6.115】 利用函数 hess()对以下矩阵 A 作海森伯格分解。

$$A = \begin{bmatrix} 1 & -1 & 0 & 2 \\ -1 & 1 & 1 & -1 \\ 0 & 1 & 0 & 1 \\ 1 & -1 & 1 & 0 \end{bmatrix}$$

解：

```
A = [1 -1 0 2;-1 1 1 -1;0 1 0 1;2 -1 1 0]
A =
    1   -1    0    2
   -1    1    1   -1
    0    1    0    1
    2   -1    1    0
>> [P,H] = hess(A)
P =

    0.5071    0.2760   -0.8165         0
    0.8452   -0.3450    0.4082         0
   -0.1690   -0.8971   -0.4082         0
         0         0         0    1.0000
```

```
H =

 - 0.1714   - 0.9098         0         0
 - 0.9098     1.0048   - 0.9860         0
        0   - 0.9860     1.1667  - 2.4495
        0          0   - 2.4495         0
>> P * H * P'
ans =

   1.0000   - 1.0000     0.0000     2.0000
 - 1.0000     1.0000     1.0000   - 1.0000
   0.0000     1.0000   - 0.0000     1.0000
   2.0000   - 1.0000     1.0000          0
```

以上表明,用函数 hess() 对矩阵 A 作海森伯格分解后,得到 P 矩阵和 H 矩阵。可采用公式 A＝PHP' 验证。

6.40　复对角阵转化为实对角阵

把复数对角矩阵转化为实数块对角矩阵,如果特征方程［V,D］＝eig(X)有成对的复特征值,那么 cdf2cdf 把矩阵 V、D 转化为实对角形式,对角线上 2×2 实数块将取代原有的复数对。

［V,D］＝cdf2rdf(V1,D1)——将复数对角矩阵 V1、D1 转化为实数对角矩阵 V、D。

【例 6.116】　求矩阵 A 的特征值和特征向量,然后将这两个复对角矩阵转化为实对角矩阵。

$$A = \begin{pmatrix} 1 & 6 & -3 \\ 4 & 2 & 6 \\ 2 & -8 & 1 \end{pmatrix}$$

解：

```
A = [1 6 - 3;4 2 6;2 - 8 1];
[V1,D1] = eig(A)

V1 =

   0.8450     0.3539 - 0.3770i     0.3539 + 0.3770i
   0.3952   - 0.0490 + 0.4710i   - 0.0490 - 0.4710i
 - 0.3602             - 0.7130               - 0.7130

D1 =

   5.0846            0                        0
        0   - 0.5423 + 6.3420i                0
        0            0         - 0.5423 - 6.3420i

>> [V,D] = cdf2rdf(V1,D1)
```

```
V =

   0.8450      0.3539   - 0.3770
   0.3952    - 0.0490     0.4710
 - 0.3602    - 0.7130          0

D =

   5.0846           0          0
        0    - 0.5423     6.3420
        0    - 6.3420   - 0.5423
```

以上矩阵 V、D 就是转化后的实对角矩阵。

【例 6.117】　求矩阵 A 的特征值和特征向量,然后将这两个复对角矩阵转化为实对角矩阵。

$$A = \begin{pmatrix} 1 & 2 & 3 \\ 0 & 4 & 5 \\ 0 & -5 & 4 \end{pmatrix}$$

解:

```
A = [1,2,3;0,4,5;0, - 5,4]
[V1,D1] = eig(A)
[V,D] = cdf2rdf(V1,D1)
A =
    1     2     3
    0     4     5
    0   - 5     4
V1 =

   1.0000 + 0.0000i    - 0.0191 - 0.4002i    - 0.0191 + 0.4002i
   0.0000 + 0.0000i      0.0000 - 0.6479i      0.0000 + 0.6479i
   0.0000 + 0.0000i      0.6479 + 0.0000i      0.6479 + 0.0000i
D1 =

   1.0000 + 0.0000i      0.0000 + 0.0000i      0.0000 + 0.0000i
   0.0000 + 0.0000i      4.0000 + 5.0000i      0.0000 + 0.0000i
   0.0000 + 0.0000i      0.0000 + 0.0000i      4.0000 - 5.0000i
V =

   1.0000    - 0.0191    - 0.4002
        0          0    - 0.6479
        0     0.6479          0
D =

   1.0000          0          0
        0     4.0000     5.0000
        0   - 5.0000     4.0000
```

以上矩阵 V、D 就是转化后的实对角矩阵。

第7章

矩阵的运算(二)

7.1　trace——计算矩阵的迹

矩阵的迹等于矩阵的对角线元素之和,也等于矩阵的特征值之和。在 MATLAB 中,求矩阵的迹的函数是 trace()。

方阵的迹就是方阵对角线元素之和。

【例 7.1】　求以下方阵 A 的迹。

$$A = \begin{bmatrix} 1 & 2 & 3 \\ 4 & 5 & 6 \\ 7 & 8 & 9 \end{bmatrix}$$

解:

```
A = [1 2 3;4 5 6;7 8 9]
Y = trace(A)

A =
    1    2    3
    4    5    6
    7    8    9
Y =
   15
```

这表明,以上矩阵 A 的迹为 15,它是矩阵 A 的对角线元素 1、5、9 之和。

【例 7.2】　求四阶魔方矩阵 A 的迹。

解:

```
>> A = magic(4)
A =
   16    2    3   13
```

```
     5    11    10     8
     9     7     6    12
     4    14    15     1
>> Y = trace(A)
Y =
    34
```

这表明,以上四阶魔方矩阵 A 的迹为 34,它是矩阵 A 的对角线元素 16、11、6、1
之和。

7.2　rank——计算矩阵的秩

矩阵的秩是线性代数中的一个重要概念。通常表示为 r(A)或 rank(A)。在线性代数
中,一个矩阵 A 的列秩是 A 的线性独立的纵列的极大数目。类似地,行秩是 A 的线性无关
的横行的极大数目。通俗一点说,如果把矩阵看成一个个行向量或者列向量,秩就是这些行
向量或者列向量的秩,也就是极大无关组中所含向量的个数。

矩阵中线性无关的列向量个数称为列秩,线性无关的行向量个数称为行秩。矩阵
的行秩与列秩是相等的。矩阵求秩的方法很多,其中有些算法是稳定的,有些是不稳
定的。

在 MATLAB 中,求矩阵秩的函数是 rank(A)——用默认允许误差计算矩阵的秩;
rank(A,tol)——用给定允许误差计算矩阵的秩。

另一种最稳定但也最耗时的求矩阵秩的方法是对所求矩阵 A 执行以下命令:

```
s = svd(A)
tol = max(size(A)) * eps(max(s));
r = sum(s > tol)
```

【例 7.3】　求以下方阵 A 的秩。

$$A = \begin{bmatrix} 1 & 2 & 3 \\ 4 & 5 & 6 \\ 7 & 8 & 9 \end{bmatrix}$$

解:

```
A = [1 2 3;4 5 6;7 8 9]
Y = rank(A)
A =

     1     2     3
     4     5     6
     7     8     9
Y =
     2
```

这表明,以上矩阵 A 的秩为 2。

【例 7.4】 求四阶魔方矩阵 A 的秩。

解：

```
>> A = magic(4)

Y = rank(A,0.001)

A =

    16     2     3    13
     5    11    10     8
     9     7     6    12
     4    14    15     1
Y =

     3
```

这表明，以上四阶魔方矩阵 A 的秩为 3。

【例 7.5】 求以下方阵 A 的秩。

$$A = \begin{bmatrix} 5 & -4 & 1 \\ -4 & 6 & -4 \\ 1 & -4 & 6 \end{bmatrix}$$

解：

```
>> A = [5 -4 1;-4 6 -4;1 -4 6]
A =

     5    -4     1
    -4     6    -4
     1    -4     6
>> Y = rank(A,0.001)
Y =

     3
```

这表明，以上矩阵 A 的秩为 3。

【例 7.6】 用最稳定也最耗时的方法求以下方阵 A 的秩。

$$A = \begin{bmatrix} 1 & 1 & 1 \\ 1 & 0 & 1 \\ 0 & -1 & 2 \end{bmatrix}$$

解：

```
A = [1 1 1;1 0 1;0 -1 2]
A =
     1          1          1
     1          0          1
     0         -1          2
>> s = svd(A)
s =
```

```
        1100/419
        4231/2481
        1178/2637
>> tol = max(size(A)) * eps(max(s));
>> r = sum(s > tol)
r =
        3
```

这表明,用这种方法求得以上矩阵 A 的秩为 3。

7.3   diag——提取矩阵对角线元素

在矩阵中只有对角线上有非 0 元素的矩阵称为对角矩阵,对角线上的元素相等的对角矩阵称为数量矩阵,对角线上的元素都为 1 的对角矩阵称为单位矩阵。

1. 提取矩阵的对角线元素

v＝diag(A,k)——将 A 矩阵中第 k 条对角线的元素返回到列向量 v 中。k＝0 时,抽取主对角线上的元素;k＞0 时,抽取主对角线上方第 k 条对角线元素;k＜0 时,抽取主对角线下方第 abs(k)条对角线元素。abs(k)表示 k 的绝对值。

v＝diag(A)——等价于 v＝diag(A,0)。

2. 构造对角矩阵

A＝diag(v,k)——以向量 v 的元素作为矩阵 A 的第 k 条对角线元素来构造矩阵 A。当 v 是一个包含 n 个元素的向量时,返回一个阶数为 n＋abs(k) 的方阵 A,其中,abs(k)表示 k 的绝对值。k＝0 时,v 中的元素为 A 的主对角线上的元素;当 k＞0 时,v 中的元素为上方第 k 条对角线元素;k＜0 时,v 中的元素为下方第 abs(k)条对角线元素。

A＝diag(v)——等价于 A＝diag(v,0)。

【例 7.7】 提取以下方阵 A 的对角线元素。

$$A = \begin{bmatrix} 1 & 2 & 3 \\ 4 & 5 & 6 \\ 7 & 8 & 9 \end{bmatrix}$$

解:

```
A = [1 2 3;4 5 6;7 8 9]
A =
        1       2       3
        4       5       6
        7       8       9
>> v = diag(A,1)
v =

        2
        6
>> v = diag(A,2)
v =
```

```
         3
>> v = diag(A,0)

v =
         1
         5
         9
>> v = diag(A, - 1)
v =

         4
         8
>> v = diag(A, - 2)
v =

         7
```

【例 7.8】 用向量 v＝[1 3 5]构造对角矩阵 A。

解：

```
v = [1 3 5]
A = diag(v,1)
v =

    1    3    5
A =

    0    1    0    0
    0    0    3    0
    0    0    0    5
    0    0    0    0

>> A = diag(v,0)

A =

    1    0    0
    0    3    0
    0    0    5

>> A = diag(v, - 1)

A =
    0    0    0    0
    1    0    0    0
    0    3    0    0
    0    0    5    0
```

7.4 tril——抽取下三角阵

矩阵中的三角阵进一步分为上三角阵和下三角阵。所谓上三角阵即矩阵的对角线以下的元素全为 0 的一种矩阵,而下三角阵则是对角线以上的元素全为 0 的一种矩阵。

在 MATLAB 中,提取矩阵 A 的下三角矩阵的函数是 tril(),其调用格式为:

U = tril(X)——抽取 X 的主对角线的下三角部分构成矩阵 U。

U = tril(X,k)——抽取 X 的第 k 条对角线的下三角部分;k=0 为主对角线;k>0 为主对角线以上;k<0 为主对角线以下。

【例 7.9】 先产生一个五阶全 1 矩阵,当 k=−5、−4、−3、−2、−1、0、1、2、3、4 时,提取矩阵 A 的下三角矩阵。

解:

```
A = ones(5,5)
A =

   1   1   1   1   1
   1   1   1   1   1
   1   1   1   1   1
   1   1   1   1   1
   1   1   1   1   1
>> tril(A, - 1)

ans =

   0   0   0   0   0
   1   0   0   0   0
   1   1   0   0   0
   1   1   1   0   0
   1   1   1   1   0
>> tril(A,0)

ans =

   1   0   0   0   0
   1   1   0   0   0
   1   1   1   0   0
   1   1   1   1   0
   1   1   1   1   1
>> tril(A, - 2)

ans =
```

```
    0    0    0    0    0
    0    0    0    0    0
    1    0    0    0    0
    1    1    0    0    0
    1    1    1    0    0
```

`>> tril(A, - 3)`

ans =

```
    0    0    0    0    0
    0    0    0    0    0
    0    0    0    0    0
    1    0    0    0    0
    1    1    0    0    0
```

`>> tril(A, - 4)`

ans =

```
    0    0    0    0    0
    0    0    0    0    0
    0    0    0    0    0
    0    0    0    0    0
    1    0    0    0    0
```

`>> tril(A, - 5)`

ans =

```
    0    0    0    0    0
    0    0    0    0    0
    0    0    0    0    0
    0    0    0    0    0
    0    0    0    0    0
```

`>> tril(A, 4)`

ans =

```
    1    1    1    1    1
    1    1    1    1    1
    1    1    1    1    1
    1    1    1    1    1
    1    1    1    1    1
```

`>> tril(A, 1)`

ans =

```
    1    1    0    0    0
```

```
    1    1    1    0    0
    1    1    1    1    0
    1    1    1    1    1
    1    1    1    1    1
```

```
>> tril(A,2)
```

```
ans =
```

```
    1    1    1    0    0
    1    1    1    1    0
    1    1    1    1    1
    1    1    1    1    1
    1    1    1    1    1
>> tril(A,3)
ans =
    1    1    1    1    0
    1    1    1    1    1
    1    1    1    1    1
    1    1    1    1    1
    1    1    1    1    1
```

7.5　triu——抽取上三角阵

在 MATLAB 中,求矩阵 A 的上三角阵的函数是 triu()。其调用格式为:

U = triu(X)——抽取 X 的主对角线的上三角部分构成矩阵 U。

U = triu(X,k)——抽取 X 的第 k 条对角线的上三角部分;k=0 为主对角线;k>0 为主对角线以上;k<0 为主对角线以下。

【例 7.10】 先产生一个五阶全 1 矩阵,当 k=-4、-3、-2、-1、0、1、2、3 时,提取矩阵 A 的上三角矩阵。

解:

```
A = ones(5,5)
A =
    1    1    1    1    1
    1    1    1    1    1
    1    1    1    1    1
    1    1    1    1    1
    1    1    1    1    1
>> triu(A, - 1)
ans =
```

```
    1    1    1    1    1
    1    1    1    1    1
    0    1    1    1    1
    0    0    1    1    1
```

```
     0     0     0     1     1
```

```
>> triu(A, - 2)
```

ans =

```
     1     1     1     1     1
     1     1     1     1     1
     1     1     1     1     1
     0     1     1     1     1
     0     0     1     1     1
```

```
>> triu(A, - 3)
```

ans =

```
     1     1     1     1     1
     1     1     1     1     1
     1     1     1     1     1
     1     1     1     1     1
     0     1     1     1     1
```

```
>> triu(A, - 4)
```

ans =

```
     1     1     1     1     1
     1     1     1     1     1
     1     1     1     1     1
     1     1     1     1     1
     1     1     1     1     1
```

```
>> triu(A, 0)
```

ans =

```
     1     1     1     1     1
     0     1     1     1     1
     0     0     1     1     1
     0     0     0     1     1
     0     0     0     0     1
```

```
>> triu(A, 1)
```

ans =

```
     0     1     1     1     1
     0     0     1     1     1
     0     0     0     1     1
     0     0     0     0     1
     0     0     0     0     0
```

```
>> triu(A,2)

ans =

    0    0    1    1    1
    0    0    0    1    1
    0    0    0    0    1
    0    0    0    0    0
    0    0    0    0    0

>> triu(A,3)
ans =

    0    0    0    1    1
    0    0    0    0    1
    0    0    0    0    0
    0    0    0    0    0
    0    0    0    0    0
```

7.6　numel——确定矩阵元素个数

在 MATLAB 中,函数 numel()用于确定矩阵中元素的个数。其调用格式为:

n＝numel(A)——计算矩阵 A 中元素个数 n。

【例 7.11】　求以下矩阵 A 的元素个数。

$$A = \begin{bmatrix} 1 & 2 & 3 \\ 4 & 5 & 6 \\ 7 & 8 & 9 \end{bmatrix}$$

解:

```
A = [1 1 1;1 0 1;0 -1 2]
A =
    1    1    1
    1    0    1
    0   -1    2
>> numel(A)
ans =
    9
```

这表明,矩阵 A 有 9 个元素。

【例 7.12】　求一个六阶方阵 A 的元素个数。

解:

```
A = rand(6)
numel(A)
A =
```

0.6948	0.7655	0.7094	0.1190	0.7513	0.5472
0.3171	0.7952	0.7547	0.4984	0.2551	0.1386
0.9502	0.1869	0.2760	0.9597	0.5060	0.1493
0.0344	0.4898	0.6797	0.3404	0.6991	0.2575
0.4387	0.4456	0.6551	0.5853	0.8909	0.8407
0.3816	0.6463	0.1626	0.2238	0.9593	0.2543

```
ans =
    36
```

这表明，六阶方阵 A 有 36 个元素。

7.7　计算矩阵的特征多项式

1. 矩阵特征多项式简介

A 是个 n 阶矩阵，λ 是一个未知量。矩阵 $\lambda E - A$ 称为 A 的特征矩阵，它的行列式

$$|\lambda E - A| = \begin{vmatrix} \lambda - a_{11} & \cdots & -a_{1n} \\ \vdots & & \vdots \\ -a_{n1} & \cdots & \lambda - a_{nn} \end{vmatrix} = \lambda^n - (a_{11} + \cdots + a_{nn})\lambda^{n-1} + \cdots + (-1)^n |A|$$

即 $f(\lambda) = |\lambda E - A| = \lambda^n + a_1\lambda^{n-1} + \cdots + a_n$

这里 $a_1 = -(a_{11} + \cdots + a_{nn})$，$a_n = (-1)^n|A|$。$f(\lambda)$ 是首项系数为 1 的 λ 的 n 次多项式，叫作 A 的特征多项式。$f(\lambda)$ 的根叫作 A 的特征根。可见，矩阵 A 的特征值就是 A 的特征多项式的根，所以特征值也叫特征根。

2. 求矩阵特征多项式命令说明

p＝poly(A)——计算数值矩阵 A 的特征多项式 p。

p＝poly(A,v)——计算符号矩阵 A 的变量为 v 的特征多项式 p。

3. 求矩阵特征多项式的例子

【例 7.13】　求以下矩阵 A 的特征多项式。

$$A = \begin{bmatrix} 1 & 2 & 3 \\ 4 & 5 & 6 \\ 7 & 8 & 9 \end{bmatrix}$$

解：

```
A = [1 2 3;4 5 6;7 8 9]
A =

    1    2    3
    4    5    6
    7    8    9

>> m = poly(A)

m =
```

```
    1.0000   − 15.0000   − 18.0000   − 0.0000
```

≫n = poly(sym(A))

n =

x^3 − 15 ∗ x^2 − 18 ∗ x

≫p = poly(sym(A),'z')

p =

z^3 − 15 ∗ z^2 − 18 ∗ z

这表明,矩阵 A 的变量为 z 的特征多项式为

$$p = z^3 - 15z^2 - 18z$$

【例 7.14】 生成四阶希尔伯特矩阵,分别求符号矩阵和数值矩阵的特征多项式。

解:

```
A = hilb(4)
A =

    1.0000    0.5000    0.3333    0.2500
    0.5000    0.3333    0.2500    0.2000
    0.3333    0.2500    0.2000    0.1667
    0.2500    0.2000    0.1667    0.1429
```

≫ m = poly(A)

m =

```
    1.0000   − 1.6762    0.2652   − 0.0017    0.0000
```

≫n = poly(sym(A))

n =

x^4 − 176/105 ∗ x^3 + 3341/12600 ∗ x^2 − 41/23625 ∗ x + 1/6048000

≫ p = poly(sym(A),'z')

p =

  z^4 − 176/105 ∗ z^3 + 3341/12600 ∗ z^2 − 41/23625 ∗ z + 1/6048000

这表明,矩阵 A 的变量为 z 的特征多项式为

$$p = z^4 - 176/105 z^3 + 3341/12600 z^2 - 41/23625 z + 1/6048000$$

7.8 lu——LU 分解

矩阵的分解是把一个矩阵分解成几个"较简单"的矩阵连乘积的形式。无论在理论上还是工程应用上,矩阵分解都是十分重要的。常见的矩阵分解有 Cholesky 分解、LU 分解、QR 分解、Schue 分解和海森伯格分解等。

1. 矩阵的 LU 分解简介

LU 分解又称高斯消去分解。将方阵分解为下三角矩阵 L 和上三角矩阵 U 的乘积,即满足 $A=L\times U$。并不是所有方阵都能做 LU 分解。如以下的 2×2 矩阵 A,就可分解为 $A=L\times U$ 的形式。

$$\begin{bmatrix} 3 & 5 \\ 6 & 7 \end{bmatrix} = \begin{bmatrix} 1 & 0 \\ 2 & 1 \end{bmatrix} \begin{bmatrix} 3 & 5 \\ 0 & -3 \end{bmatrix}$$

即 $A=LU$。其中,L 是单位下三角矩阵,U 是上三角矩阵。

如以下的 2×2 矩阵 A,就不能作 LU 分解。

$$A = \begin{bmatrix} 0 & 1 \\ 1 & 0 \end{bmatrix}$$

2. 矩阵的 LU 分解命令说明

在 MATLAB 中,通过函数 lu() 进行矩阵的 LU 分解。该函数的调用格式为:

[L1,U1]=lu(A)——该函数将矩阵 A 分解为下三角矩阵 L1 和上三角矩阵 U1 的乘积,即满足 A=L1 * U1。

[L2,U2,P]=lu(A)——该函数将矩阵 A 分解为下三角矩阵 L2 和上三角矩阵 U2,以及置换矩阵 P,它们满足 L2 * U2=P * A。

Y=lu(A)——该函数将下三角矩阵 L2 和上三角矩阵 U2 合并在矩阵 Y 中,矩阵 Y 的对角元素为上三角矩阵的对角元素,并且满足 Y=L2+U2−eye(size(A))。

3. 矩阵的 LU 分解的例子

【例 7.15】 利用函数 lu() 对以下矩阵 A 作 LU 分解。

$$A = \begin{bmatrix} 2 & 3 & 4 \\ 8 & 4 & 9 \\ 5 & 3 & 1 \end{bmatrix}$$

解:

```
clear all;
A = [2 3 4;8 4 9;5 3 1]
[L1,U1] = lu(A)
[L2,U2,P] = lu(A)
Y1 = lu(A)
L1 * U1
Y2 = L2 + U2 − eye(size(A))
```

```
A =
    2    3    4
    8    4    9
    5    3    1
L1 =

    0.2500    1.0000         0
    1.0000         0         0
    0.6250    0.2500    1.0000
U1 =

    8.0000    4.0000    9.0000
         0    2.0000    1.7500
         0         0  - 5.0625
L2 =

    1.0000         0         0
    0.2500    1.0000         0
    0.6250    0.2500    1.0000
U2 =

    8.0000    4.0000    9.0000
         0    2.0000    1.7500
         0         0  - 5.0625
P =

    0    1    0
    1    0    0
    0    0    1
Y1 =

    8.0000    4.0000    9.0000
    0.2500    2.0000    1.7500
    0.6250    0.2500  - 5.0625
ans =

    2    3    4
    8    4    9
    5    3    1
Y2 =

    8.0000    4.0000    9.0000
    0.2500    2.0000    1.7500
    0.6250    0.2500  - 5.0625
```

可见,L1 和 U1 满足 A=L1 * U1;L2 和 U2 满足 Y=L2+U2-eye(size(A))。

【例 7.16】 利用函数 lu() 对以下矩阵 A 作 LU 分解。

$$A = \begin{bmatrix} 1 & 2 & 3 \\ 4 & 5 & 6 \\ 7 & 8 & 9 \end{bmatrix}$$

解：

```
A = [1 2 3;4 5 6;7 8 9]
[L2,U2,P] = lu(A)

A =

    1    2    3
    4    5    6
    7    8    9
L2 =

    1.0000         0         0
    0.1429    1.0000         0
    0.5714    0.5000    1.0000
U2 =

    7.0000    8.0000    9.0000
         0    0.8571    1.7143
         0         0    0.0000
P =

    0    0    1
    1    0    0
    0    1    0


>>[L2,U2] = lu(A)

L2 =

    0.1429    1.0000         0
    0.5714    0.5000    1.0000
    1.0000         0         0
U2 =

    7.0000    8.0000    9.0000
         0    0.8571    1.7143
         0         0    0.0000
```

【例 7.17】 利用函数 lu() 对以下矩阵 A 作 LU 分解。

$$A = \begin{pmatrix} 0 & 1 \\ 1 & 0 \end{pmatrix}$$

解：

```
A = [0 1;1 0]
[L2,U2,P] = lu(A)
A =
    0    1
    1    0
```

```
L2 =
     1      0
     0      1
U2 =

     1      0
     0      1
P =
     0      1
     1      0
```

分解的结果是 P=A,L2 和 U2 都是单位矩阵。这表明矩阵 A 不能作 LU 分解。

7.9 qr——QR 分解

1. 矩阵的 QR 分解简介

矩阵的正交分解,称为 QR 分解。QR 分解将一个 $m \times n$ 的矩阵 A 分解为一个正交矩阵 Q(大小为 $m \times n$)和一个上三角矩阵 R(大小为 $m \times n$)的乘积,即 $A = Q * R$。

2. 矩阵的 QR 分解命令说明

[Q,R]=qr(A):对矩阵 A 进行正交三角分解,返回正交矩阵 Q 和与 A 同维数的上三角阵 R,满足 A=QR。

[Q,R,E]=qr(A):对矩阵 A 进行正交三角分解,返回正交矩阵 Q、对角元素递减的上三角阵 R 和置换矩阵 E,满足 AE=QR。

[Q,R]=qr(A,0):对矩阵 A 进行"维数最经济"的正交三角分解,返回正交矩阵 Q 和上三角阵 R。

[Q,R,E]=qr(A,0):对矩阵 A 进行"维数最经济"的正交三角分解,返回正交矩阵 Q、对角元素递减的上三角阵 R 和置换矩阵 E,满足 QR=A(:,E)。

R=qr(A):对稀疏矩阵 A 进行正交三角分解,返回上三角阵 R。

[C,R]=qr(A,B):对矩阵 A 进行正交三角分解,返回上三角阵 R;计算矩阵 B 的正交变换矩阵 C,满足:[Q,R]=qr(A),C=Q' * B。其中,矩阵 B 和 A 行数相等。

[C,R]=qr(A,b):使用 QR 分解求解稀疏矩阵最小二乘问题,即 ∥Ax−b∥ 值最小。其中,x=R\C。

R=qr(A,0):对稀疏矩阵 A 进行"维数最经济"的正交三角分解,返回上三角阵 R。

[C,R]=qr(A,b,0):使用"维数最经济"的 QR 分解求解稀疏矩阵最小二乘问题。

3. 矩阵的 QR 分解的例子

【例 7.18】 利用函数 qr()对以下矩阵 A 作 QR 分解。

$$A = \begin{bmatrix} 1 & 2 & 3 \\ 4 & 5 & 6 \\ 7 & 8 & 9 \end{bmatrix}$$

解：

```
A = [1 2 3;4 5 6;7 8 9]
A =

     1     2     3
     4     5     6
     7     8     9

>>[Q,R] = qr(A)

Q =

  - 0.1231    0.9045    0.4082
  - 0.4924    0.3015  - 0.8165
  - 0.8616  - 0.3015    0.4082
R =

  - 8.1240  - 9.6011  - 11.0782
        0    0.9045    1.8091
        0         0  - 0.0000
>>Q * R

ans =

    1.0000    2.0000    3.0000
    4.0000    5.0000    6.0000
    7.0000    8.0000    9.0000
```

以上 Q、R 就是分解结果，经验证满足 A＝QR 关系。

【例 7.19】 利用函数 qr()对以下矩阵 A 作 QR 分解。

$$A = \begin{bmatrix} 1 & 2 & 9 \\ 4 & 5 & 0 \\ 7 & 8 & 3 \end{bmatrix}$$

解：

```
A = [1 2 9;4 5 0;7 8 3]
A =

     1     2     9
     4     5     0
     7     8     3
>>[Q,R] = qr(A)

Q =

  - 0.1231    0.9045    0.4082
  - 0.4924    0.3015  - 0.8165
  - 0.8616  - 0.3015    0.4082
```

R =

```
     - 8.1240    - 9.6011    - 3.6927
            0      0.9045      7.2363
            0           0      4.8990
```

`>> Q * R`

ans =

```
    1.0000      2.0000      9.0000
    4.0000      5.0000      0.0000
    7.0000      8.0000      3.0000
```

`[Q, R, E] = qr(A)`

Q =

```
   - 0.2074      0.9607    - 0.1846
   - 0.5185    - 0.2679    - 0.8120
   - 0.8296    - 0.0727      0.5537
```

R =

```
   - 9.6437    - 4.3552    - 8.0882
          0      8.4281    - 0.6200
          0           0      0.4429
```

E =

```
    0    0    1
    1    0    0
    0    1    0
```

`>> A * E - Q * R`

ans =

```
   1.0e - 014 *

  - 0.0888    - 0.1776    - 0.1332
         0           0           0
  - 0.1776    - 0.0888    - 0.1776
```

以上 Q、R、E 就是分解结果,经验证,近似满足 AE＝QR 关系。

【例 7.20】 应用 QR 分解求解方程数多于未知变量数的方程组 Ax＝B,其中

$$A = \begin{pmatrix} 1 & 2 & 3 \\ 4 & 5 & 6 \\ 7 & 8 & 9 \\ 10 & 11 & 12 \end{pmatrix}, \quad B = \begin{pmatrix} 1 \\ 3 \\ 5 \\ 7 \end{pmatrix}$$

解：

`A = [1 2 3;4 5 6;7 8 9;10 11 12]`

A =

```
     1               2               3
     4               5               6
```

```
            7                8                9
           10               11               12

>>B = [ 1 3 5 7]
B =
            1        3        5        7

>>[Q,R,E] = qr(A)
A =

            1        2        3
            4        5        6
            7        8        9
           10       11       12
B =

            1        3        5        7
Q =

    -0.1826  -0.8165     0.5247     0.1571
    -0.3651  -0.4082    -0.8167     0.1816
    -0.5477  -0.0000     0.0593    -0.8346
    -0.7303   0.4082     0.2327     0.4958
R =

    -16.4317 -12.7802    -14.6059
          0    1.6330      0.8165
          0        0       0.0000
          0        0            0
E =
          0        1        0
          0        0        1
          1        0        0
A * E

ans =

          3        1        2
          6        4        5
          9        7        8
         12       10       11

>>  Q * R

ans =

     3.0000   1.0000   2.0000
     6.0000   4.0000   5.0000
     9.0000   7.0000   8.0000
    12.0000  10.0000  11.0000
```

所以,A * E＝Q * R。

```
>> tol = max(size(A) * eps * abs(R(1,1)))

tol =

   1.4594e - 014
y = Q' * B'

y =

 - 9.1287
   0.8165
   0.0000
 - 0.0000

>> x = R\y
Warning:Rank deficient,rank = 2,tol =    1.459426e - 14.

x =
    0.1667
    0.5000
        0
```

可见,原方程组的解为

$$\begin{cases} x_1 = 0.1667 \\ x_2 = 0.5000 \\ x_3 = 0.0000 \end{cases}$$

【例 7. 21】 利用函数 qr()对以下矩阵 A、B 作 QR 分解。

$$A = \begin{bmatrix} 2 & 3 & 4 \\ 8 & 4 & 9 \\ 5 & 3 & 1 \end{bmatrix}, \quad B = \begin{bmatrix} 1 & 2 & 3 & 4 \\ 3 & 5 & 6 & 2 \\ 3 & 6 & 9 & 12 \end{bmatrix}$$

解:

```
A = [2 3 4;8 4 9;5 3 1]
[Q1,R1] = qr(A)

B = [1 2 3 4;3 5 6 2;3 6 9 12]
[Q2,R2] = qr(B)
Q2 * R2

A =

    2    3    4
    8    4    9
    5    3    1
Q1 =

  - 0.2074    0.9548   - 0.2129
```

```
        - 0.8296    - 0.2870    - 0.4790
        - 0.5185      0.0773      0.8516

R1 =

        - 9.6437    - 5.4958    - 8.8141
              0      1.9483      1.3136
              0           0    - 4.3112

B =

            1      2      3      4
            3      5      6      2
            3      6      9     12

Q2 =

        - 0.2294      0.2176    - 0.9487
        - 0.6882    - 0.7255      0.0000
        - 0.6882      0.6529      0.3162

R2 =

        - 4.3589    - 8.0296    - 11.0120    - 10.5531
              0      0.7255       2.1764       7.2548
              0           0            0     - 0.0000

ans =

        1.0000      2.0000      3.0000      4.0000
        3.0000      5.0000      6.0000      2.0000
        3.0000      6.0000      9.0000     12.0000
```

以上最后一项是验证 Q2 * R2＝B。

7.10 schur——Schur 分解

1. 矩阵的 Schur 分解简介

矩阵 A 的 Schur 分解公式为 $A=U*T*U'$，矩阵 A 必须是方阵，U 为酉矩阵，T 为块对角矩阵，由对角线上的 1×1 和 2×2 等小块组成。

2. 矩阵的 Schur 分解命令说明

在 MATLAB 中，通过函数 schur() 进行矩阵的 Schur 分解。该函数的调用格式为：

T＝schur(A)——该函数将矩阵 A 作 Schur 分解，返回 Schur 矩阵 T，T 为主对角元素为特征值的三角阵。

T＝schur(A,flag)——将矩阵 A 作 Schur 分解，返回指定形式的 Schur 矩阵 T。参数 flag 指定 T 矩阵的形式。若 flag＝complex，则指定 A 有复数特征值，T 是三角形复数矩阵；若 flag＝real，则指定 T 包含 2×2 的复数特征值子矩阵和在对角线上含有实特征值。

[U,T]＝schur(A,…)——对矩阵 A 作 Schur 分解，返回正交矩阵 U 和 Schur 矩阵 T，满足 A＝U * T * U'。

3. 矩阵的 Schur 分解的例子

【例 7.22】 利用函数 schur()对以下矩阵 A 作 Schur 分解。

$$A = \begin{pmatrix} -19 & -50 & -14 \\ 57 & 10 & 54 \\ -27 & -8 & -25 \end{pmatrix}$$

解：

H = [- 19 - 50 - 14;57 10 54; - 27 - 8 - 25]

H =

```
 - 19   - 50   - 14
   57     10     54
 - 27    - 8   - 25
```
>> T1 = schur(H)

T1 =

```
 - 17.1350      67.4450    - 59.1515
 - 39.3601    - 17.1350     23.5746
        0            0      0.2700
```

>> T2 = schur(H,'complex')

T2 =

```
 - 17.1350 + 51.5232i      - 28.0849           - 14.3112 + 47.0050i
               0         - 17.1350 - 51.5232i   - 35.9085 + 18.7337i
               0                  0               0.2700
```

>>[U T3] = schur(H,'complex')

U =

```
   0.5992 + 0.1161i     0.0887 + 0.7844i    - 0.0661
   0.0973 - 0.7139i   - 0.5454 + 0.1274i     0.4088
 - 0.0002 + 0.3291i     0.2514 - 0.0003i     0.9102
```

T3 =

```
 - 17.1350 + 51.5232i      - 28.0849           - 14.3112 + 47.0050i
               0         - 17.1350 - 51.5232i   - 35.9085 + 18.7337i
               0                  0               0.2700
```

>> U * T3 * U'

ans =

```
   - 19.0000 - 0.0000i      - 50.0000            - 14.0000 - 0.0000i
     57.0000 - 0.0000i       10.0000 + 0.0000i     54.0000
   - 27.0000 + 0.0000i      - 8.0000 + 0.0000i    - 25.0000 - 0.0000i
```

可见,返回的矩阵 U 和 Schur 矩阵 T3,满足 A＝U * T3 * U′关系。

【例 7.23】 利用函数 schur()对以下矩阵 A 作 Schur 分解。

$$A = \begin{pmatrix} 2 & 3 \\ 1 & 2 \end{pmatrix}$$

解:

```
H = [2 3;1 2]

H =

   2    3
   1    2

>> T1 = schur(H)

T1 =

   3.7321    2.0000
        0    0.2679

>>[U,T] = schur(H,'real')

U =

   0.8660   - 0.5000
   0.5000    0.8660
T =

   3.7321    2.0000
        0    0.2679

>>U * T * U'

ans =

   2.0000    3.0000
   1.0000    2.0000

[U,T] = schur(H,'complex')

U =

   0.8660   - 0.5000
   0.5000    0.8660
T =
```

```
    3.7321    2.0000
         0    0.2679
```

【例 7.24】　利用函数 schur()对以下矩阵 A 作 Schur 分解。

$$A = \begin{pmatrix} 10 & -8 \\ 5 & 0 \end{pmatrix}$$

解：

```
H = [10 -8;5 0]

T1 = schur(H)

H =

    10    -8
     5     0
T1 =

    5.0000   -11.7202
    1.2798     5.0000


>>   [U,T] = schur(H,'real')

U =

    0.8023   -0.5969
    0.5969    0.8023


T =

    5.0000   -11.7202
    1.2798     5.0000
U * T * U'

ans =

    10.0000    -8.0000
     5.0000     0.0000

>>[U,T] = schur(H,'complex')

U =

   -0.1873 + 0.7618i    -0.2517 + 0.5668i
    0.2517 + 0.5668i    -0.1873 - 0.7618i


T =
```

```
        5.0000 + 3.8730i                    10.4403
                       0         5.0000 − 3.8730i
```

U ∗ T ∗ U'

ans =

```
  10.0000 − 0.0000i      − 8.0000 − 0.0000i
   5.0000 − 0.0000i        0.0000 − 0.0000i
```

可见,返回的矩阵 U 和矩阵 T,满足 A＝U ∗ T ∗ U'关系。

7.11　qz——广义特征值问题的分解

1. 矩阵的广义特征值的分解简介

如将特征值的取值扩展到复数领域,则一个广义特征值有如下形式: $Av=\lambda Bv$,其中 A 和 B 为矩阵。其广义特征值(第二种意义)λ 可以通过求解方程$(A-\lambda B)v=0$,得到 $\det(A-\lambda B)=0$(其中 det 即行列式)构成形如 $A-\lambda B$ 的矩阵的集合。

2. 矩阵的广义特征值的分解命令说明

在 MATLAB 中,通过函数 qz()进行矩阵的广义特征值分解。该函数的调用格式为:

[AA,BB,Q,Z,V]＝qz(A,B)——对方阵 A、B 进行广义特征值的 QZ 复数分解,返回上三角矩阵 AA 和 BB,正交矩阵 Q、列变换形式矩阵 Z 和特征向量阵 V,且满足: Q ∗ A ∗ Z＝AA 和 Q ∗ B ∗ Z＝BB。

[AA,BB,Q,Z,V,W]＝qz(A,B)——同时产生矩阵 W,它的列为广义特征值。其他参数及结果同上。

[AA,BB,Q,Z,V]＝qz(A,B,flag)——对方阵 A、B 进行指定分解方式的广义特征值的 QZ 分解,参数 flag 指定分解方式。若 flag＝complex,则表示复数分解方式(默认),若 flag＝real,则表示实数分解方式。

3. 矩阵的广义特征值的分解例子

【例 7.25】　对方阵进行 QZ 分解。

解:

A = magic(5)

A =

```
    17    24     1     8    15
    23     5     7    14    16
     4     6    13    20    22
    10    12    19    21     3
    11    18    25     2     9
```

>> B = reshape(1:25,5,5)

B =

```
     1      6     11     16     21
     2      7     12     17     22
     3      8     13     18     23
     4      9     14     19     24
     5     10     15     20     25
```

`>>[AA,BB,Q,Z,V] = qz(A,B,'real')`

AA =

```
   21.2132    - 0.0000      3.6515      0.6764    - 5.1195
         0     65.0000    - 0.0000      0.0000      0.0000
         0           0     14.0238    - 5.7256      1.1084
         0           0           0     20.2992    - 0.6547
         0           0           0           0     12.9165
```

BB =

```
         0      7.0711    - 0.0000      0.0000    - 0.0000
         0     65.0000     25.8199    - 18.0666     16.0290
         0           0           0      0.0000      0.0000
         0           0           0           0      0.0000
         0           0           0           0           0
```

Q =

```
    0.6325      0.3162      0.0000    - 0.3162    - 0.6325
  - 0.4472    - 0.4472    - 0.4472    - 0.4472    - 0.4472
  - 0.0823      0.6175    - 0.7410    - 0.0412      0.2470
  - 0.6021      0.5087      0.3219      0.2386    - 0.4671
    0.1752    - 0.2447    - 0.3837      0.8009    - 0.3476
```

Z =

```
    0.2236    - 0.4472      0.8660           0           0
    0.2236    - 0.4472    - 0.2887    - 0.7545      0.3121
  - 0.8944    - 0.4472    - 0.0000    - 0.0000    - 0.0000
    0.2236    - 0.4472    - 0.2887      0.6475      0.4974
    0.2236    - 0.4472    - 0.2887      0.1069    - 0.8095
```

V =

```
    0.2500    - 0.5000    - 0.2500      0.2500    - 0.2500
    0.2500    - 0.5000    - 0.2500      0.2500    - 0.2500
  - 1.0000    - 1.0000      1.0000    - 1.0000      1.0000
    0.2500    - 0.5000    - 0.2500      0.2500    - 0.2500
    0.2500    - 0.5000    - 0.2500      0.2500    - 0.2500
```

% 以下验证 Q * A * Z = AA 和 Q * B * Z = BB
Q * A * Z
Q * B * Z
ans =

21.2132	− 0.0000	− 3.6515	4.2347	2.9553
− 0.0000	65.0000	− 0.0000	− 0.0000	0.0000
0.0000	− 0.0000	14.0238	4.6815	− 3.4777
0.0000	− 0.0000	0	17.0869	− 7.2041
− 0.0000	− 0.0000	0.0000	0.0000	15.3448

ans =

− 0.0000	7.0711	0.0000	0.0000	0
0.0000	65.0000	− 25.8199	− 24.0207	2.5175
− 0.0000	− 0.0000	0.0000	0.0000	− 0.0000
− 0.0000	− 0.0000	0.0000	0.0000	− 0.0000
0.0000	0.0000	− 0.0000	0.0000	0.0000

可见，$Q*A*Z=AA$ 和 $Q*B*Z=BB$。

[AA, BB, Q, Z, V] = qz(A, B, 'complex')

AA =

21.2132	− 0.0000	− 3.6515	0.6764	5.1195
0	65.0000	− 0.0000	− 0.0000	0.0000
0	0	14.0238	5.7256	1.1084
0	0	0	− 20.2992	− 0.6547
0	0	0	0	− 12.9165

BB =

0	7.0711	0.0000	0.0000	0.0000
0	65.0000	− 25.8199	− 18.0666	− 16.0290
0	0	0	− 0.0000	0.0000
0	0	0	0	0.0000
0	0	0	0	0

Q =

0.6325	0.3162	0.0000	− 0.3162	− 0.6325
− 0.4472	− 0.4472	− 0.4472	− 0.4472	− 0.4472
0.0823	− 0.6175	0.7410	0.0412	− 0.2470
0.6021	− 0.5087	− 0.3219	− 0.2386	0.4671
0.1752	− 0.2447	− 0.3837	0.8009	− 0.3476

Z =

0.2236	− 0.4472	− 0.8660	0	0
0.2236	− 0.4472	0.2887	− 0.7545	− 0.3121
− 0.8944	− 0.4472	− 0.0000	0.0000	0.0000
0.2236	− 0.4472	0.2887	0.6475	− 0.4974
0.2236	− 0.4472	0.2887	0.1069	0.8095

V =

| 0.2500 | − 0.5000 | 0.2500 | − 0.2500 | − 0.2500 |

0.2500	− 0.5000	0.2500	− 0.2500	− 0.2500
− 1.0000	− 1.0000	− 1.0000	1.0000	1.0000
0.2500	− 0.5000	0.2500	− 0.2500	− 0.2500
0.2500	− 0.5000	0.2500	− 0.2500	− 0.2500

```
% 以下验证 Q * A * Z = AA 和 Q * B * Z = BB
Q * A * Z
Q * B * Z
ans =
```

− 21.2132	− 0.0000	− 3.6515	0.6764	5.1195
0.0000	65.0000	0.0000	− 0.0000	0.0000
− 0.0000	− 0.0000	14.0238	5.7256	1.1084
0.0000	0.0000	0.0000	− 20.2992	− 0.6547
− 0.0000	0.0000	0	− 0.0000	− 12.9165

```
ans =
```

0.0000	7.0711	0.0000	0.0000	0.0000
0.0000	65.0000	− 25.8199	− 18.0666	− 16.0290
− 0.0000	− 0.0000	0.0000	0.0000	0.0000
− 0.0000	0.0000	− 0.0000	− 0.0000	− 0.0000
0.0000	0.0000	− 0.0000	− 0.0000	− 0.0000

可见, Q * A * Z = AA 和 Q * B * Z = BB。

7.12　gsvd——广义奇异值分解

1. 矩阵的广义奇异值分解简介

前面介绍了一个矩阵的奇异值分解。本节将讨论两个矩阵组成的矩阵束(A,B)的奇异值分解,这种分解称为广义奇异值分解。语法如下:

```
[U,V,X,C,S] = gsvd(A,B)
[U,V,X,C,S] = gsvd(A,B,0)
sigma = gsvd(A,B)
```

说明:[U,V,X,C,S] = gsvd(A,B)——返回酉矩阵 U 和 V、(通常)方阵 X 以及非负对角矩阵 C 和 S,以使 A = U * C * X′, B = V * S * X′, C′ * C + S′ * S = I。A 和 B 必须具有相同的列数,但可以具有不同的行数。如果 A 为 m×p 且 B 为 n×p,则 U 为 m×m, V 为 n×n, X 为 p×q, C 为 m×q 且 S 为 n×q(其中 q = min(m+n,p))。S 的非零元素始终在其主对角线上。C 的非零元素在对角线 diag(C,max(0,q−m)) 上。如果 m≥q,则这是 C 的主对角线。

[U,V,X,C,S] = gsvd(A,B,0)(其中 A 为 m×p 且 B 为 n×p)——生成精简分解,其中生成的 U 和 V 最多有 p 列, C 和 S 最多有 p 行。只要 m≥p 且 n≥p,则广义奇异值为 diag(C)./diag(S)。如果 A 为 m×p 且 B 为 n×p,则 U 为 m×min(q,m), V 为 n× min(q,n), X 为 p×q, C 为 min(q,m)×q 且 S 为 min(q,n)×q(其中 q = min(m+n,p))。

此命令也称为对矩阵 A、B 进行"维数最经济"的广义奇异值分解。

　　sigma＝gsvd(A,B)——返回广义奇异值的向量 sqrt(diag(C′ ∗ C). /diag(S′ ∗ S))。当 B 为方阵且为非奇异值时,广义奇异值 gsvd(A,B) 相当于普通奇异值 svd(A/B),但它们按相反顺序排列。其倒数为 gsvd(B,A)。向量 sigma 的长度为 q 且为非递减顺序。

　　2. 矩阵的广义奇异值分解的例子

【例 7.26】　对矩阵 A、B 进行广义奇异值分解。

解:

```
A = reshape(1:15,5,3)          % 生成一个 5×3 的矩阵
A =
      1      6     11
      2      7     12
      3      8     13
      4      9     14
      5     10     15

>> B = magic(3)                % 生成一个三阶魔方矩阵

B =

      8      1      6
      3      5      7
      4      9      2

>>[U,V,X,C,S] = gsvd(A,B)      %c 广义奇异值分解
U =                            % 得到 5×5 正交矩阵

    0.5272     0.6457    - 0.4279    - 0.0122     0.3492
  - 0.8283     0.3296    - 0.4375     0.0496     0.1067
    0.1161     0.0135    - 0.4470    - 0.4510    - 0.7637
    0.1443    - 0.3026    - 0.4566     0.8020    - 0.1898
    0.0409    - 0.6187    - 0.4661    - 0.3884     0.4975
V =                            % 得到 3×3 正交矩阵
    0.7071    - 0.6946      0.1325
  - 0.0000    - 0.1874    - 0.9823
  - 0.7071    - 0.6946      0.1325
X =                            % 得到 3×3 非奇异阵
    2.8284    - 9.3761    - 6.9346
  - 5.6569    - 8.3071    - 18.3301
    2.8284    - 7.2381    - 29.7256
C =                            %C 为非负对角矩阵,因 A 不满秩,所以第 1 个对角元素为 0
  0.0000         0          0
       0    0.3155          0
       0         0     0.9807
       0         0          0
       0         0          0
S =                            %S 也为非负对角矩阵
  1.0000         0          0
       0    0.9489          0
```

$$0 \qquad 0 \quad 0.1957$$

验证：$C' * C + S' * S = I$。

```
C' * C + S' * S

ans =

    1.0000         0         0
         0    1.0000         0
         0         0    1.0000
```

所以 $C' * C + S' * S = I$ 得证。

【例 7.27】 对矩阵 A、B(上例)进行"维数最经济"广义奇异值分解。

解：

```
A = reshape(1:15,5,3)                    %生成一个 5×3 的矩阵
A =
    1    6   11
    2    7   12
    3    8   13
    4    9   14
    5   10   15
>> B = magic(3)                          %生成一个三阶魔方矩阵
B =

    8    1    6
    3    5    7
    4    9    2
[U, V, X, C, S] = gsvd(A, B, 0)
U =                                       %得到 5×3 正交矩阵
     0.5700   - 0.6457   - 0.4279
   - 0.7455   - 0.3296   - 0.4375
   - 0.1702   - 0.0135   - 0.4470
     0.2966     0.3026   - 0.4566
     0.0490     0.6187   - 0.4661
V =                                       %得到 3×3 正交矩阵
     0.7071     0.6946     0.1325
   - 0.0000     0.1874   - 0.9823
   - 0.7071     0.6946     0.1325
X =                                       %得到 3×3 非奇异阵
     2.8284     9.3761   - 6.9346
   - 5.6569     8.3071   - 18.3301
     2.8284     7.2381   - 29.7256
C =                                       %c 为非负对角矩阵,因 A 不满秩,所以第 1 个
                                          %对角元素为 0
     0.0000         0         0
         0    0.3155         0
         0         0    0.9807
S =                                       %c 非负对角矩阵
     1.0000         0         0
```

```
        0      0.9489         0
        0         0      0.1957
```

验证：$C' * C + S' * S = I$。

```
C' * C + S' * S
ans =

   1.0000        0        0
        0   1.0000        0
        0        0   1.0000
```

所以 $C' * C + S' * S = I$ 得证。

7.13 rsf2csf——实 Schur 向复 Schur 转化

将实 Schur 分解转化为复 Schur 分解。

[U1,T1] = rsf2csf(U,T)——将矩阵 A 的实 Schur 分解形式结果 U、T 转化成复 Schur 形式 U1、T1。

【例 7.28】 将矩阵 A 的实 Schur 形式转化为复 Schur 形式。

解：

```
A = [1 1 2 5;1 2 3 1;1 1 3 2;-3 2 1 5]

A =

    1    1    2    5
    1    2    3    1
    1    1    3    2
   -3    2    1    5

>>[U,T] = schur(A)

U =

   -0.5422   -0.4701   -0.6299    0.2971
   -0.6163    0.4746    0.4035    0.4819
   -0.5415    0.1737   -0.0507   -0.8210
   -0.1818   -0.7236    0.6617   -0.0740
T =

    5.8109    2.2971   -3.6336    2.6504
         0    2.2917   -5.2201    0.4652
         0    1.4978    2.2917   -0.3854
         0         0         0    0.6056
```

```
>>[U1,T1] = rsf2csf(U,T)

U1 =

  - 0.5422     - 0.2974 - 0.4144i     0.2220 + 0.5553i     0.2971
  - 0.6163       0.1905 + 0.4183i   - 0.2241 - 0.3557i     0.4819
  - 0.5415     - 0.0239 + 0.1531i   - 0.0820 + 0.0447i   - 0.8210
  - 0.1818       0.3124 - 0.6379i     0.3417 - 0.5833i   - 0.0740
T1 =

    5.8109     - 1.7157 + 2.0249i   - 1.0847 + 3.2030i     2.6504
         0       2.2917 + 2.7962i     3.7223 - 0.0000i   - 0.1820 - 0.4100i
         0              0             2.2917 - 2.7962i   - 0.2196 - 0.3397i
         0              0                    0             0.6056
```

7.14 dmperm——Dulmage-Mendelsohn 分解

1. 矩阵的 Dulmage-Mendelsohn 分解简介

如果列 j 与行 i 匹配,那么 p＝dmperm(A) 得到的结果为向量 p,这样 p(j)＝i,如果列 j 与其不匹配,得到的结果为零。如果 A 是具有完整结构秩的方阵,则 p 是最大匹配行置换并且 A(p,:) 包含非零对角线。A 的结构秩是 sprank(A)＝sum(p＞0)。

[p,q,r,s,cc,rr] ＝ dmperm(A)(其中 A 无须是方阵或完整结构秩):计算 A 的 Dulmage-Mendelsohn 分解。p 和 q 分别是行和列置换向量,这样 A(p,q) 包含分块上三角形。r 和 s 是索引向量,指示精细分解的块边界。cc 和 rr 是长度为 5 的向量,指示粗略分解的块边界。C ＝ A(p,q) 拆分为 4×4 组粗略块:

```
A11    A12    A13    A14
  0      0    A23    A24
  0      0      0    A34
  0      0      0    A44
```

其中 A12、A23 和 A34 是具有非零对角线的方阵。A11 的列是不匹配的列,A44 的行是不匹配的行。这些块中的任何块都可以为空。在粗略分解中,(i,j)th 块是 C(rr(i)：rr(i＋1)－1,cc(j)：cc(j＋1)－1)。

对于线性方程组,[A11 A12]是方程组的欠定部分,它始终都是包含更多列和行的矩形或 0×0;A23 是方程组的确定部分,它始终都是方形,并且 [A34；A44]是方程组的超定部分,它始终都是包含的行数比列数多的矩形或 0×0。

A 的结构秩是 sprank(A) ＝ rr(4)－1,这是 A 数值秩的上限。在精确算术运算中,在概率为 1 的情况下,sprank(A) ＝ rank(full(sprand(A)))。A23 子矩阵通过精细分解(A23 的强连通分量)进一步细分为分块上三角矩阵。如果 A 为方阵并且是非奇异结构,则 A23 是整个矩阵。C(r(i)：r(i+1)－1,s(j)：s(j+1)－1) 是精细分解的第 (i,j) 块。(1,1) 块是矩形块 [A11 A12],除非该块为 0×0。(b,b) 块是矩形块 [A34；A44],除非

该块为 0×0,其中 b = length(r)-1。C(r(i)：r(i+1)-1,s(i)：s(i+1)-1) 形式的其他所有块是 A23 的对角线块,并且是具有非零对角线的方阵。有关详细信息,请参阅 help dmperm。

2. 矩阵的 Dulmage-Mendelsohn 分解命令说明

在 MATLAB 中,通过函数 dmperm()进行矩阵的 Dulmage-Mendelsohn 分解。其调用格式为:

p=dmperm(A)——对矩阵 A 进行 Dulmage-Mendelsohn 分解得到行交换向量 p。

[p,q,r]=dmperm(A)——对方阵 A 进行 Dulmage-Mendelsohn 分解得到行交换向量 p、列交换向量 q 和索引向量 r。

[p, q, r, s] = dmperm (A)——对非方阵矩阵或非满秩矩阵 A 进行 Dulmage-Mendelsohn 分解得到行交换向量 p、列交换向量 q 和索引向量 r、s。

3. 矩阵的 Dulmage-Mendelsohn 分解例子

【例 7. 29】 利用函数 dmperm()对以下矩阵 A 作 Dulmage-Mendelsohn 分解。

$$A = \begin{bmatrix} 9 & 6 & 5 & 1 \\ 12 & 32 & 8 & 9 \\ 21 & 56 & 1 & 2 \end{bmatrix}$$

解:

```
A = [9 6 5 1;12 32 8 9;21 56 1 2]          % 生成一个 3×4 矩阵

A =

    9    6    5    1
   12   32    8    9
   21   56    1    2


>>[p,q,r,s] = dmperm(A)                      % Dulmage - Mendelsohn 分解
p =

    1    2    3
q =

    4    1    2    3
r =

    1    4
s =

    1    5

p = dmperm(A)
p =

    1    2    3    0
```

【例 7.30】 利用函数 dmperm( )对以下矩阵 A 作 Dulmage-Mendelsohn 分解。

$$A = \begin{pmatrix} 9 & 0 & 43 & 0 \\ 61 & 5 & 0 & 44 \\ 3 & 22 & 0 & 24 \\ 0 & 9 & 63 & 2 \end{pmatrix}$$

解：

```
A = [9 0 43 0;61 5 0 44;3 22 0 24;0 9 63 2]          % 生成一个 4×4 矩阵
[p,q,r] = dmperm(A)                                  % Dulmage - Mendelsohn 分解
a = A(p,q)
A =

     9      0     43      0
    61      5      0     44
     3     22      0     24
     0      9     63      2
p =
     1      2      4      3
q =

     1      2      3      4
r =
     1      5
a =
     9      0     43      0
    61      5      0     44
     0      9     63      2
     3     22      0     24
p = dmperm(A)
p =
     1      2      4      3
a = A(p,:)

a =
     9      0     43      0
    61      5      0     44
     0      9     63      2
     3     22      0     24
```

7.15 rref——计算行阶梯矩阵及向量组的基

在 MATLAB 中,通过函数 rref( )计算行阶梯矩阵及向量组的基。其调用格式为:

R=rref(A)——使用高斯-约当消元法和行主元法计算矩阵 A 的最简行矩阵 R。

[R,jb]=rref(A)——使用高斯-约当消元法和行主元法计算矩阵 A 的最简行矩阵 R,
并返回一个向量 jb。jb 的含义为:向量 jb 的长度值为 A 的秩;A(:,jb)为 A 的列向量基;

jb 中元素表示基向量所在的列。

[R,jb]＝rref(A,tol)——在指定精度 tol 下用高斯-约当消元法和行主元法计算矩阵 A 的最简行矩阵 R 和向量 jb。

【例 7.31】 将矩阵 A 化为行最简形。

解：

```
A = [1 3 0;2 7 6;9 6 1]
A =
    1    3    0
    2    7    6
    9    6    1
>>[R,jb] = rref(A,0.001)
R =

    1    0    0
    0    1    0
    0    0    1
jb =

    1    2    3
```

【例 7.32】 将矩阵 A 化为行最简形。

解：

```
A = [3 2 0 1;2 4 - 2 2;0 - 2 5 0;1 4 5 2]
A =
    3     2     0     1
    2     4    - 2     2
    0    - 2     5     0
    1     4     5     2
>>[R,jb] = rref(A,0.001)
A =

    3     2     0     1
    2     4    - 2     2
    0    - 2     5     0
    1     4     5     2
R =

    1     0     0     0
    0     1     0     0
    0     0     1     0
    0     0     0     1
jb =

    1     2     3     4
```

7.16 qrdelete——对矩阵删除列/行后 QR 分解

在 MATLAB 中,函数 qrdelete()的作用是对删除列/行后的矩阵做 QR 分解。其调用格式为:

[Q1,R1]=qrdelete(Q,R,j)或[Q1,R1]=qrdelete(Q,R,j,'col')——根据某矩阵的 QR 分解结果 Q、R 恢复原矩阵,并删除原矩阵中的第 j 列,再对删除列后的新矩阵进行 QR 分解,返回分解结果 Q1 和 R1。其中,j 为小于或等于原矩阵列数的整数。

[Q1,R1]=qrdelete(Q,R,j,'row')——根据某矩阵的 QR 分解结果 Q、R 恢复原矩阵,并删除原矩阵中的第 j 行,再对删除行后的新矩阵进行 QR 分解,返回分解结果 Q1 和 R1。其中,j 为小于或等于原矩阵行数的整数。

【例 7.33】 从以下矩阵 A 中删去一列,再进行 QR 分解。

$$A = \begin{pmatrix} 1 & 2 & 3 \\ 4 & 5 & 6 \\ 7 & 8 & 9 \\ 10 & 11 & 12 \end{pmatrix}$$

解:

```
A = [1 2 3;4 5 6;7 8 9;10 11 12]
A =
     1     2     3
     4     5     6
     7     8     9
    10    11    12
>>[Q,R] = qr(A)                              % QR 分解
Q =

   -0.0776   -0.8331    0.5405   -0.0885
   -0.3105   -0.4512   -0.6547    0.5209
   -0.5433   -0.0694   -0.3121   -0.7763
   -0.7762    0.3124    0.4263    0.3439
R =
  -12.8841  -14.5916  -16.2992
        0   -1.0413   -2.0826
        0        0   -0.0000
        0        0        0

>>[Q1,R1] = qrdelete(Q,R,2)                  % 删除第 2 列后,再进行 QR 分解
Q1 =

   -0.0776    0.8331   -0.5405   -0.0885
   -0.3105    0.4512    0.6547    0.5209
   -0.5433    0.0694    0.3121   -0.7763
   -0.7762   -0.3124   -0.4263    0.3439
R1 =
```

```
            -12.8841    -16.2992
                   0      2.0826
                   0           0
                   0           0
[Q1,R1] = qrdelete(Q,R,1)                        % 删除第 1 列后,再进行 QR 分解
Q1 =
             0.1367      0.8254      0.5405     -0.0885
             0.3418      0.4280     -0.6547      0.5209
             0.5469      0.0306     -0.3121     -0.7763
             0.7519     -0.3669      0.4263      0.3439
R1 =
            14.6287     16.4061
                   0      0.9171
                   0           0
                   0           0
>>[Q1,R1] = qrdelete(Q,R,3)                      % 删除第 3 列后,再进行 QR 分解
Q1 =
            -0.0776     -0.8331      0.5405     -0.0885
            -0.3105     -0.4512     -0.6547      0.5209
            -0.5433     -0.0694     -0.3121     -0.7763
            -0.7762      0.3124      0.4263      0.3439
R1 =
            -12.8841    -14.5916
                   0     -1.0413
                   0           0
                   0           0
```

【例 7.34】 从以下矩阵 A 中删去一行,再进行 QR 分解。

$$A = \begin{pmatrix} 1 & 2 & 3 \\ 4 & 5 & 6 \\ 7 & 8 & 9 \\ 10 & 11 & 12 \end{pmatrix}$$

解:

```
A = [1 2 3;4 5 6;7 8 9;10 11 12]
A =
         1       2       3
         4       5       6
         7       8       9
        10      11      12
>>[Q,R] = qr(A)                                  % QR 分解
Q =

            -0.0776     -0.8331      0.5405     -0.0885
            -0.3105     -0.4512     -0.6547      0.5209
            -0.5433     -0.0694     -0.3121     -0.7763
            -0.7762      0.3124      0.4263      0.3439
R =
            -12.8841    -14.5916    -16.2992
                   0     -1.0413     -2.0826
```

```
         0         0    - 0.0000
         0         0         0
[Q1,R1] = qrdelete(Q,R,2,'row')                    % 删除第 2 行后,再进行 QR 分解
Q1 =
    0.0816      0.9602    - 0.2673
    0.5715      0.1746      0.8018
    0.8165    - 0.2182    - 0.5345
R1 =
   12.2474    13.7171    15.1868
         0      0.9165      1.8330
         0         0      0.0000
>>[Q1,R1] = qrdelete(Q,R,3,'row')                  % 删除第 3 行后,再进行 QR 分解
Q1 =
    0.0925      0.8401      0.5345
    0.3698      0.4695    - 0.8018
    0.9245    - 0.2718      0.2673
R1 =
   10.8167    12.2034    13.5902
         0      1.0377      2.0755
         0         0    - 0.0000
>>[Q1,R1] = qrdelete(Q,R,1,'row')                  % 删除第 1 行后,再进行 QR 分解
Q1 =
    0.3114      0.8581      0.4082
    0.5449      0.1907    - 0.8165
    0.7785    - 0.4767      0.4082
R1 =
   12.8452    14.4801    16.1149
         0      0.5721      1.1442
         0         0    - 0.0000
[Q1,R1] = qrdelete(Q,R,4,'row')                    % 删除第 4 行后,再进行 QR 分解
Q1 =
    0.1231      0.9045    - 0.4082
    0.4924      0.3015      0.8165
    0.8616    - 0.3015    - 0.4082
R1 =
    8.1240      9.6011    11.0782
         0      0.9045      1.8091
         0         0      0.0000
```

7.17 qinsert——对矩阵添加列/行后 QR 分解

在 MATLAB 中,函数 qinsert()的作用是对添加列/行后的矩阵做 QR 分解。其调用
格式为:

[Q1,R1]=qrinsert(Q,R,j,x)或[Q1,R1]=qrinsert(Q,R,j,x,'col')——根据某矩阵
的 QR 分解结果 Q、R 恢复原矩阵,并在原矩阵中的第 j 列后插入向量 x,再对插入向量后的
新矩阵进行 QR 分解,返回分解结果 Q1 和 R1。若 j 大于原矩阵列数,则将在 A 的最后列插

入 x。

[Q1,R1]＝qrinsert(Q,R,j,x,'row')——根据某矩阵的 QR 分解结果 Q、R 恢复原矩阵,并在原矩阵中的第 j 行后插入向量 x,再对删除行后的新矩阵进行 QR 分解,返回分解结果 Q1 和 R1。若 j 大于原矩阵行数,则将在 A 的最后行插入 x。

【例 7.35】 生成一个三阶魔方矩阵 A,对矩阵 A 增加一行(1,2,3),然后对其进行 QR 分解。

解:

```
magic(3)
ans =
      8    1    6
      3    5    7
      4    9    2
>>[Q,R] = qr(A)
Q =
     - 0.0776    - 0.8331      0.5405    - 0.0885
     - 0.3105    - 0.4512    - 0.6547      0.5209
     - 0.5433    - 0.0694    - 0.3121    - 0.7763
     - 0.7762      0.3124      0.4263      0.3439
R =
     - 12.8841    - 14.5916    - 16.2992
            0    - 1.0413    - 2.0826
            0          0    - 0.0000
            0          0          0
>> x = 1:3
x =
      1    2    3
>>[Q1,R1] = qrinsert(Q,R,4,x,'row')

Q1 =

      0.0774      0.6370    - 0.7599    - 0.0545    - 0.0885
      0.3095      0.3318      0.2963    - 0.6595      0.5209
      0.0774      0.6370      0.5002      0.5814          0
      0.5417      0.0265      0.1866    - 0.2617    - 0.7763
      0.7738    - 0.2787    - 0.2232      0.3943      0.3439
R1 =

      12.9228      14.7026      16.4824
            0      1.3536      2.7073
            0          0      0.0000
            0          0          0
            0          0          0
```

【例 7.36】 在以下矩阵 A 中的最后一列,增加列向量 $x^T = (1,2,3,4)$ 生成一个四阶方阵,然后对其进行 QR 分解。

$$A = \begin{pmatrix} 8 & 1 & 6 \\ 3 & 5 & 7 \\ 4 & 9 & 2 \\ 1 & 2 & 3 \end{pmatrix}$$

解：

```
A = [8 1 6;3 5 7;4 9 2;1 2 3]
[Q,R] = qr(A)
A =
     8     1     6
     3     5     7
     4     9     2
     1     2     3
Q =
   - 0.8433     0.5299   - 0.0850     0.0302
   - 0.3162   - 0.3555     0.7715   - 0.4225
   - 0.4216   - 0.7535   - 0.5035     0.0302
   - 0.1054   - 0.1584     0.3796     0.9054
R =
   - 9.4868   - 6.4300   - 8.4327
         0   - 8.3460   - 1.2914
         0         0     5.0221
         0         0         0
x = 1:4

x =
     1     2     3     4
>> x = x'
x =
     1
     2
     3
     4
>>[Q1,R1] = qrinsert(Q,R,4,x)

Q1 =

   - 0.8433     0.5299   - 0.0850     0.0302
   - 0.3162   - 0.3555     0.7715   - 0.4225
   - 0.4216   - 0.7535   - 0.5035     0.0302
   - 0.1054   - 0.1584     0.3796     0.9054


R1 =

   - 9.4868   - 6.4300   - 8.4327   - 3.1623
         0   - 8.3460   - 1.2914   - 3.0753
         0         0     5.0221     1.4659
         0         0         0     2.8971
```

7.18 nnz——统计矩阵中非零元素的个数

在 MATLAB 中，通过函数 nnz()统计矩阵中非零元素的个数。其调用格式为：

n＝nnz(X)——统计矩阵 X 中非零元素的个数 n。

【例 7.37】 统计稀疏矩阵中非零元素的个数。

解:

```
X = sparse([1234],[2341],[3469])        %产生一稀疏矩阵
n = nnz(X)                              %统计矩阵中非零元素的个数
X =
  (4,1)        9
  (1,2)        3
  (2,3)        4
  (3,4)        6
n =
     4
```

可见,统计矩阵中非零元素的个数是 4。

【例 7.38】 统计矩阵中非零元素的个数。

解:

```
A = [8 1 6;3 5 7;4 9 2;1 2 3]
A =
     8     1     6
     3     5     7
     4     9     2
     1     2     3
>> n = nnz(A)
n =
    12
```

可见,矩阵中非零元素的个数是 12。

【例 7.39】 统计矩阵中非零元素的个数。

解:

```
A = [8 0 6;3 0 7;4 0 2;0 0 3]
n = nnz(A)
A =
     8     0     6
     3     0     7
     4     0     2
     0     0     3
n =
     7
```

可见,矩阵中非零元素的个数是 7。

7.19 nonzeros——将矩阵中非零元素构成列向量

在 MATLAB 中,通过函数 nonzeros()将矩阵中的非零元素构成列向量。其调用格式为:

m＝nonzeros(X)——将矩阵 X 中非零元素按列顺序构成列向量 m。

【例 7.40】 将矩阵中非零元素构成列向量。

解：

```
A = [8 0 6;3 0 7;4 0 2;0 0 3]

A =
    8    0    6
    3    0    7
    4    0    2
    0    0    3
>> m = nonzeros(A)
m =
    8
    3
    4
    6
    7
    2
    3
```

【例 7.41】 将矩阵中非零元素构成列向量。

解：

```
A = randn(3)
A =
   - 0.4326    0.2877    1.1892
   - 1.6656   - 1.1465   - 0.0376
     0.1253    1.1909    0.3273
>> m = nonzeros(A)
m =
   - 0.4326
   - 1.6656
     0.1253
     0.2877
   - 1.1465
     1.1909
     1.1892
   - 0.0376
     0.3273
```

7.20 nzmax——计算矩阵中非零元素分配的存储空间数

在 MATLAB 中，通过函数 nzmax()计算矩阵中非零元素分配的存储空间数。其调用格式为：

m＝nzmax(X)——计算矩阵 X 中非零元素分配的存储空间数 m。

【例 7.42】　计算矩阵非零元素分配的存储空间数。

解：

```
X = sparse([1 2 3 4],[2 3 4 1],[3 4 6 9])    %产生一稀疏矩阵
m = nzmax(X)                                  %计算矩阵 X 中非零元素分配的存储空间
X =
    (4,1)        9
    (1,2)        3
    (2,3)        4
    (3,4)        6
m =
    4
full(X)

ans =

    0    3    0    0
    0    0    4    0
    0    0    0    6
    9    0    0    0
```

可见，矩阵 X 中非零元素分配的存储空间数是 4。

【例 7.43】　计算矩阵非零元素分配的存储空间数。

解：

```
A = randn(3)
m = nzmax(A)
A =
    0.1746    -0.5883     0.1139
   -0.1867     2.1832     1.0668
    0.7258    -0.1364     0.0593
m =
    9
```

可见，矩阵 A 中非零元素分配的存储空间数是 9。

【例 7.44】　计算矩阵非零元素分配的存储空间数。

解：

```
A = [1 0 0;0 1 3;3 5 0]
m = nzmax(A)
A =

    1    0    0
    0    1    3
    3    5    0
m =
    9
```

可见，矩阵 A 中非零元素分配的存储空间数是 9。

7.21 chol——Cholesky 分解

1. 矩阵的 Cholesky 分解简介

对于正定矩阵,可以分解为上三角矩阵和下三角矩阵的乘积,这种分解称为 Cholesky 分解。Cholesky 分解的前提是必须是对称正定矩阵。矩阵的所有对角元素必须是正的,同时矩阵的非对角元素不能太大。

2. 矩阵的 Cholesky 分解命令说明

在 MATLAB 中,通过函数 chol() 进行矩阵的 Cholesky 分解。分解时,最好通过函数 eig() 得到矩阵的所有特征值,检查矩阵特征值是否为正。该函数的调用格式为:

R=chol(A)——该函数对正定矩阵 A 进行 Cholesky 分解,返回值 R 为上三角矩阵,满足 $A=A' * R$。如果 A 不是正定矩阵,则返回出错信息。

[R,p]=chol(A)——当矩阵 A 是正定矩阵时,进行 Cholesky 分解,返回值 R 为上三角矩阵,满足 $A=A' * R, p=0$。如果 A 不是正定矩阵,则返回值 p 是一个正整数,R 为上三角矩阵,其阶数为 $p-1$,且满足 $A(1: p-1,1: p-1)=R' * R$。

3. 矩阵的 Cholesky 分解的例子

【例 7.45】 先生成一个五阶帕斯卡矩阵,再进行 Cholesky 分解。

解:

```
X = pascal(5)
[R,P] = chol(X)

X =

    1    1    1    1    1
    1    2    3    4    5
    1    3    6   10   15
    1    4   10   20   35
    1    5   15   35   70
R =

    1    1    1    1    1
    0    1    2    3    4
    0    0    1    3    6
    0    0    0    1    4
    0    0    0    0    1
P =
    0
R' * R

ans =

    1    1    1    1    1
    1    2    3    4    5
```

```
    1    3    6    10    15
    1    4    10   20    35
    1    5    15   35    70
```

因为 pascal 矩阵为正定矩阵，可分解出上三角矩阵 R。经检验也满足条件 A＝A′＊R。

【例 7.46】 对以下三阶矩阵 A 进行 Cholesky 分解。

$$A=\begin{pmatrix} 3 & 2 & 0 \\ 2 & 4 & -2 \\ 0 & -2 & 5 \end{pmatrix}$$

解：

```
A = [3 2 0;2 4 - 2;0 - 2 5]
[R,P] = chol(A)

A =

    3    2    0
    2    4   -2
    0   -2    5
R =

    1.7321    1.1547        0
        0    1.6330   -1.2247
        0        0    1.8708
P =

    0
>> R' * R

ans =

    3.0000    2.0000        0
    2.0000    4.0000   -2.0000
        0   -2.0000    5.0000
```

$R=\begin{bmatrix} 1.7312 & 1.1547 & 0 \\ 0 & 1.6330 & -1.2247 \\ 0 & 0 & 1.8708 \end{bmatrix}$ 为分解出的上三角矩阵。经检验也满足条件 A＝

A′＊R。

【例 7.47】 对以下二阶矩阵 A 进行 Cholesky 分解。

$$A=\begin{pmatrix} 1 & 2 \\ 3 & 2 \end{pmatrix}$$

解：

```
A = [1 2;3 2]
[R,P] = chol(A)

A =

    1    2
    3    2
```

```
R =


      1
P =


      2
```

因为 A 不是正定矩阵,p＝2,不等于 0。R 的阶数为 p－1＝1。

【例 7.48】 对以下包含一个大数的正定矩阵 A 进行 Cholesky 分解。

$$A = \begin{pmatrix} 1 & 0 & 3 & 0 \\ 0 & 25 & 0 & 30 \\ 3 & 0 & 9 & 0 \\ 0 & 30 & 0 & 661 \end{pmatrix}$$

解：

A = [1 0 3 0;0 25 0 30;3 0 9 0;0 30 0 661]

```
A =

      1      0      3      0
      0     25      0     30
      3      0      9      0
      0     30      0    661
```

>>[R,P] = chol(A)

```
R =

      1      0
      0      5
P =


      3
```

可见,R 不是同阶的上三角矩阵,P 也不为 0。但 R 为阶数为(p－1)×2 的上三角矩阵。现在看一下矩阵 A 的特征值。

[V,D] = eig(A)

```
V =

    -0.9487   -0.3162         0         0
          0         0    0.9989    0.0470
     0.3162   -0.9487         0         0
          0         0   -0.0470    0.9989
D =

     0.0000         0         0         0
          0   10.0000         0         0
          0         0   23.5880         0
```

$$0 \qquad 0 \qquad 0 \quad 662.4120$$

可见,矩阵 A 有一个特征值不大于 0,那就不是正定矩阵。

【例 7.49】 对以下二阶矩阵 A,进行 Cholesky 分解。

$$A = \begin{pmatrix} 2 & 1 \\ 1 & 2 \end{pmatrix}$$

解:

```
A = [2 1;1 2]
A =
    2    1
    1    2

>>[R,P] = chol(A)

R =

    1.4142    0.7071
         0    1.2247
P =

    0
R' * R

ans =
    2.0000    1.0000
    1.0000    2.0000
```

$R = \begin{pmatrix} 1.4142 & 0.7071 \\ 0 & 1.2247 \end{pmatrix}$ 为分解出的上三角矩阵。经检验也满足条件 $A = A' * R$。

解这类题的一般步骤是:先通过 eig() 得到矩阵的特征值,看特征值是否全为正,即矩阵是否为正定的。若是正定矩阵,再用 chol() 函数进行 Cholesky 分解。最后,用公式 $A = A' * R$ 验证分解结果。

7.22 矩阵的逻辑运算

1. 矩阵的逻辑运算简介

表 7-1 与逻辑真值表

A	B	Y
0	0	0
0	1	0
1	0	0
1	1	1

表 7-2 或逻辑真值表

A	B	Y
0	0	0
0	1	1
1	0	1
1	1	1

矩阵的逻辑运算包括与、或、非和异或等。表 7-1～表 7-4 依次为与、或、非、异或逻辑真值表。在表 7-1 中,对于与门电路,所有输入端(输入端的个数大于等于 2)中只要有一个输入端为 0,则输出端便为 0。只有当所有输入端都为 1 时输出端才为 1。

<table>
<tr><td colspan="2">表 7-3　非逻辑真值表</td></tr>
<tr><td>A</td><td>Y</td></tr>
<tr><td>0</td><td>1</td></tr>
<tr><td>1</td><td>0</td></tr>
</table>

<table>
<tr><td colspan="3">表 7-4　异或逻辑真值表</td></tr>
<tr><td>A</td><td>B</td><td>Y</td></tr>
<tr><td>0</td><td>0</td><td>0</td></tr>
<tr><td>0</td><td>1</td><td>1</td></tr>
<tr><td>1</td><td>0</td><td>1</td></tr>
<tr><td>1</td><td>1</td><td>0</td></tr>
</table>

语法如下:

C＝A&B 或 C＝and(A,B)——与运算,对矩阵 A 与 B 中对应元素进行与运算,返回结果矩阵 C。A、B、C 大小相同。若 A、B 对应元素皆非零,则 C 对应元素的值为 1,否则为 0。

C＝A|B 或 C＝or(A,B)——或运算,对矩阵 A 与 B 中对应元素进行或运算,返回结果矩阵 C。A、B、C 大小相同。若 A、B 对应元素皆为零,则 C 对应元素的值为 0,否则为 1。

C＝～A 或 C＝not(A,B)——非运算,对矩阵 A 中元素进行非运算,返回结果矩阵 C。A、B、C 大小相同。若矩阵 A 的元素皆为零,则 C 对应元素的值为 1,否则为 0。

C＝xor(A,B)——异或运算,对矩阵 A 与 B 中对应元素进行异或运算,返回结果矩阵 C。A、B、C 大小相同。若 A、B 对应元素中一个为零,一个非零,则 C 对应元素的值为 1,否则为 0。

2. 矩阵的逻辑运算的例子

【例 7.50】 对以下矩阵 A 和 B 进行各种逻辑运算。

$$A=\begin{pmatrix}1&2&3\\4&5&6\\7&8&9\end{pmatrix}, \quad B=\begin{pmatrix}1&3&5\\2&4&6\\7&8&9\end{pmatrix}$$

解:

```
A = [1 2 3;4 5 6;7 8 9]
A =
    1    2    3
    4    5    6
    7    8    9
>> B = [1 3 5;2 4 6;7 8 9]
B =
    1    3    5
    2    4    6
    7    8    9
>> C1 = A&B, C2 = A|B, C3 = ～A, C4 = xor(A,B)
C1 =
    1    1    1
```

```
         1    1    1
         1    1    1
C2 =
         1    1    1
         1    1    1
         1    1    1
C3 =
         0    0    0
         0    0    0
         0    0    0
C4 =
         0    0    0
         0    0    0
         0    0    0
```

【例 7.51】 对以下矩阵 A 和 B 进行各种逻辑运算。

$$A = \begin{bmatrix} 1 & 2 & 3 \\ 4 & 5 & 6 \\ 7 & 8 & 9 \end{bmatrix}, \quad B = \begin{bmatrix} 0 & 0 & 0 \\ 0 & 0 & 0 \\ 0 & 0 & 0 \end{bmatrix}$$

解：

```
A = [1 2 3;4 5 6;7 8 9]
B = [0 0 0;0 0 0;0 0 0]
C1 = A&B,C2 = A|B,C3 = ~A,C4 = xor(A,B)
A =
         1    2    3
         4    5    6
         7    8    9
B =
         0    0    0
         0    0    0
         0    0    0
C1 =
         0    0    0
         0    0    0
         0    0    0
C2 =
         1    1    1
         1    1    1
         1    1    1
C3 =
         0    0    0
         0    0    0
         0    0    0
C4 =
         1    1    1
         1    1    1
         1    1    1
```

7.23 矩阵比较运算

1. 矩阵比较运算简介

对两个矩阵的对应元素进行比较,若比较关系满足,则将结果矩阵中对应的位置置为 1,否则置为 0。在使用关系运算时,应该保证两个矩阵的维数一致或其中一个矩阵为标量。

＞大于关系

＜小于关系

＝＝等于关系

＞＝大于或等于关系

＜＝小于或等于关系

～＝不等于关系

2. 矩阵比较运算的例子

【例 7.52】 对以下矩阵 A 和 B 进行各种比较运算,并求出 A 中大于等于 5 的元素的下标。

$$A=\begin{pmatrix} 1 & 2 & 3 \\ 4 & 5 & 6 \\ 7 & 8 & 9 \end{pmatrix}, \quad B=\begin{pmatrix} 1 & 3 & 5 \\ 2 & 4 & 6 \\ 7 & 8 & 9 \end{pmatrix}$$

解:

```
A = [1 2 3;4 5 6;7 8 9]
B = [1 3 5;2 4 6;7 8 9]
>> C1 = A == B,C2 = A >= B,C3 = A ~ = B
A =
   1    2    3
   4    5    6
   7    8    9
B =
   1    3    5
   2    4    6
   7    8    9
C1 =
   1    0    0
   0    0    1
   1    1    1
C2 =
   1    0    0
   1    1    1
   1    1    1
C3 =
   0    1    1
   1    1    0
   0    0    0
```

```
>> find(A > = 5)
ans =
   3
   5
   6
   8
   9
```

三阶矩阵元素排列下标的顺序是：

$$\begin{pmatrix} 1 & 4 & 7 \\ 2 & 5 & 8 \\ 3 & 6 & 9 \end{pmatrix}$$

故，元素排列下标 3、5、6、8、9 对应的元素都是大于或等于 5 的。

【例 7.53】 对以下矩阵 A 和 B 进行各种比较运算，并求出 A 中小于或等于 5 的元素的下标。

$$A = \begin{pmatrix} 1 & 2 & 3 \\ 4 & 5 & 6 \\ 7 & 8 & 9 \end{pmatrix}, \quad B = \begin{pmatrix} 0 & 0 & 0 \\ 0 & 0 & 0 \\ 0 & 0 & 0 \end{pmatrix}$$

解：

```
A = [1 2 3;4 5 6;7 8 9]
B = [0 0 0;0 0 0;0 0 0]
C1 = A == B,C2 = A > = B,C3 = A~ = B
A =
    1    2    3
    4    5    6
    7    8    9
B =
    0    0    0
    0    0    0
    0    0    0
C1 =
    0    0    0
    0    0    0
    0    0    0
C2 =
    1    1    1
    1    1    1
    1    1    1
C3 =
    1    1    1
    1    1    1
    1    1    1
find(A < = 5)
ans =
    1
    2
    4
```

```
5
7
```

可见,矩阵 A 中元素排列下标 1、2、4、5、7 对应的元素都是小于或等于 5 的。

7.24　intersect——求两个集合的交集

1. 求两个集合的交集简介

函数 intersect()的语法格式如下:

c = intersect(a,b)——返回向量 a、b 的公共部分,即 c= a∩b。

c = intersect(A,B,'rows')——A、B 为相同列数的矩阵,返回元素相同的行。

[c,ia,ib] = intersect(a,b)——返回矩阵或向量 a、b 的公共元素,ia 表示公共元素在 a 中的位置,ib 表示公共元素在 b 中的位置。

2. 求两个集合的交集的例子

【例 7.54】　求 A 和 B 的交集,并找出相同元素在两个向量中的位置。

解:

```
>>A = [0 2 3 5]
A =
    0    2    3    5
>>B = [1 2 4 0 2 3 5 9 8]
B =
    1    2    4    0    2    3    5    9    8
>>[C,ia,ib] = intersect(A,B)

C =

    0    2    3    5
ia =

    1    2    3    4
ib =

    4    5    6    7
```

可见,向量 A、B 中公共元素是 0、2、3、5;公共元素在 A 中的位置是 1、2、3、4,公共元素在 B 中的位置是 4、5、6、7。

【例 7.55】　求 A 和 B 的交集,并找出相同元素在两个矩阵中的位置。

解:

```
>>A = [0 2;3 5]
>>B = [1 2 4;0 2 3;5 9 8]
>>[C,ia,ib] = intersect(A,B)
A =
    0    2
    3    5
```

```
B =
    1    2    4
    0    2    3
    5    9    8
C =
    0
    2
    3
    5
ia =
    1
    3
    2
    4
ib =
    2
    4
    8
    3
```

可见,矩阵 A、B 中公共元素是 0、2、3、5;公共元素在 A 中的位置是 1、3、2、4,公共元素在 B 中的位置是 2、4、8、3。

7.25　setdiff——求两个集合的差

函数 setdiff()的语法格式如下:

c = setdiff(a,b)——将属于向量 a 但不属于向量 b 的元素按照升序排列存于向量 c 中。

c = setdiff(A,B,'rows')——将属于矩阵 A 但不属于矩阵 B 的行存于向量 c 中。即按行实行比较,其中,A、B 是具有相同列数的矩阵。

[c,i] = setdiff(…)——返回一个索引向量 i,i 表示 c 中元素在原始向量或矩阵中的位置。

【例 7.56】　求属于 B 但不属于 A 的元素,并按升序排列。

解:

```
A = [1 2;3 4]
A =
    1    2
    3    4
>> B = [1 2 3;4 5 6;7 8 9]
B =
    1    2    3
    4    5    6
    7    8    9
>> [c,i] = setdiff(B(:),A(:))        % 返回属于 B 但不属于 A 的元素,并按升序排列
c =
```

```
     5
     6
     7
     8
     9
i =                              % 返回以上元素的下标(下标按列的顺序排列)
     5
     8
     3
     6
     9
```

【例 7.57】 求属于 B 但不属于 A 的元素,并按升序排列。

解:

```
A = magic(3)                     % 生成一个三阶魔方矩阵
A =
     8     1     6
     3     5     7
     4     9     2
>> B = magic(4)                  % 生成一个四阶魔方矩阵
B =
    16     2     3    13
     5    11    10     8
     9     7     6    12
     4    14    15     1
>>[c,i] = setdiff(B(:),A(:))     % 返回属于 B 但不属于 A 的元素,并按升序排列
c =
    10
    11
    12
    13
    14
    15
    16
i =                              % 返回以上元素的下标(下标按列的顺序排列)
    10
     6
    15
    13
     8
    12
     1
```

7.26　setxor——求两个集合交集的非(异或)

函数 setxor()的语法格式如下:

c = setxor(a,b)——将向量 a、b 的元素交集的非运算结果按照升序排列存于向量

c中。

c = setxor(A,B,'rows')——返回矩阵 A、B 中元素相同的行的非运算结果 c,其中,A、B 为列数相同的矩阵。

[c,ia,ib] = setxor(…)——返回 c 及下标向量 ia、ib。ia、ib 表示 c 中元素分别在原始两个集合中的位置。

【例 7.58】 求两个集合交集的非。

解:

```
a = [ -1 0 1 inf - inf nan];
a =
    -1  0  1  inf  - inf  nan
b = [ -2 pi 0 inf]

b =

    -2.0000    3.1416        0      Inf

>> c = setxor(a,b) % 求 a 和 b 交集的非

c =

     - Inf  - 2.0000  - 1.0000   1.0000   3.1416      NaN
[c,ia,ib] = setxor(a,b)
c =

     - Inf  - 2.0000  - 1.0000   1.0000   3.1416      NaN
ia =

    5
    1
    3
    6
ib =

    1
    2
```

ia、ib 表示 c 中元素分别在两个原始集合中的位置。

7.27 union——求两个集合的并集

函数 union()的语法格式如下:

c=union(a,b)——将向量 a、b 中所有不重复元素按照升序排列存于向量 c 中。

C=union(A,B,'rows')——合并矩阵 A、B 在所有不重复行,并存于矩阵 C,其中矩阵 A、B 列数相同。

[C,ia,ib]=(A,B,'rows')——返回索引 ia、ib,ia、ib 分别表示矩阵 C 中行向量在原始两矩阵(向量)中的位置。

【例 7.59】 求两个集合的并集,并分别求出并集中行向量在原集合中的位置。

解:

```
A = [1 0 3 4;1 2 5 6]
A =

    1    0    3    4
    1    2    5    6

>>B = [1 5 3 8;1 8 0 6]

B =

    1    5    3    8
    1    8    0    6

>>[c,ia,ib] = union(A,B,'rows')

c =

    1    0    3    4
    1    2    5    6
    1    5    3    8
    1    8    0    6
ia =

    1
    2
ib =

    1
    2
```

7.28 unique——取集合单值元素

函数 unique()的语法格式如下:

b = unique(A)——将向量 A 中的单值元素按升序排列存于 b 中。

b = unique(A,'rows')——按行对矩阵 A 进行取单值元素的操作,即将没有重复的行返回到 b 中,组成新的矩阵 b。

[b,i,j] = unique(…)——求取集合的单值元素,并返回索引向量 i、j。其中,i 表示 b 中元素在原向量(矩阵)中的最大索引位置,j 表示原向量(矩阵)中单值元素在 b 中的索引位置。

[b,i,j] = unique(…,occurrennce)——求取集合的单值元素,并返回指定类型的索引向量 i、j。

• 参数 occurrennce 表示索引向量类型。

• 当 occurrennce 为 first 时,i 表示 b 中元素在原向量(矩阵)中的最小索引位置,j 表示原向量(矩阵)中单值元素在 b 中的索引位置。

- 当 occurrennce 为 last 时,i 表示 b 中元素在原向量(矩阵)中的最大索引位置,j 表示原向量(矩阵)中单值元素在 b 中的索引位置。

【例 7.60】 求向量 A 中的单值元素,并分别按照最大索引位置和最小索引位置返回相应的索引。

解:

```
A = [1 6 2 1 4 1 6 4 2]           %生成向量 A
A =
    1   6   2   1   4   1   6   4   2
>>[b,i,j] = unique(A)             %求向量 A 中的单值元素,默认按照最大索引位置返回相关索引

b =
    1   2   4   6
i =                               %i 是 b 中元素在原向量 A 中的最大索引位置
    6   9   8   7
j =                               %j 是原向量 A 中元素在 b 中的索引位置
    1   4   2   1   3   1   4   3   2
>>[b,i,j] = unique(A,'last')     %求向量 A 中的单值元素,指定按照最大索引位置返回相关索引
b =
    1   2   4   6
i =
    6   9   8   7
j =

    1   4   2   1   3   1   4   3   2

>>[b,i,j] = unique(A,'first')    %求向量 A 中单值元素,指定按照最小索引位置返回相关索引

b =

    1   2   4   6

i =

    1   3   5   2

j =

    1   4   2   1   3   1   4   3   2
```

可见,当 occurrennce 取'last'时,[b,i,j] = unique(…,occurrennce) 和 [b,i,j] = unique(A)的功能一样,即都按照最大索引位置返回相关索引。

【例 7.61】 按行求矩阵 A 中的单值元素。

解:

```
A = [1 8 1 5;1 6 2 6;6 4 2 6;1 6 2 6]      %生成矩阵 A,其中第 2 行与第四行重复
A =
```

```
    1   8   1   5
    1   6   2   6
    6   4   2   6
    1   6   2   6
>> b = unique(A,'rows')            % 按行求矩阵 A 中单值元素,即返回的 b 中没有重复的行

b =

    1   6   2   6
    1   8   1   5
    6   4   2   6
```

7.29　ismember——检测集合中的元素

函数 ismember()的语法格式如下:

k = ismember(A,S)——返回一个与矩阵(或向量)A 维数相同的矩阵(或向量)k。当 A 中元素属于 S 时,对应 k 中元素取 1,否则,k 取 0。

k = ismember(A,S,'rows')——对矩阵 A 和 S 按行进行比较,返回一个列向量 k,即当 A 中的第 i 行也是 S 在的某一行时,k_i 为 1,否则为零。其中,A、S 有相同的列数,k、A 有相同的行数。

【例 7.62】　判断两个矩阵的交集。

解:

```
A = [1 2 3 4;1 2 4 6;6 7 1 0]
A =

    1   2   3   4
    1   2   4   6
    6   7   1   0

>> S = [1 2 3 4;1 1 4 6;6 7 1 4]
S =
    1   2   3   4
    1   1   4   6
    6   7   1   4
>> k = ismember(A,S,'rows')        % 按行对 A 和 S 进行检测
k =
    1
    0
    0
```

这表明,矩阵 A 和 S 中,只有第一行是相同的。

【例 7.63】　判断两个向量的交集。

解:

```
a = [1 9 3 0 8 3]
```

```
b = [ 0 1 2 3 4 3 6 1 ]

k = ismember(a,b)

a =

    1    9    3    0    8    3


b =

    0    1    2    3    4    3    6    1


k =

    1    0    1    1    0    1
```

这表明,向量 a 和 b 中,a 中只有第 1、3、4、6 位置的元素和 b 中的元素是相同的。

7.30　矩阵取整运算

对于小数构成的矩阵 A 来说,如果想对它取整数,那么有以下几种方法:

(1) 按 $-\infty$ 方向取整,函数 floor,格式为 floor(A)。将 A 中元素按 $-\infty$ 方向取整,即取不足整数。

(2) 按 $+\infty$ 方向取整,函数 ceil,格式为 ceil(A)。将 A 中元素按 $+\infty$ 方向取整,即取过剩整数。

(3) 四舍五入取整,函数 round,格式为 round(A)。将 A 中元素按最近的整数取整,即四舍五入取整。

(4) 按离 0 近的方向取整,函数 fix,格式为 fix(A)。将 A 中元素按离 0 近的方向取整。

【例 7.64】　生成一个随机矩阵,然后对其取整。

解:

```
A = 0.2 + rand(3)                              % 生成一随机矩阵 A

A =

    1.0147    1.1134    0.4785
    1.1058    0.8324    0.7469
    0.3270    0.2975    1.1575

>> B1 = floor(A),B2 = ceil(A),B3 = round(A),B4 = fix(A)      % 取整运算

B1 =

    1    1    0
```

```
      1      0      0
      0      0      1
B2 =

      2      2      1
      2      1      1
      1      1      2
B3 =

      1      1      0
      1      1      1
      0      0      1
B4 =

      1      1      0
      1      0      0
      0      0      1
```

可见,取整方法不同所得结果也不同。

7.31 reshape——矩阵变维

函数 reshape()的语法格式如下:

B＝reshape(A,m,n)——返回以矩阵 A 的元素构成的维数为 m×n 的矩阵 B。其中,m×n 等于矩阵 A 中元素的个数。

B＝reshape(A,m,n,p,…)——返回以矩阵 A 的元素构成的维数为 m×n×p×…等于矩阵 A 中元素的个数,即 m×n×p＝prod(size(A))。

B＝reshape(A,[m n p…])——等价于 B＝reshape(A,m,n,p,…)。

B＝reshape(A,siz):等价于 B＝reshape(A,[size(1) size(2) size(3)…])。其中,参数 siz 为向量。

【例 7.65】 用不同方法对一个 3×4 矩阵进行变维。

解:

```
>> A = [1,4,7,10;2,5,8,11;3,6,9,12]
A =   1    4    7    10
      2    5    8    11
      3    6    9    12
>> B = reshape(A,2,6)                    % 变为 2×6 矩阵
B =   1    3    5    7    9    11
      2    4    6    8   10    12
>> B = reshape(A,[],6)                   % 用[]代替其中一个维度
B =   1    3    5    7    9    11
      2    4    6    8   10    12
```

【例 7.66】 生成一个向量 a,对其进行 reshape 变维。

解:

```
a = [1:12];                              % 生成一个向量,由 1~12 的数值组成
```

```
>> b = reshape(a,2,3,2)    % 将 a 变维为 2×3×2

b(:,:,1) =

    1    3    5
    2    4    6


b(:,:,2) =

    7    9   11
    8   10   12
```

7.32 repmat——矩阵的复制和平铺

函数 repmat()的语法格式如下：

B = repmat(A,m,n)——将矩阵 A 复制 m×n 块,即 B 由 m×n 块 A 平铺而成。

B = repmat(A,[m n])——与上面一致。

B = repmat(A,[m n p···])——B 由 m×n×p×···块 A 平铺而成。

repmat(A,m,n)——当 A 是一个数 a 时,该命令产生一个全由 a 组成的 m×n 矩阵。

【例 7.67】 对矩阵 A 进行 2×3 平铺及 1×2×2 平铺。

解：

```
A = [1 3;2 4]
A =

    1    3
    2    4


>> repmat(A,[32])    % 2×3 块 A 平铺

ans =

    1    3    1    3
    2    4    2    4
    1    3    1    3
    2    4    2    4
    1    3    1    3
    2    4    2    4


>> repmat(A,[1 2 2])                    % 1×2×2 块 A 平铺

ans(:,:,1) =

    1    3    1    3
    2    4    2    4
```

```
ans(:,:,2) =

    1    3    1    3
    2    4    2    4
```

7.33　rat——用有理数形式表示矩阵

函数 rat()的语法格式如下：

[N,D]＝rat(A)——将矩阵 A 表示为两个整数矩阵相除的形式,即 A＝N./D。

【例 7.68】　计算一个五阶随机矩阵的有理数形式。

解：

```
A = rand(5)                          % 生成随机阵
A =
    0.9649    0.8003    0.9595    0.6787    0.1712
    0.1576    0.1419    0.6557    0.7577    0.7060
    0.9706    0.4218    0.0357    0.7431    0.0318
    0.9572    0.9157    0.8491    0.3922    0.2769
    0.4854    0.7922    0.9340    0.6555    0.0462

>>[N,D] = rat(A)     % 计算随机阵的有理数形式

N =

    687    569    379    150    101
     29     21     40    147    257
     33     62      1     81      5
    581    163    242    111     18
     83     61    283    371     41
D =

    712    711    395    221    590
    184    148     61    194    364
     34    147     28    109    157
    607    178    285    283     65
    171     77    303    566    888
```

7.34　rem——矩阵的余数

求矩阵做除法后的余数用的函数是 rem(),其调用格式为：

C＝rem(A,x)——计算矩阵 A 除以模数 x 后的余数矩阵 C。模数 x 可以为整数或小

数。若 $x=0$,则 $rem(A,0)=NaN$。

【例 7.69】 求一个三阶魔方矩阵除以 1.6 后的余数。

解:

```
A = magic(3)
A =

    8    1    6
    3    5    7
    4    9    2

>> rem(A,1.6)

ans =

         0    1.0000    1.2000
    1.4000    0.2000    0.6000
    0.8000    1.0000    0.4000
```

这个矩阵的内容就是三阶魔方矩阵除以 1.6 后的余数。

【例 7.70】 求以下二阶方阵 A 除以 10 后的余数。

$$A = \begin{pmatrix} 2 & 3 \\ 1 & 2 \end{pmatrix}$$

解:

```
A = [2 3;1 2]
rem(A,10)
A =

    2    3
    1    2
ans =

    2    3
    1    2
```

可见,所得余数和原矩阵中的元素相同,这是因为被除数小于除数时,被除数就是余数。

7.35 sym——转换矩阵数值为分数或符号

将数值矩阵转换为分数或符号矩阵使用的函数是 $sym()$,其调用格式为:

$B=sym(A)$——将数值矩阵 A 转换为分数或符号矩阵 B。其中,B 和 A 维数相同。

【例 7.71】 将以下矩阵 A 转换为符号矩阵。

$$A = \begin{pmatrix} 3/4 & 0.365 \\ sqrt(5) & log(5) \end{pmatrix}$$

解：

A = [3/4 0.365;sqrt(5)log(5)]

A =

    0.7500   0.3650
    2.2361   1.6094

≫ B = sym(A)   % 将 A 转换为符号矩阵

B =

[3/4,   73/200]
[sqrt(5),7248263982714163 * 2^(-52)]

7.36 factor——符号矩阵的因式分解

对符号矩阵作因式分解,使用的函数是 factor(),其调用格式为:

factor(X)——如果 X 是一个多项式或多项式矩阵,系数是有理数,那么该函数将把 X 表示成系数为有理数的低阶多项式相乘的形式;如果 X 不能分解成有理多项式乘积的形式,则返回 X 本身。

【例 7.72】 对 $x^3 - y^3$ 作因式分解。

解：

syms x y a b
≫ factor(x^3 - y^3)

ans =
(x - y) * (x^2 + x * y + y^2)

这表明,$x^3 - y^3 = (x - y)(x^2 + xy + y^2)$。

【例 7.73】 对 $x^5 + 10x^4 + 40x^3 + 80x^2 + 80x + 32$ 作因式分解。

解：

syms x
≫ factor(x^5 + 10 * x^4 + 40 * x^3 + 80 * x^2 + 80 * x + 32)
ans =
[x + 2,x + 2,x + 2,x + 2,x + 2]

这表明 $x^5 + 10x^4 + 40x^3 + 80x^2 + 80x + 32 = (x + 2)^5$。

7.37 expand——符号矩阵的展开

对符号矩阵或表达式进行展开,函数 expand() 常用于多项式的因式分解中或三角函数、指数函数和对数函数的展开中。其调用格式为:

expand(s)——对符号矩阵或符号表达式 s 进行展开。

【例 7.74】 分别对$(x+y)^3$、$(A-B)^2$和 $\cos(x-y)$展开。

解：

```
syms x y
f = (x + y)^3;
>> f1 = expand(f)
f1 =
x^3 + 3 * x^2 * y + 3 * x * y^2 + y^3
```

这表明，$(x+y)^3 = x^3 + 3x^2y + 3xy^2 + y^3$。

```
syms A B
f = (A - B)^2;
f1 = expand(f)

f1 =
A^2 - 2 * A * B + B^2
```

这表明，$(A-B)^2 = A^2 - 2AB + B^2$。

```
syms x y
f = cos(x - y);
>> f1 = expand(f)
f1 =

cos(x) * cos(y) + sin(x) * sin(y)
```

这表明，$\cos(x-y) = \cos(x)\cos(y) + \sin(x)\sin(y)$。

7.38 矩阵的伪逆（或 Moore-Penrose 广义逆矩阵）

1. 矩阵的伪逆简介

矩阵的伪逆或 Moore-Penrose 广义逆矩阵。前面介绍过求一个方阵 A 的逆矩阵的方法。如果矩阵 **A** 不是一个方阵，或者 A 是一个非满秩的方阵（$|\boldsymbol{A}|=0$）时，矩阵 A 便没有逆矩阵，但可以找到一个与 **A** 的转置矩阵 A' 同型的矩阵 **B**，使得：

(1) ABA＝A；

(2) BAB＝B；

(3) $(AB)'$＝AB；

(4) $(BA)'$＝BA。

此时称矩阵 **B** 为矩阵 **A** 的伪逆，也称为 Moore-Penrose 广义逆矩阵。矩阵的伪逆是矩阵逆概念的一种推广。

2. 矩阵的伪逆命令说明

在 MATLAB 中，用函数 pinv() 来求一个矩阵的伪逆。

B＝pinv(A)——求矩阵 A 的伪逆矩阵 B。

B＝pinv(A,tol)——在指定误差 tol 范围内求矩阵 A 的伪逆矩阵 B。

3．求矩阵伪逆矩阵的例子

【例 7.75】 求以下矩阵 A 的伪逆矩阵。

$$A=\begin{pmatrix} 2 & 1 & 1 \\ 3 & 1 & 2 \\ 6 & 2 & 4 \end{pmatrix}$$

解：因该矩阵 A 的行列式为零，故没有逆阵。现在求它的伪逆矩阵。

```
syms A B C
A = [2 1 1;3 1 2;6 2 4]
B = pinv(A)
A =
    2    1    1
    3    1    2
    6    2    4
B =
    0.3333   -0.0000   -0.0000
    1.6667   -0.2000   -0.4000
   -1.3333    0.2000    0.4000
>> C = A * B
C =
    1.0000    0.0000   -0.0000
    0.0000    0.2000    0.4000
    0.0000    0.4000    0.8000
```

以上的矩阵 B 就是 A 的伪逆矩阵，A＊B 的结果 C 不是单位矩阵(如果是逆矩阵的话，那么 A＊B 的结果 C 一定是单位矩阵)。

【例 7.76】 求以下 2×3 矩阵 A 的伪逆矩阵。

$$A=\begin{pmatrix} 1 & 1 & 0 \\ 0 & 1 & 1 \end{pmatrix}$$

解：

```
A = [1 1 0;0 1 1]
B = pinv(A)
A =
    1    1    0
    0    1    1
B =
    0.6667   -0.3333
    0.3333    0.3333
   -0.3333    0.6667
```

可见，对于 m×n(m≠n)矩阵也可以求其伪逆矩阵。

【例 7.77】 求以下矩阵 A 的伪逆矩阵。

$$A=\begin{pmatrix} 1 & 1 \\ 1 & 1 \\ 0 & 0 \end{pmatrix}$$

解：

```
A = [1 1;1 1;0 0]
B = pinv(A)
A =
    1    1
    1    1
    0    0
B =
    0.2500    0.2500         0
    0.2500    0.2500         0
```

验证 B 是 A 的广义逆矩阵：

(1) A * B * A。

```
ans =
    1.0000    1.0000
    1.0000    1.0000
         0         0
```

(2) B * A * B。

```
ans =
    0.2500    0.2500         0
    0.2500    0.2500         0
```

(3) (A * B)'。

```
ans =
    0.5000    0.5000         0
    0.5000    0.5000         0
         0         0         0
>>(A * B)
ans =
    0.5000    0.5000         0
    0.5000    0.5000         0
         0         0         0
```

(4) (B * A)'。

```
ans =
    0.5000    0.5000
    0.5000    0.5000
>>(B * A)
ans =
    0.5000    0.5000
    0.5000    0.5000
```

经以上 4 条验证,可知 B 是 A 的广义逆矩阵。

【例 7.78】 求以下矩阵 A 的伪逆矩阵。

$$A = \begin{bmatrix} 1 & 0 & 1 \\ 2 & 1 & 3 \\ 0 & 1 & 1 \end{bmatrix}$$

解：

```
>> A = [1 0 1;2 1 3;0 1 1]
det(A)
B = pinv(A)
A =
     1     0     1
     2     1     3
     0     1     1
ans =
     0
B =
     0.3333    0.1667   - 0.5000
   - 0.3333    0.0000     0.6667
   - 0.0000    0.1667     0.1667
```

该矩阵 A 的行列式为 0,求得其伪逆矩阵为

$$B = \begin{bmatrix} 0.3333 & 0.1667 & -0.5000 \\ -0.3333 & 0.0000 & 0.6667 \\ -0.0000 & 0.1667 & 0.1667 \end{bmatrix}$$

```
B = pinv(A, 0.001)
B =

     0.3333    0.1667   - 0.5000
   - 0.3333    0.0000     0.6667
   - 0.0000    0.1667     0.1667
```

可见,用 B＝pinv(A,0.0001)命令和用 B＝pinv(A)命令所得结果相同。

总之,矩阵的伪逆或广义逆矩阵是在所求矩阵不是一个方阵,或者虽是方阵但矩阵逆不存在时用的。

7.39　矩阵空间之间的夹角

矩阵空间之间的夹角代表两个矩阵线性相关的程度,如果夹角小,则它们之间的线性相关度就高;反之,就低。

theta＝subspace(A,B)——返回矩阵 A 和 B 之间的夹角 theta。夹角越小,越相关;反之,越不相关。

【例 7.79】　求任意两个矩阵的夹角。

解：

```
A = [1 2 3;4 5 6;7 8 9;10 11 12];
B = magic(4);
>> subspace(A, B)

ans =

     0.6435
```

该结果表明矩阵 A 和 B 的线性相关度较高。

【例 7.80】　求两个 4×3 矩阵的夹角。

解:

```
A = [1 2 3;4 5 6;7 8 9;10 11 12];
B = [3 2 3;4 1 6;7 8 0;10 11 8];
subspace(A,B)

ans =

    1.5708
```

该结果表明矩阵 A 和 B 的线性相关度没有【例 7.79】高。

【例 7.81】　求任意两个矩阵的夹角。

解:

```
A = [1 2;4 5]
B = [1 0;2 1]
subspace(A,B)

A =

    1    2
    4    5
B =

    1    0
    2    1
ans =

  8.0302e - 16
```

该结果近似等于 0,表明矩阵 A 和 B 的线性相关度很高。

【例 7.82】　求任意两个矩阵的夹角。

解:

```
A = [1 2 3;4 5 6;7 8 9;10 11 12];
B = [1 0;2 1]
>> subspace(A,B)
A =

     1     2     3
     4     5     6
     7     8     9
    10    11    12
B =

    1    0
    2    1
```

```
Error using  *
Inner matrix dimensions must agree.

Error in subspace(line 45)
B = B − A * (A' * B);
```

这表明,当矩阵 A 和 B 的维数不相等时,不能求它们的夹角。

7.40 化零矩阵的运算

对于非满秩矩阵 A,存在一个矩阵 Z,使 A * Z = 0,且 Z * Z' = I,则矩阵 Z 称为矩阵 A 的化零矩阵。在 MATLAB 中,求化零矩阵的命令是 null,其调用格式为:

Z = null(A)——返回矩阵 A 的化零矩阵 Z,如果化零矩阵不存在,则返回零。

Z = null(A,'r')——返回有理形式的化零矩阵 Z。

【例 7.83】 求以下矩阵 A 的化零矩阵。

$$A = \begin{bmatrix} 1 & 2 & 3 \\ 4 & 5 & 6 \\ 7 & 8 & 9 \end{bmatrix}$$

解:

```
A = [1 2 3;4 5 6;7 8 9]
Z = null(A)    % 求矩阵 A 的化零矩阵
AZ = A * Z
ZR = null(A,'r')
AZR = A * ZR
A =

   1    2    3
   4    5    6
   7    8    9
Z =

 − 0.4082
   0.8165
 − 0.4082
AZ =

 1.0e − 15 *

   0.2220
   0.4441
   0.8882
ZR =

   1
 − 2
```

```
                 1
     AZR =

                 0
                 0
                 0
```

可见，AZ＝A＊Z 的结果列向量是 3 个极近于零的数，而 AZR＝A＊ZR 的结果列向量是 3 个等于零的数。

7.41　小结

关于矩阵运算，第 6 章和第 7 章合计共有 80 个题目。

第8章

解稀疏矩阵

对于一个 n 阶矩阵,通常需要 n^2 的存储空间。当 n 很大时,进行矩阵运算时会占用大量的内存空间和运算时间。在许多实际问题中,遇到的大规模矩阵中通常含有大量零元素,这样的矩阵称为稀疏矩阵。MATLAB 支持稀疏矩阵,只存储矩阵的非零元素。由于不存储那些零元素,也不对它们进行操作,从而节省内存空间和计算时间,其计算的复杂性和代价仅仅取决于稀疏矩阵的非零元素的个数,这在矩阵的存储空间和计算时间上都有很大的优势。矩阵的密度定义为矩阵中非零元素的个数除以矩阵中总的元素个数。对于低密度的矩阵,采用稀疏方式存储是一种很好的选择。

稀疏存储矩阵只是矩阵的存储方式不同,它的运算规则与普通矩阵是一样的,可以直接参与运算。所以,MATLAB 中对满矩阵的运算和函数同样可用在稀疏矩阵中。结果是稀疏矩阵还是满矩阵,取决于运算符或者函数。当参与运算的对象不全是稀疏存储矩阵时,所得结果一般是完全存储形式。稀疏矩阵常用函数,如表 8-1 所示。

表 8-1　稀疏矩阵常用函数

函　数　名	函数的功能
sparse	将普通矩阵转化为稀疏矩阵
full	将稀疏矩阵转化为普通矩阵
nnz	矩阵中非零元素个数
nonzeros	矩阵中非零元素值
issparse	测试矩阵是否为系数矩阵
spy	图形化显示矩阵中的非零元素
spalloc	为稀疏矩阵分配内存空间

8.1　sparse——生成稀疏矩阵

稀疏矩阵生成函数 sparse() 的调用格式如下:

S＝sparse(A)——将矩阵 A 转化为稀疏矩阵形式,即由 A 的非零元素和下标构成稀疏矩阵 S。若 A 本身为稀疏矩阵,则返回 A 本身。

S＝sparse(m,n)——生成一个维数为 m×n 的所有元素都是 0 的稀疏矩阵。

S＝sparse(i,j,s)——生成一个由长度相同的向量 i、j 和 s 定义的稀疏矩阵 S,其中 i、j 是整数向量,定义稀疏矩阵的元素位置(i,j),s 是一个标量或与 i、j 长度相同的向量,表示在 (i,j)位置上的元素。

S＝sparse(i,j,s,m,n)——生成一个 m×n 的稀疏矩阵 S,(i,j)对应位置元素为 s,m＝max(i)且 n＝max(j)。

S＝sparse(i,j,s,m,n,nzmax)——生成一个 m×n 的含有 nzmax 个非零元素的稀疏矩阵 S,nzmax 的值必须大于或者等于向量 i 和 j 的长度。

【例 8.1】 利用函数 sparse()生成稀疏矩阵。

解:

```
A = [1 1 0;0 2 1;0 2 0]
Y0 = sparse(A)                    %生成稀疏矩阵
Y1 = sparse(5,10)                 %生成 5×10 的所有元素都是 0 的稀疏矩阵
Y2 = sparse(1:4,5:8,10:13)        %生成稀疏矩阵 Y2
A =
     1     1     0
     0     2     1
     0     2     0
Y0 =
  (1,1)        1
  (1,2)        1
  (2,2)        2
  (3,2)        2
  (2,3)        1
Y1 =
  All zero sparse:5 - by - 10
Y2 =
  (1,5)       10
  (2,6)       11
  (3,7)       12
  (4,8)       13
```

【例 8.2】 利用函数 S＝sparse(i,j,s) 生成一个由长度相同的向量 i、j 和 s 定义的稀疏矩阵 S。

解:

```
i = [1 2 3]
j = [2 1 1]
s = [7 7 7]
Y4 = sparse(i,j,s)          %生成一个由长度相同的向量 i、j 和 s 定义的稀疏矩阵 Y4
Y5 = sparse(i,j,s,4,3)
Y6 = sparse(i,j,s,4,3,4)
i =
     1     2     3
j =
     2     1     1
```

```
s =
     7    7    7
Y4 =
   (2,1)       7
   (3,1)       7
   (1,2)       7
Y5 =
   (2,1)       7
   (3,1)       7
   (1,2)       7
Y6 =
   (2,1)       7
   (3,1)       7
   (1,2)       7
>> A = full(Y4)                          % 将 Y4、Y5、Y6 转换为普通矩阵
A =
     0    7
     7    0
     7    0
>> A = full(Y5)
A =


     0    7    0
     7    0    0
     7    0    0
     0    0    0
>> A = full(Y6)
A =
     0    7    0
     7    0    0
     7    0    0
     0    0    0
```

8.2　full——将稀疏矩阵转化为满矩阵

函数 full() 的调用格式为：

A＝full(S)——显示稀疏矩阵 S 的满矩阵 A。

【例 8.3】　利用函数 sparse() 生成一个稀疏矩阵，并显示其满矩阵。

解：

```
S = sparse(1:5,1:5,2:2:10)
A = full(S)

S =
   (1,1)       2
   (2,2)       4
   (3,3)       6
```

```
  (4,4)        8
  (5,5)       10
A =
     2     0     0     0     0
     0     4     0     0     0
     0     0     6     0     0
     0     0     0     8     0
     0     0     0     0    10
```

8.3　spdiags——生成带状(对角)稀疏矩阵

函数 spdiags()的调用格式如下：

[B,d] = spdiags(A)——从矩阵 A 中提取所有非零对角元素,这些元素保存在矩阵 B 中,向量 d 表示非零元素的对角线位置。

B = spdiags(A,d)——从 A 中提取由 d 指定的对角线元素,并存放在 B 中。

A = spdiags(B,d,A)——用 B 中的列替换 A 中由 d 指定的对角线元素,输出稀疏矩阵。

A = spdiags(B,d,m,n)——产生一个 m×n 稀疏矩阵 A,其元素是 B 中的列元素放在由 d 指定的对角线位置上。

【例 8.4】　利用函数 spdiags()生成一个稀疏对角阵。

解：

```
e = ones(6,1);                    % 函数生成 6 元列向量,各元素均为 1
>> A = spdiags([e - 2 * e e], - 1:1,6,6)

A =
  (1,1)      - 2
  (2,1)        1
  (1,2)        1
  (2,2)      - 2
  (3,2)        1
  (2,3)        1
  (3,3)      - 2
  (4,3)        1
  (3,4)        1
  (4,4)      - 2
  (5,4)        1
  (4,5)        1
  (5,5)      - 2
  (6,5)        1
  (5,6)        1
  (6,6)      - 2
S = full(A)
S =
    - 2     1     0     0     0     0
```

```
1   -2   1    0    0    0
0    1   -2   1    0    0
0    0    1   -2   1    0
0    0    0    1   -2   1
0    0    0    0    1   -2
```

8.4 speye——生成单位稀疏矩阵

函数 speye()的调用格式如下：

S = speye(m,n)——生成 m×n 的单位稀疏矩阵。

S = speye(n)——生成 n×n 的单位稀疏矩阵。

【例 8.5】 利用函数 speye()生成一个 6×5 阶单位稀疏矩阵。

解：

```
A = speye(6,5)              % 生成一个 6×5 阶单位稀疏矩阵

A =

  (1,1)      1
  (2,2)      1
  (3,3)      1
  (4,4)      1
  (5,5)      1

>> full(A)                 % 显示转换稀疏矩阵后的满矩阵
ans =

   1    0    0    0    0
   0    1    0    0    0
   0    0    1    0    0
   0    0    0    1    0
   0    0    0    0    1
   0    0    0    0    0
```

【例 8.6】 利用函数 speye()生成一个 5×5 阶单位稀疏矩阵。

解：

```
A = speye(5,5)              % 生成一个 5×5 阶单位稀疏矩阵
A =
  (1,1)      1
  (2,2)      1
  (3,3)      1
  (4,4)      1
  (5,5)      1
>> S = full(A)
S =
```

```
1    0    0    0    0
0    1    0    0    0
0    0    1    0    0
0    0    0    1    0
0    0    0    0    1
```

8.5 sprand——生成均匀分布随机稀疏矩阵

函数 sprand()的调用格式如下：

R＝sprand(S)——生成与 S 具有相同稀疏结构的均匀分布随机矩阵。

R＝sprand(m,n,density)——生成一个 m×n 的服从均匀分布的随机稀疏矩阵,非零元素的分布密度是 density。

R＝sprand(m,n,density,rc)——生成一个近似的条件数为 1/rc、大小为 m×n 的均匀分布的随机稀疏矩阵。

【例 8.7】 利用函数 sprand 生成一个 4×5 阶、非零元素分布为 0.8 的均匀分布稀疏矩阵。

解：

```
A = sprand(4,5,0.8)
A =
  (1,1)      0.2769
  (2,1)      0.0971
  (4,2)      0.9502
  (4,3)      0.0344
  (1,4)      0.0462
  (3,4)      0.6948
  (4,4)      0.4387
  (2,5)      0.8235
  (3,5)      0.3171
  (4,5)      0.3816
S = full(A)
S =

  0.2769         0         0    0.0462         0
  0.0971         0         0         0    0.8235
       0         0         0    0.6948    0.3171
       0    0.9502    0.0344    0.4387    0.3816
```

8.6 sprandn——生成正态分布随机稀疏矩阵

函数 sprandn()的调用格式如下：

R ＝ sprandn(S)——生成与 S 具有相同稀疏结构的正态分布随机矩阵。

R ＝ sprandn(m,n,density)——生成一个 m×n 的服从正态分布的随机稀疏矩阵,非零元素的分布密度是 density。

R ＝ sprandn(m,n,density,rc)——生成一个近似的条件数为 1/rc、大小为 m×n 的正态分布的随机稀疏矩阵。

【例 8.8】 利用函数 sprandn 生成一个 5×4 阶、非零元素分布为 0.8 的正态分布稀疏矩阵。

解：

```
A = sprandn(4,5,0.8)    % 生成一个 4×5 阶、非零元素分布为 0.8 的正态分布稀疏矩阵
A =

  (3,1)      1.1909
  (1,2)    - 0.4326
  (2,2)      0.2877
  (4,2)      0.3273
  (2,3)    - 1.1465
  (4,3)      0.1746
  (1,4)    - 1.6656
  (3,4)      1.1892
  (1,5)      0.1253
  (3,5)    - 0.0376
  (4,5)    - 0.1867
S = full(A)
  S =

       0     0.8886        0   - 0.7648   - 1.4023
       0   - 1.4224   0.4882        0        0
 - 0.1774        0        0   - 0.1961     1.4193
       0     0.2916   0.1978        0       1.5877
```

8.7　sprandsym——生成随机对称稀疏矩阵

函数 sprandsym() 的调用格式如下：

R＝sprandsym(S)——生成稀疏对称随机矩阵,其下三角和对角线与 S 具有相同的结构,其元素服从均值为 0、方差为 1 的标准正态分布。

R＝sprandsym(n,density)——生成 n×n 的稀疏对称随机矩阵,矩阵元素服从正态分布,分布密度为 density。

R＝sprandsym(n,density,rc)——生成近似条件数为 1/rc 的稀疏对称随机矩阵。

R＝sprandsym(n,density,rc,kind)——生成一个正定矩阵,参数 kind 取值为 kind＝1 表示矩阵由一个正定对角矩阵经随机 Jacobi 旋转得到,其条件数正好为 1/rc；kind＝2 表示矩阵为外积的换位和,其条件数近似等于 1/rc；kind＝3 表示生成一个与矩阵 S 结构相同的稀疏随机矩阵,条件数近似为 1/rc,density 被忽略。

【例 8.9】 利用函数 sprandsym 生成一个 5×5 阶、非零元素分布为 0.4 的随机对称稀

疏矩阵。

解：

```
A = sprandsym(5,0.4)

A =

   (3,1)        2.1832
   (3,2)        0.9304
   (5,2)        0.1375
   (1,3)        2.1832
   (2,3)        0.9304
   (5,4)        0.1139
   (2,5)        0.1375
   (4,5)        0.1139

>> full(A)
ans =

        0         0    2.1832         0         0
        0         0    0.9304         0    0.1375
   2.1832    0.9304         0         0         0
        0         0         0         0    0.1139
        0    0.1375         0    0.1139         0
```

8.8　find——稀疏矩阵非零元素索引

函数 find()的调用格式如下：

k = find(x)——按行检索 X 中非零元素的点，若没有非零元素，将返回空矩阵。

[i,j] = find(X)——检索 X 中非零元素的行标 i 和列标 j。

[i,j,v] = find(X)——检索 X 中非零元素的行标 i 和列标 j 以及对应的元素值 v。

【例 8.10】 对一指定稀疏矩阵中的非零元素进行索引。

解：

```
A = sparse(1:3,4:6,3:3:9)        %产生一稀疏矩阵

A =

   (1,4)        3
   (2,5)        6
   (3,6)        9

>>  full(A)                       %显示满矩阵

ans =
```

```
         0    0    0    3    0    0
         0    0    0    0    6    0
         0    0    0    0    0    9

>>k = find(A)                    %按行检索 A 中非零元素的点

k =

        10
        14
        18

>>[i,j] = find(A)    %检索 A 中非零元素的行标 i 和列标 j

i =

         1
         2
         3
j =
         4
         5
         6

>>[i,j,v] = find(A)    %检索 A 中非零元素的行标 i 和列标 j 及对应的元素值 v
i =

         1
         2
         3
j =

         4
         5
         6
v =
         3
         6
         9
```

8.9 spconvert——将外部数据转化为稀疏矩阵

函数 spconvert()的调用格式如下：

S＝spconvert(D)——根据 D 创建稀疏矩阵 S。D 的列数为 3 或 4。当 D 的列数为 3 时，前两列分别表示为稀疏矩阵中的行号和列号，第 3 列为对应的数值。当 D 的列数为 4 时，前两列分别表示为稀疏矩阵中的行号和列号，第 3 和第 4 列分别表示对应数值的实部和虚部。

【例 8.11】 将一个 4×3 矩阵转换为稀疏矩阵。

解：

```
D = [1 2 8;2 5 10;3 4 7;3 6 3]

D =

    1    2    8
    2    5   10
    3    4    7
    3    6    3

>> S = spconvert(D)               % 将矩阵 D 转换为稀疏矩阵

S =

  (1,2)        8
  (3,4)        7
  (2,5)       10
  (3,6)        3
full(S)                           % 将稀疏矩阵转换为普通矩阵

ans =

    0    8    0    0    0    0
    0    0    0    0   10    0
    0    0    0    7    0    3
```

【例 8.12】 将一个 4×4 矩阵转换为稀疏矩阵。

解：

```
>>  D = [1 2 3 4;2 5 4 0;3 4 6 9;3 6 7 4]
D =

    1    2    3    4
    2    5    4    0
    3    4    6    9
    3    6    7    4

>>  S = spconvert(D)

S =

  (1,2)       3.0000 + 4.0000i
  (3,4)       6.0000 + 9.0000i
  (2,5)       4.0000
  (3,6)       7.0000 + 4.0000i

>> full(S)

ans =
```

Columns 1 through 4

0	3.0000 + 4.0000i	0	0
0		0	0
0		0	6.0000 + 9.0000i

Columns 5 through 6

0	0
4.0000	0
0	7.0000 + 4.0000i

8.10　spfun——针对稀疏矩阵中非零元素应用函数

函数 spfun() 的调用格式如下：

f = spfun('fun',S)——求稀疏矩阵 S 中非零元素的函数值 fun(S)，并返回函数运算后的稀疏矩阵 f。参数 fun 为一个函数句柄或者一个函数内联对象。

【例 8.13】　针对稀疏矩阵中非零元素应用指数函数。

解：

A = sprandn(5,5,0.5)　% 生成一个 5×5 阶、分布密度为 0.5 的随机标准正态分布稀疏矩阵

A =

```
   (2,1)     - 1.0106
   (5,1)     - 1.0091
   (3,2)       0.5077
   (4,2)       0.5913
   (5,2)     - 0.0195
   (3,3)       1.6924
   (4,3)     - 0.6436
   (5,3)     - 0.0482
   (2,5)       0.6145
   (4,5)       0.3803
>> f = spfun(@exp,A)    % 对 A 中非零元素应用 exp 指数函数
f =

   (2,1)       0.3640
   (5,1)       0.3645
   (3,2)       1.6615
   (4,2)       1.8063
   (5,2)       0.9807
   (3,3)       5.4327
   (4,3)       0.5254
   (5,3)       0.9529
   (2,5)       1.8487
```

```
    (4,5)      1.4628

>> full(f)    % 显示应用函数后的满矩阵

ans =

         0         0         0         0         0
    0.3640         0         0         0    1.8487
         0    1.6615    5.4327         0         0
         0    1.8063    0.5254         0    1.4628
    0.3645    0.9807    0.9529         0         0
```

8.11 spy——绘制稀疏矩阵非零元素的分布图

函数 spy() 的调用格式如下：

spy(S)——画出稀疏矩阵 S 中非零元素的分布图形。S 也可以是满矩阵。

spy(S,markersize)——使用指定点阵大小 markersize 绘制 S 中非零元素的分布图形，参数 markersize 为整数。

spy(S,'LineSpec')——指定绘图标记和颜色。参数 LineSpec 的具体取值可参见表 8-2。

spy(S,'LineSpec',markersize)——绘制指定点阵大小、绘图标记和颜色的稀疏矩阵 S 中非零元素的分布图形。

表 8-2　参数 LineSpec 用于选择线条的不同的线型、点标和颜色

选　项	说　　明	选　项	说　　明
-	实线	.	点
:	点线	o	圆
-.	点画线	+	加号
--	虚线	*	星号
y	黄色	x	x 符号
m	紫红色	s	方形
c	蓝绿色	d	菱形
r	红色	V	下三角
g	绿色	Λ	上三角
b	蓝色	<	左三角
w	白色	>	右三角
k	黑色	p	正五边形

【例 8.14】　绘制出稀疏矩阵 S 中非零元素的分布图。

解：

```
A = sprandn(5,5,0.5)          % 生成一稀疏矩阵
A =

    (4,1)      0.5287
```

```
    (5,1)      - 0.0592
    (1,2)      - 0.1567
    (4,2)        0.2193
    (1,3)      - 1.6041
    (2,3)      - 1.0565
    (3,3)      - 0.8051
    (1,4)        0.2573
    (2,4)        1.4151
    (4,4)      - 0.9219
    (4,5)      - 2.1707
>> full(A)
ans =

    0.2820      0.0335           0           0    - 1.3337
         0           0           0           0      1.1275
    0.3502           0           0           0    - 0.2991
         0           0           0           0      0.0229
  - 0.2620    - 1.7502    - 0.2857           0           0
>> spy(A)                    % 绘制稀疏矩阵 A 非零元素的分布图
```

运行后结果如图 8-1 所示。可见,稀疏矩阵 A 中非零元素的分布位置与实际数一一对应。

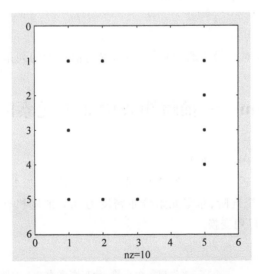

图 8-1 稀疏矩阵 A 中非零元素分布图

8.12 colmmd——稀疏矩阵非零元素列最小度排序

函数 colmmd() 的调用格式如下:

p＝colmmd(d)——返回稀疏矩阵 S 的列的最小度排序向量 p。

【例 8.15】 生成一个四阶、分布密度为 0.3 的随机标准正态分布稀疏矩阵,并返回该矩阵的列最小值的排序向量。

解：

```
A = sprandn(4,4,0.3)        % 生成一个四阶、分布密度为 0.3 的随机标准正态分布稀疏矩阵

A =

  (1,1)       0.6686
  (2,3)     - 1.2025
  (1,4)       1.1908
  (2,4)     - 0.0198
>> S = colperm(A)           % 稀疏矩阵非零元素列最小度排序

S =

     2    1    3    4
>> full(A)

ans =

    0.6686         0         0    1.1908
         0         0  - 1.2025  - 0.0198
         0         0         0         0
         0         0         0         0
```

可见,稀疏矩阵中绝对值最小的列是第二列,绝对值最大的列是第四列。

8.13   colperm——稀疏矩阵中非零元素的列变换

函数 colperm()的调用格式如下：

S＝colperm(A)——返回稀疏矩阵 A 的列变换向量 S。S 按非零元素升序排列。

【例 8.16】   生成一个五阶、非零元素分布密度为 0.5 的随机标准正态分布稀疏矩阵,并对该矩阵非零元素进行列变换。

解：

```
A = sprandn(5,5,0.5)        % 生成一个五阶、分布密度为 0.5 的随机标准正态分布稀疏矩阵
full(A)
S = colperm(A)

A =
  (2,1)       0.8404
  (3,1)     - 0.5445
  (4,1)     - 0.6003
  (2,2)     - 0.8880
  (4,2)       0.4900
  (1,3)     - 1.7947
  (3,3)       0.3035
```

```
    (5,3)      0.7394
    (2,4)      0.1001
    (5,4)      1.7119
    (5,5)    - 0.1941
ans =

        0          0    - 1.7947         0          0
   0.8404    - 0.8880         0      0.1001         0
 - 0.5445         0      0.3035         0          0
 - 0.6003     0.4900         0          0          0
        0          0      0.7394     1.7119    - 0.1941

S =

   5     2     4     1     3
```

从以上的列变换向量 S 中可知,稀疏矩阵中第五列的数最少且小,第三列的数最多且大。

8.14 luinc——稀疏矩阵的不完全 LU 分解

LU 分解又称高斯消去分解。将方阵 **A** 分解为下三角矩阵 **L** 和上三角矩阵 **U** 的乘积,即满足 **A**=**L** * **U**。当 **A** 为稀疏矩阵时,**L** 和 **U** 矩阵可能比 **A** 更加稠密,因此直接对 **A** 进行 LU 分解方法占用内存较大。不完全 LU 分解,即是为了减少 LU 分解中的内存较大的问题,而提出的一种算法,这种算法可以找到矩阵 **K**,**K**=**LU** 接近于 **A**,并且 **L** 和 **U** 的稀疏程度与 **A** 接近。

函数 luinc() 的调用格式如下:

[L,U] = luinc(X,'0')——对稀疏矩阵 X 进行不完全 LU 分解,返回下三角矩阵 L 和上三角矩阵 U。

[L,U] = luinc(X,options)——对稀疏矩阵 X 按指定分解标准进行不完全 LU 分解,返回下三角矩阵 L 和上三角矩阵 U。参数 options 取值有四个,分别为 droptol、milu、rdiag 和 thresh,表示分解标准。options 含义及取值如下:

droptol——表示指定的舍入误差;

milu——表示是否使用改进的不完全 LU 分解算法。milu 为 1 时,表示使用,为 0 时表示不使用(默认值)。

ugiag——表示是否用 droptol 字段值代替上三角因子中的对角线上的零元素,rdiag 为 1 时,表示代替,为 0 时表示不代替(默认值)。

thresh——不完全 LU 分解的中心临界值。

[L,U,P] = luinc(…)——返回下三角阵 L、上三角阵 U 和单位矩阵的置换阵 P。

【例 8.17】 生成一个三阶、非零元素分布密度为 0.8 随机均匀分布稀疏矩阵,并对该矩阵进行不完全 LU 分解。

解:

```
>> A = sprand(3,3,0.8)
```

```
[L,U,P] = luinc(A,'0')
A =
   (3,1)      0.9157
   (1,2)      0.8003
   (3,2)      0.7922
   (1,3)      0.1419
   (2,3)      0.4218
   (3,3)      0.9595
L =
   (1,1)      1
   (2,2)      1
   (3,3)      1
U =
   (1,1)      0.9157
   (1,2)      0.7922
   (2,2)      0.8003
   (1,3)      0.9595
   (2,3)      0.1419
   (3,3)      0.4218
P =
   (2,1)      1
   (3,2)      1
   (1,3)      1
>> L = full(L)
   U = full(U)
   P = full(P)
L =
   1.0000        0        0
        0   1.0000        0
        0   0.1180   1.0000

U =
   0.6948        0   0.3171
        0   0.8235        0
        0        0        0
P =
   0    0    1
   0    1    0
   1    0    0
```

可见,稀疏矩阵 A 不完全 LU 分解的结果 L 是下三角矩阵,U 是上三角矩阵,P 是单位矩阵的置换阵。

【例 8.18】 将以下稀疏矩阵进行不完全 LU 分解。

解:

```
A = [11 0 13 0;41 0 0 44;0 22 0 24;0 0 63 0]
S = sparse(A)
luinc(S,'0')
[L,U,p] = luinc(S,'0')
A =
      11        0       13        0
```

```
         41     0      0     44
          0    22      0     24
          0     0     63      0
S =
   (1,1)       11
   (2,1)       41
   (3,2)       22
   (1,3)       13
   (4,3)       63
   (2,4)       44
   (3,4)       24
ans =
   (1,1)       41.0000
   (4,1)        0.2683
   (2,2)       22.0000
   (3,3)       63.0000
   (4,3)        0.2063
   (1,4)       44.0000
   (2,4)       24.0000
L =
   (1,1)        1.0000
   (4,1)        0.2683
   (2,2)        1.0000
   (3,3)        1.0000
   (4,3)        0.2063
   (4,4)        1.0000
U =
   (1,1)       41
   (2,2)       22
   (3,3)       63
   (1,4)       44
   (2,4)       24
p =
   (4,1)        1
   (1,2)        1
   (2,3)        1
   (3,4)        1
>> L = full(L)
   U = full(U)
   P = full(P)
L =
    1.0000        0        0        0
         0   1.0000        0        0
         0        0   1.0000        0
    0.2683        0   0.2063   1.0000
U =
        41        0        0       44
         0       22        0       24
         0        0       63        0
         0        0        0        0
P =
```

```
   0   0   1
   0   1   0
   1   0   0
```

可见,稀疏矩阵 A 不完全 LU 分解的结果,L 是下三角矩阵,U 是上三角矩阵,P 是单位矩阵的置换阵。

8.15 cholinc——稀疏矩阵的不完全 Cholesky 分解

函数 cholinc()的调用格式为:

R = cholinc(X,options)——返回对稀疏矩阵 X 按指定分解标准进行不完全 Cholesky 分解的矩阵 R。参数 options 的取值有 3 个,分别为 droptol、michol 和 rdiag,表示分解标准。含义如下:

droptol——表示指定舍入误差;

michol——表示是否使用改进的不完全 Cholesky 分解算法。michol 为 1 时,表示使用;为 0 时表示不使用(默认值)。

rdiag——表示是否用 droptol 字段值代替上三角分解因子中的对角线上的零元素。rdiag 为 1 时,表示代替,为 0 时表示不代替(默认值)。

R = cholinc(X,'0')——返回对稀疏矩阵 X 的完全 Cholesky 分解的矩阵 R。

[R,p] = cholinc(X,'0')——返回两个参数,并且不会返回出错信息。

当矩阵 X 是正定矩阵时,返回值 p 为正整数,R 是上三角矩阵,其阶数为 p−1,且满足 X(1:p−1,1:p−1)=R' * R。

R=cholinc(X,'inf')——采用 Cholesky-infinity 分解。Cholesky-infinity 分解是基于 Cholesky 分解的,但它可以处理实半正定矩阵。

【例 8.19】 生成一个五阶、分布密度为 0.3 的随机标准正态分布对称稀疏矩阵,并对该矩阵进行不完全 Cholesky 分解。

解:

```
A = sprandsym(5,0.3)      % 生成一个五阶、分布密度为 0.3 的随机标准正态分布对称稀疏矩阵
A =

   (1,1)        0.0593
   (4,1)       -0.0956
   (4,2)        0.2944
   (4,3)       -0.8323
   (5,3)       -1.3362
   (1,4)       -0.0956
   (2,4)        0.2944
   (3,4)       -0.8323
   (3,5)       -1.3362

>> R = cholinc(A,0.0001)  % 对稀疏矩阵进行不完全 Cholesky 分解,舍入误差为 0.00001
```

Warning:Incomplete upper triangular factor has 2 zero diagonals.

　　　It cannot be used as a preconditioner for an iterative method

R =

```
   (1,1)      0.2435
   (1,4)    - 0.3928
   (2,4)      0.2944
   (3,4)    - 0.8323
   (4,4)    - 0.9663
   (3,5)    - 1.3362
   (4,5)    - 1.1509
   (5,5)    - 0.6788
>> R = full(R)
   R =
```

0	0	0	2.3801	0
0	0	- 0.0376	0.1746	0
0	0	- 0.0376	0.1746	0
0	0	0	- 2.3801	0.1375
0	0	0	0	0.1375

可见，R 是一个上三角矩阵。

【例 8.20】 对稀疏矩阵进行不完全 Cholesky 分解。

解：

```
Clear;
H3 = hilb(3)
R3 = chol(H3)                    % Cholesky 分解
H20 = sparse(hilb(20));          % 创建稀疏矩阵
[R,p] = chol(H20);               % Cholesky 分解
Rinf = cholinc(H20,'inf');       % 不完全 Cholesky 分解
Rfu = full(Rinf(14:end,14:end))
```

H3 =

1.0000	0.5000	0.3333
0.5000	0.3333	0.2500
0.3333	0.2500	0.2000

R3 =

1.0000	0.5000	0.3333
0	0.2887	0.2887
0	0	0.0745

Rfu =

Inf	0	0	0	0	0	0
0	Inf	0	0	0	0	0
0	0	Inf	0	0	0	0
0	0	0	Inf	0	0	0
0	0	0	0	Inf	0	0
0	0	0	0	0	Inf	0
0	0	0	0	0	0	Inf

% 检测是否满足分解条件

```
>> H = full(H20(14:end,14:end))
H =

    0.0370    0.0357    0.0345    0.0333    0.0323    0.0313    0.0303
    0.0357    0.0345    0.0333    0.0323    0.0313    0.0303    0.0294
    0.0345    0.0333    0.0323    0.0313    0.0303    0.0294    0.0286
    0.0333    0.0323    0.0313    0.0303    0.0294    0.0286    0.0278
    0.0323    0.0313    0.0303    0.0294    0.0286    0.0278    0.0270
    0.0313    0.0303    0.0294    0.0286    0.0278    0.0270    0.0263
    0.0303    0.0294    0.0286    0.0278    0.0270    0.0263    0.0256

>> H20R = Rfu' * Rfu

H20R =

   Inf   NaN   NaN   NaN   NaN   NaN   NaN
   NaN   Inf   NaN   NaN   NaN   NaN   NaN
   NaN   NaN   Inf   NaN   NaN   NaN   NaN
   NaN   NaN   NaN   Inf   NaN   NaN   NaN
   NaN   NaN   NaN   NaN   Inf   NaN   NaN
   NaN   NaN   NaN   NaN   NaN   Inf   NaN
   NaN   NaN   NaN   NaN   NaN   NaN   Inf
```

从以上结果可以看出,尽管 cholinc()函数可以求解得到分解结果,但是该分解结果并不能保证开始的等式关系。

8.16 eigs——稀疏矩阵的特征值分解

稀疏矩阵的特征值分解函数 eigs()的调用格式如下:

d = eigs(A)——当稀疏矩阵 A 的秩不小于 6 时,可求得矩阵 A 的 6 个最大特征值 d,d 以向量形式存放。

d = eigs(A,k)——求稀疏矩阵 A 的 k 个最大特征值,并存储于向量 d。

d = eigs(A,k,sigma)——求稀疏矩阵 A 的 k 个基于参数 sigma 的最大特征值,并存储于向量 d。

sigma 的取值如下:

'lm'表示最大数量的特征值;

'sm'最小数量特征值。

对实对称问题:

'la'表示最大特征值;

'sa'为最小特征值。

对非对称和复数问题:

'lr'表示最大实部;

'sr'表示最小实部;

'li'表示最大虚部;

'si'表示最小虚部。

d = eigs(A,B)——当稀疏矩阵 A 和 B 的秩都不小于 6 时，可求得稀疏矩阵 A 和 B 的 6 个广义特征值，并存储于向量 d 中。满足 AV＝BVD，其中 D 为特征值对角阵，V 为特征向量矩阵，B 必须是对称正定阵或 Hermitian 正定阵。

d = eigs(A,B,k)——该函数求稀疏矩阵 A 和 B 的 k 个广义特征值。

d = eigs(A,B,k,sigma)——求稀疏矩阵 A 和 B 的 k 个基于参数 sigma 的广义特征值，并存储于向量 d。

[V,D] = eigs(A)——返回矩阵 A 的最大特征值对角阵 D 和一个矩阵 V，V 的列向量为对应最大特征向量。

[V,D,flag] = eigs(A)——flag 表示特征值的收敛性，若 flag＝0，则所有特征值都收敛；否则，不是所有特征值都收敛。

【例 8.21】 生成一随机均匀分布稀疏矩阵，并求该矩阵的特征值和特征向量。

解:

```
A = sprand(4,4,0.8)
A =
   (1,1)      0.0046
   (2,1)      0.8173
   (3,1)      0.3998
   (4,1)      0.4314
   (2,2)      0.8687
   (3,3)      0.2599
   (1,4)      0.7749
   (2,4)      0.0844
   (3,4)      0.8001
>> d = eigs(A)
d =
     0.8687
     0.5805
   - 0.5759
     0.2599
>> d = eigs(A,3)
>> d = eigs(A,3,'lm')
d =
   0.1331 + 0.1497i
   0.1331 - 0.1497i
 - 0.2661 + 0.0000i
   1.1483 + 0.0000i
d =
   0.1331 - 0.1497i
 - 0.2661 + 0.0000i
   1.1483 + 0.0000i
[V,D] = eigs(A)
[V,D,flag] = eigs(A)
V =
```

```
   - 0.1781 + 0.1796i    - 0.1781 - 0.1796i     0.8901 + 0.0000i   0.2455 + 0.0000i
     0.8040 + 0.0000i      0.8040 + 0.0000i     - 0.2572 + 0.0000i   0.9528 + 0.0000i
   - 0.5054 - 0.0054i    - 0.5054 + 0.0054i     - 0.3385 + 0.0000i   0.0768 + 0.0000i
   - 0.1214 - 0.1396i    - 0.1214 + 0.1396i      0.1646 + 0.0000i   0.1611 + 0.0000i
D =

     0.1331 + 0.1497i     0.0000 + 0.0000i     0.0000 + 0.0000i   0.0000 + 0.0000i
     0.0000 + 0.0000i     0.1331 - 0.1497i     0.0000 + 0.0000i   0.0000 + 0.0000i
     0.0000 + 0.0000i     0.0000 + 0.0000i    - 0.2661 + 0.0000i   0.0000 + 0.0000i
     0.0000 + 0.0000i     0.0000 + 0.0000i     0.0000 + 0.0000i   1.1483 + 0.0000i
V =

   - 0.1781 + 0.1796i    - 0.1781 - 0.1796i     0.8901 + 0.0000i   0.2455 + 0.0000i
     0.8040 + 0.0000i      0.8040 + 0.0000i     - 0.2572 + 0.0000i   0.9528 + 0.0000i
   - 0.5054 - 0.0054i    - 0.5054 + 0.0054i     - 0.3385 + 0.0000i   0.0768 + 0.0000i
   - 0.1214 - 0.1396i    - 0.1214 + 0.1396i      0.1646 + 0.0000i   0.1611 + 0.0000i
D =

     0.1331 + 0.1497i     0.0000 + 0.0000i     0.0000 + 0.0000i   0.0000 + 0.0000i
     0.0000 + 0.0000i     0.1331 - 0.1497i     0.0000 + 0.0000i   0.0000 + 0.0000i
     0.0000 + 0.0000i     0.0000 + 0.0000i    - 0.2661 + 0.0000i   0.0000 + 0.0000i
     0.0000 + 0.0000i     0.0000 + 0.0000i     0.0000 + 0.0000i   1.1483 + 0.0000i
flag =

     0
```

【例 8.22】 求以下两个稀疏矩阵 A、B 的广义特征值。

解：

```
A = [1 2 3;3 4 5;5 6 7]
B = [3 2 0;2 4 - 2;0 - 2 5]
d = eigs(A,B)
d = eigs(A,B,3)
d = eigs(A,B,3,'sm')
A =
     1     2     3
     3     4     5
     5     6     7
B =
     3     2     0
     2     4    - 2
     0    - 2     5
d =
     0.0000
   - 0.3791
     4.5220
d =
     0.0000
   - 0.3791
     4.5220
d =
```

```
     4.5220
   - 0.3791
     0.0000
>> d = eigs(A,B,3,'lm')
d =
     0.0000
   - 0.3791
     4.5220
```

【例 8.23】 求六阶稀疏矩阵 A 的特征值。

解：

```
A = sprand(6,6,0.8)
S = full(A)
A =

   (1,1)      0.6569
   (2,1)      0.4317
   (4,1)      0.3724
   (5,1)      0.9516
   (6,1)      0.7379
   (2,2)      0.0155
   (1,3)      0.6280
   (4,3)      0.1981
   (6,3)      0.2691
   (4,4)      0.4897
   (5,4)      0.9203
   (6,4)      0.4228
   (1,5)      0.2920
   (2,5)      0.9841
   (3,5)      0.1672
   (4,5)      0.3395
   (5,5)      0.0527
   (3,6)      0.1062
S =

   0.6569        0    0.6280        0    0.2920        0
   0.4317   0.0155        0        0    0.9841        0
        0        0        0        0    0.1672   0.1062
   0.3724        0    0.1981   0.4897   0.3395        0
   0.9516        0        0    0.9203   0.0527        0
   0.7379        0    0.2691   0.4228        0        0
>>  d = eigs(A,6)
d =
   0.0155 + 0.0000i
   0.0449 + 0.0000i
 - 0.2709 + 0.2318i
 - 0.2709 - 0.2318i
   0.3834 + 0.0000i
   1.3128 + 0.0000i
```

以上就是六阶稀疏矩阵 A 的 6 个特征值。

【例 8.24】 求七阶稀疏矩阵 A 的特征值。

解：

```
>> A = sprand(7,7,0.8)
S = full(A)
d = eigs(A,6)
A =
   (2,1)        0.2407
   (5,1)        0.7805
   (6,1)        0.0012
   (7,1)        0.4243
   (1,2)        0.5181
   (2,2)        0.6761
   (5,2)        0.6753
   (6,2)        0.4624
   (7,2)        0.4609
   (1,3)        0.9436
   (3,3)        0.6951
   (4,3)        0.6678
   (5,3)        0.0067
   (7,3)        0.7702
   (1,4)        0.6377
   (2,4)        0.2891
   (3,4)        0.0680
   (5,4)        0.6022
   (2,5)        0.6718
   (3,5)        0.2548
   (4,5)        0.8444
   (5,5)        0.3868
   (7,5)        0.3225
   (1,6)        0.9577
   (3,6)        0.2240
   (4,6)        0.3445
   (5,7)        0.9160
   (7,7)        0.7847
S =
        0    0.5181    0.9436    0.6377         0    0.9577         0
   0.2407    0.6761         0    0.2891    0.6718         0         0
        0         0    0.6951    0.0680    0.2548    0.2240         0
        0         0    0.6678         0    0.8444    0.3445         0
   0.7805    0.6753    0.0067    0.6022    0.3868         0    0.9160
   0.0012    0.4624         0         0         0         0         0
   0.4243    0.4609    0.7702         0    0.3225         0    0.7847
```

Warning:For nonsymmetric and complex problems,must have number of eigenvalues k < n − 1.
Using eig instead.
> In eigs/checkInputs(line 835)
  In eigs(line 93)
d =

```
0.1405 + 0.2966i
0.1405 - 0.2966i
-0.1881 + 0.3250i
-0.1881 - 0.3250i
0.5391 + 0.0000i
2.1335 + 0.0000i
```

以上就是七阶稀疏矩阵 A 的 6 个特征值。

```
>>   d = eigs(A,7)
Warning:For nonsymmetric and complex problems,must have number of eigenvalues k < n - 1.
Using eig instead.
> In eigs/checkInputs(line 835)
   In eigs(line 93)
d =
 - 0.0347 + 0.0000i
   0.1405 + 0.2966i
   0.1405 - 0.2966i
 - 0.1881 + 0.3250i
 - 0.1881 - 0.3250i
   0.5391 + 0.0000i
   2.1335 + 0.0000i
```

以上是七阶稀疏矩阵 A 的 7 个特征值。

```
d = eigs(A)
Warning:For nonsymmetric and complex problems,must have number of eigenvalues k < n - 1.
Using eig instead.
> In eigs/checkInputs(line 835)
   In eigs(line 93)

d =

   0.1405 + 0.2966i
   0.1405 - 0.2966i
 - 0.1881 + 0.3250i
 - 0.1881 - 0.3250i
   0.5391 + 0.0000i
   2.1335 + 0.0000i
```

这表明,对于阶数高于 6 的稀疏方阵,用"d＝eigs(A)"命令只能求得稀疏矩阵的 6 个特征值。

【例 8.25】 对以下矩阵 A 进行特征值分解。

$$A = \begin{pmatrix} 23 & 24 & 34 & 7 \\ 2 & 4 & 7 & 8 \\ 45 & 89 & 36 & 78 \\ 90 & 30 & 29 & 88 \end{pmatrix}$$

解:

```
>> A = [23 24 34 7;2 4 7 8;45 89 36 78;90 30 29 88]
```

```
d = eigs(A)
d = eigs(A,4)
d = eigs(A,3)
d = eigs(A,2,'sm')
A =
    23    24    34     7
     2     4     7     8
    45    89    36    78
    90    30    29    88
d =
  1.0e + 02 *
  - 0.1125 + 0.0000i
    0.0749 + 0.2895i
    0.0749 - 0.2895i
    1.4727 + 0.0000i
d =
  1.0e + 02 *
  - 0.1125 + 0.0000i
    0.0749 + 0.2895i
    0.0749 - 0.2895i
    1.4727 + 0.0000i
d =
  1.0e + 02 *
    0.0749 + 0.2895i
    0.0749 - 0.2895i
    1.4727 + 0.0000i
d =
  - 11.2505 + 0.0000i
    7.4905 + 28.9490i
```

可见,命令 d＝eigs(A,4)、d＝eigs(A,3)、d＝eigs(A,2,'sm')依次产生 4、3、2 个特征值。命令 d＝eigs(A)和 d＝eigs(A,4)功能相同。

8.17   小结

本章一共讨论了 16 种稀疏矩阵的生成或分解。

第9章

解矩阵方程

矩阵方程 $AX=B$ 是否有解可通过比较系数矩阵的秩、方程组中未知变量的个数 n 及增广矩阵 $C=[A,B]$ 的秩来确定：

- 若 $\mathrm{rank}(A)=n$，则方程组有唯一解。
- 若 $\mathrm{rank}(A)=\mathrm{rank}(C)<n$，则方程组有无穷多个解；其无穷解＝对应齐次方程组的通解＋非齐次方程组的特解。
- 若 $\mathrm{rank}(A)<\mathrm{rank}(C)$，则方程组无解。

解矩阵方程有两种方法：一种是直接法，一种是迭代法。直接法是在没有舍入误差的假设下，在预定的运算次数内求得精确解。迭代法是构造一种递推格式，产生逼近精确解的序列。迭代法又可以分成多种，如梯度法和残差法等。梯度法包括双共轭梯度法、稳定双共轭梯度法、复共轭梯度平方法、共轭梯度法和预处理共轭梯度法等；残差法包括最小残差法、广义最小残差法和准最小残差法等。

9.1 inv() 和 rref() 求解具有唯一解方程组

根据矩阵除法原理，利用 inv() 和 rref() 函数可求具有唯一解的矩阵方程组的解。其调用格式如下：

Q＝rref([A,b])——A 和 b 分别为系数矩阵和常数列，返回矩阵 Q 的最后一列即为原矩阵方程解。

inv(A)——计算 A 的逆矩阵。

【例 9.1】 分别用函数 inv() 和 rref() 求如下方程组的解。

$$\begin{cases} 5x_1 + 6x_2 = 1 \\ x_1 + 5x_2 + 6x_3 = 0 \\ x_1 + x_2 + 5x_3 + 6x_4 = 1 \\ x_3 + 5x_4 = 0 \end{cases}$$

解：

```
A = [ 5 6 0 0;1 5 6 0;1 1 5 6;0 0 1 5]
A =

    5    6    0    0
    1    5    6    0
    1    1    5    6
    0    0    1    5

>> b = [ 1 0 1 0]';
C = [A,b];              % 由系数矩阵和常数列构成增广矩阵 C
>> RankA = rank(A)      % 求系数矩阵的秩

RankA =

    4                   % 系数矩阵的秩和未知变量的个数相同,说明方程组有唯一解

>> x1 = inv(A) * b      % inv 函数求解
x1 =

    0.6266
  - 0.3555
    0.1918
  - 0.0384
>> x2 = rref(C)         % rref 函数求解,x2 最后一列即为解

x2 =

    1.0000         0         0         0    0.6266
         0    1.0000         0         0  - 0.3555
         0         0    1.0000         0    0.1918
         0         0         0    1.0000  - 0.0384
```

可见,用两种方法求得方程组的解均为

$$\begin{cases} x_1 = 0.6266 \\ x_2 = -0.3555 \\ x_3 = 0.1918 \\ x_4 = -0.0384 \end{cases}$$

【例 9.2】 分别用函数 inv() 和 rref() 求如下方程组的解。

$$\begin{cases} 2x_1 + x_2 - 5x_3 + x_4 = 8 \\ x_1 - 3x_2 - 6x_4 = 9 \\ 2x_2 - x_3 + 2x_4 = -5 \\ x_1 + 4x_2 - 7x_3 + 6x_4 = 0 \end{cases}$$

解：

```
A = [ 2 1 - 5 1;1 - 3 0 - 6;0 2 - 1 2;1 4 - 7 6]

b = [ 8 9 - 5 0]';
C = [A,b];  % 由系数矩阵和常数列构成增广矩阵 C
```

```
A =

    2    1   - 5    1
    1   - 3    0   - 6
    0    2   - 1    2
    1    4   - 7    6
```

```
>> RankA = rank(A)                    % 求系数矩阵的秩

RankA =

    4                                 % 系数矩阵的秩和未知变量的个数相同,说明方程组有唯一解

>> x1 = inv(A) * b                    % inv 函数求解
x2 = rref(C)                          % rref 函数求解,x2 最后一列即为解
x1 =
     3.0000
   - 4.0000
   - 1.0000
     1.0000

x2 =
    1    0    0    0     3
    0    1    0    0    - 4
    0    0    1    0    - 1
    0    0    0    1     1
```

可见,用两种方法求得方程组的解均为

$$\begin{cases} x_1 = 3 \\ x_2 = -4 \\ x_3 = -1 \\ x_4 = 1 \end{cases}$$

【例 9.3】 分别用函数 inv()和 rref()求如下方程组的解。

$$\begin{pmatrix} 2 & 1 & -2 \\ 1 & 1 & 1 \\ 1 & 2 & -3 \end{pmatrix} \begin{pmatrix} x_0 \\ x_1 \\ x_2 \end{pmatrix} = \begin{pmatrix} 1 \\ 3 \\ 1 \end{pmatrix}$$

解:

```
A = [2 1 - 2;1 1 1;1 2 - 3]

A =
    2    1   - 2
    1    1    1
    1    2   - 3

>> b = [ 1 3 1]';
>> RankA = rank(A)

RankA =
```

3

```
>> x1 = inv(A) * b    % inv 函数求解

x1 =

    0.6250
    1.5000
    0.8750

>> C = [A,b];
>>  x2 = rref(C)    % rref 函数求解,x2 最后一列即为解

x2 =

    1.0000         0         0    0.6250
         0    1.0000         0    1.5000
         0         0    1.0000    0.8750
```

可见,用两种方法求得方程组的解均为

$$\begin{cases} x_0 = 0.6250 \\ x_1 = 1.5000 \\ x_2 = 0.8750 \end{cases}$$

9.2 null 和 pinv——求解具有无穷解的矩阵方程组的基础解系和特解

利用 null() 和 pinv() 函数分别求具有无穷解矩阵方程组的基础解系和特解。其调用格式如下:

z=null——z 的列向量为方程组的正交规范基,满足 $Z' \times Z = I$。

z=null(A,'r')——z 的列向量是方程 AX=0 的有理解。

pinv(A)——计算矩阵 A 的伪逆矩阵。

【例 9.4】 利用函数 pinv() 和 null() 求如下方程组的解。

$$\begin{cases} x_1 + 2x_2 + 2x_3 + x_4 = 3 \\ 2x_1 + x_2 - 2x_3 - 6x_4 = 2 \\ x_1 - x_2 - 4x_3 - 3x_4 = 7 \end{cases}$$

解:

```
A = [1 2 2 1;2 1 -2 -6;1 -1 -4 -3]

b = [3 2 7]';
C = [A,b];              % 由系数矩阵和常数列构成增广矩阵 C
RankA = rank(A)         % 求系数矩阵的秩

A =
```

```
     1        2        2       1
     2        1       -2      -6
     1       -1       -4      -3
RankA =

     3

>> RankC = rank(C)        % 求增广矩阵 C 的秩

RankC =

     3                    % rank(A) = rank(C)< 4,说明有无穷解
>> x1 = null(A,'r')       % null 函数求 AX = 0 的通解

x1 =

     2
    -2
     1
     0

>> x2 = pinv(A) * b       % pinv 函数求 AX = b 的一个特解
x2 =

     3.2222
     1.7778
    -2.8889
     2.0000

>> syms k1
>> x = k1 * x1 + x2

x =                       % 无穷解 = 对应齐次方程组的通解 + 非齐次方程组的特解
     2 * k1 + 29/9
    -2 * k1 + 16/9
       k1 - 26/9
             2
```

9.3　pinv——利用 moore-penrose 广义逆求无解方程的近似最小二乘解

【例 9.5】　利用函数 pinv()求如下方程组的近似最小二乘解。

$$\begin{cases} x_1 + 2x_2 + 2x_3 + x_4 = 3 \\ 2x_1 + x_2 - 2x_3 - 6x_4 = 2 \\ x_1 - x_2 - 4x_3 - 3x_4 = 7 \end{cases}$$

解：

```
A = [1 2 2 1;2 1 -2 -2;1 -1 -4 -3]
```

```
b = [3 2 7]';
C = [A,b];                      %由系数矩阵和常数列构成增广矩阵C

A =

    1     2     2     1
    2     1    -2    -2
    1    -1    -4    -3

>> RankA = rank(A)              %求系数矩阵的秩
RankA =

    2

>> RankC = rank(C)              %求增广矩阵C的秩

RankC =

    3                           % rank(A)< rank(C),说明原方程无解


>> x = pinv(A) * b              % pinv 函数求 AX = b 的近似最小二乘解

x =

    0.8598
    0.5926
   -0.5344
   -0.6429

>> norm(A * x - b)

ans =

    4.6188                      %计算 A * x - b 的绝对值
```

9.4　lyap——连续 Lyapunov 方程和 Sylvester 方程（广义 Lyapunov 方程）求解

以下介绍的 Lyapunov、Sylvester 和 Riccati 方程是控制系统常常用到的几个方程。

连续 Lyapunov 方程的一般形式：$AX + XA' = -C$。其中 $-C$ 为对称正定的 $n \times n$ 矩阵。Lyapunov 方程来源于微分方程稳定性理论，其中要求 C 为对称正定的 $n \times n$ 方阵，从而可以证明解 X 亦为 $n \times n$ 对称矩阵。

Sylvester 方程一般形式：$AX + XB = -C$。其中 A 为 $n \times n$ 矩阵，B 为 $m \times m$ 矩阵，C 和 X 均为 $n \times m$ 矩阵。

利用 lyap()函数解连续 Lyapunov 方程和 Sylvester 方程,调用格式为:

X＝lyap(A,C)——求连续 Lyapunov 方程的解 X。其中 A 和 C 为 Lyapunov 系数矩阵。

X＝lyap(A,B,C)——求 Sylvester 方程(广义 Lyapunov 方程)的解 X。其中 A、B、C 为 Lyapunov 方程的系数矩阵。

【例 9.6】　利用函数 lyap()求一连续 Lyapunov 方程解。

解:

```
A = [1 2 1;2 1 -2;1 -4 -3];
C = -[10 5 4;5 6 7;4 7 9];
X = lyap(A,C)                    % 解连续 Lyapunov 方程

X =

      5.7542     -0.3833      0.0125
     -0.3833     -1.5333     -2.6500
      0.0125     -2.6500      2.0375

>> norm(A * X + X * A' + C)      % 计算 A * X + X * A' + C 的范数值,结果反映有很高的精度

ans =

    1.0752e-014
```

【例 9.7】　利用函数 lyap()求一个 Sylvester 方程(广义 Lyapunov 方程)解。

解:

```
A = [1 2 1;2 1 -2;1 -4 -3];
B = [1 2;3 4];
C = -[10 5;5 6;4 9];
X = lyap(A,B,C)                  % 解 Sylvester 方程

X =

    4.0000     -8.5000
    3.3750     10.5833
   20.7500     18.3333

>> norm(A * X + X * B + C)       % 计算 A * X + X * B + C 的范数值,结果反映有很高的精度
ans =

    2.0774e-14
```

9.5　dlyap——离散 Lyapunov 方程

离散 Lyapunov 方程的一般形式为:$AXA' - X + Q = 0$。

利用 dlyap()函数解离散 Lyapunov 方程,调用格式为:

X＝dlyap(A,Q)——求离散 Lyapunov 方程的解 X。其中 A、Q 为离散 Lyapunov 方程的系数矩阵。

【例 9.8】 利用函数 dlyap()求一离散 Lyapunov 方程的解。

解：

```
A = [1 6 1;2 3 - 2;1 4 - 3];
Q = - [10 7 4;5 6 7;8 7 9];
>> X = dlyap(A,Q)              % dlyap 求一离散 Lyapunov 方程的解
X =

    0.6518    - 0.2159    - 0.2065
    0.2753      0.2622      0.1501
    0.6140    - 0.2628      0.4732

>> norm(A * X * A' - X + Q)    % 计算 AXA' - X + Q 的范数值,结果反映有很高的精度

ans =

    7.4082e - 015
```

9.6 are——Riccati 方程求解

Riccati 方程是一类很著名的二次型矩阵形式,其一般形式为：$A'X + XA - XBX + C = 0$。

利用 are()函数解 Riccati 方程,调用格式为：

X＝are(A,B,C)——求 Riccati 方程的解 X。其中 A、B、C 为 Riccati 方程的系数矩阵。

【例 9.9】 利用 are()函数求一个 Riccati 方程的解。

解：

```
A = [1 2 1;2 1 2;1 4 1];
>> B = [1 2 6;5 3 4;7 6 1];
>> C = [10 5 3;5 8 6;1 4 10];
>> X = are(A,B,C)             % 利用 are 函数求 Riccati 方程的解

X =

   - 10.3978    - 1.8519      9.0687
     16.3729      4.3691    - 11.8422
    - 0.3815      0.2581      1.3247

>> norm(A' * X + X * A - X * B * X + C)    % 计算 A'X + XA - XBX + C 的范数值,结果反映有很高的精度
ans =

    5.8711e - 013
```

9.7 利用 LU 分解求方程组的解

LU 分解又称高斯消去分解,可将任意一个方阵分解为一个下三角矩阵 L 和一个上三角矩阵 U 的乘积,即 $A=LU$。方程 $AX=b$ 可转换成 $LUX=b$,故方程组的解为 $X=U\backslash(L\backslash b)$。

在 MATLAB 中,通过函数 lu() 进行矩阵的 LU 分解。该函数的调用格式为:

$[L,U]=lu(A)$—— U 为上三角矩阵,L 为下三角矩阵,满足 $A=L*U$。

$[L,U,P]=lu(A)$——P 为单位矩阵的行变换矩阵,满足 $L*U=P*A$。

【例 9.10】 利用 LU 分解求如下方程组的解。

$$\begin{cases} 6x_1 + 2x_2 + 4x_3 = 3 \\ 3x_1 + x_2 + 7x_3 = 2 \\ 5x_1 + 4x_2 + x_3 = 8 \end{cases}$$

解:

```
A = [6 2 4;3 1 7;5 4 1]
b = [3 2 8]';
A =

   6    2    4
   3    1    7
   5    4    1

>> [L,U] = lu(A)
L =
   1.0000        0        0
   0.5000        0   1.0000
   0.8333   1.0000        0
U =

   6.0000   2.0000   4.0000
        0   2.3333 - 2.3333
        0        0   5.0000

>> X = U\(L\b)
X =
   - 0.3857
     2.4571
     0.1000
>> norm(A * X - b)
ans =

   8.8818e - 016

[L,U,P] = lu(A)
L =
```

```
        1.0000          0          0
        0.8333     1.0000          0
        0.5000          0     1.0000
U =

        6.0000     2.0000     4.0000
             0     2.3333    -2.3333
             0          0     5.0000

P =

        1          0          0
        0          0          1
        0          1          0

>> L * U
ans =

        6          2          4
        5          4          1
        3          1          7


>> P * A

ans =

        6          2          4
        5          4          1
        3          1          7
```

故,L * U=P * A。

9.8 利用 QR 分解求方程组的解

矩阵的正交分解称为 QR 分解。QR 分解可将任意一个 $m \times n$ 的长方矩阵 A 分解为一个正交矩阵 Q(大小为 $m \times n$)和一个上三角矩阵 R(大小为 $m \times n$)的乘积,即 $A = Q * R$。方程 $AX = b$ 可以转换成 $QRX = b$,故方程组的解为 $X = R \backslash (Q \backslash b)$。

在 MATLAB 中,通过函数 qr()进行矩阵的 QR 分解。该函数的调用格式为:

[Q,R]=qr(A)——对矩阵 A 进行正交三角分解,返回正交矩阵 Q 和与 A 同维数的上三角阵 R,满足 A=QR。

[Q,R,E]=qr(A)——对矩阵 A 进行正交三角分解,返回正交矩阵 Q、对角元素递减的上三角阵 R 和置换矩阵 E,满足 AE=QR。

【例 9.11】 利用 QR 分解求如下方程组的解。

$$\begin{cases} 6x_1 + 2x_2 + 4x_3 = 3 \\ 3x_1 + x_2 + 7x_3 = 2 \\ 5x_1 + 4x_2 + x_3 = 8 \end{cases}$$

解：

```
A = [6 2 4;3 1 7;5 4 1]
b = [3 2 8]';
A =

    6    2    4
    3    1    7
    5    4    1

[Q,R] = qr(A)
Q =

   -0.7171   -0.5345   -0.4472
   -0.3586   -0.2673    0.8944
   -0.5976    0.8018         0
R =

   -8.3666   -4.1833   -5.9761
         0    1.8708   -3.2071
         0         0    4.4721

X = R\(Q\b)

X =

   -0.3857
    2.4571
    0.1000

norm(A * X - b)

ans =

   5.4208e - 015
```

9.9　LQ 解法解线性方程组

LQ 分解又称高斯消去分解，可将任意一个方阵分解成一个下三角矩阵 L 和一个上三角矩阵 U 的乘积，即 $A=LU$。方程 $AX=b$ 可转换成 $LUX=b$，故方程组的解为 $X=U\backslash(L\backslash b)$。

在 MATLAB 中，通过函数 symmlq() 进行矩阵的 LQ 分解。该函数的调用格式为：

x＝symmlq(A,b)——利用 LQ 解法求线性方程组 AX＝b 的解 x。A 为 n 阶对称方阵，b 为 n 元列向量。如果求解过程收敛，将显示结果信息；如果求解过程不收敛，则给出警告信息并显示相对残差和计算终止时的迭代次数。

x＝symmlq(A,b,tol)——在指定误差 tol 下利用 LQ 解法求线性方程组 AX＝b 的解 x。如果 tol 为空，则取默认值 1e-6。

x＝symmlq(A,b,tol,maxit)——在指定误差 tol 和指定求解最大迭代次数 maxit 下求

线性方程组 AX＝b 的解。

x＝symmlq(A,b,tol,maxit,M)——在指定误差 tol、求解最大迭代次数 maxit 和对称正定矩阵的预处理因子 M 下利用 LQ 解法求线性方程组 AX＝b 的解。

x＝symmlq(A,b,tol,maxit,M1,M2)——等价于 symmlq(A,b,tol,maxit,M1×M2)。

x＝symmlq(A,b,tol,maxit,M1,M2,x0)——在指定误差 tol、求解最大迭代次数 maxit、对称正定矩阵的预处理因子 M1×M2、指定方程解的初始估计值 x0 下利用 LQ 解法求解线性方程组 AX＝b 的解。

[x,flag]＝symmlq(…)——利用 LQ 解法求线性方程组 AX＝b 的解 x,并返回求解指示信息值 flag。flag 的值可能为:

0——表示在指定迭代次数之内按要求精度收敛;

1——表示在指定迭代次数之内不收敛;

2——表示 M 为坏条件的预处理因子;

3——表示两次连续迭代完全相同;

4——表示标量参数太小或太大;

5——表示预处理因子不是对称正定的。

[x,flag,relres]＝symmlq(…)——同时返回求解的相对误差 relres。

[x,flag,relres,iter]＝symmlq(…)——同时返回求解的迭代次数 iter。

[x,flag,relres,iter,resvec]＝symmlq(…)——同时返回每次迭代的残差 resvec。

[x,flag,relres,iter,resvec,resveccg]＝symmlq(…)——同时返回每次迭代共轭梯度残差的范数 resveccg。

【例 9.12】 利用 symmlq() 函数求如下方程组的解。

$$\begin{cases} 2x_1 + 3x_2 + x_3 = 4 \\ 3x_1 + 6x_2 + 5x_3 = 7 \\ x_1 + 5x_2 + 6x_3 = 4 \end{cases}$$

解:

```
A = [2 3 1;3 6 5;1 5 6]
b = [4 7 4]';

x = symmlq(A,b)              % 使用 symmlq 解方程
A =

    2    3    1
    3    6    5
    1    5    6

symmlq converged at iteration 2 to a solution with relative residual 3.2e - 016

x =

    1.3750
    0.3750
    0.1250
```

```
>> norm(A * x - b)  % 计算 AX - b 的范数值,结果反映有很高的精度

ans =

    2.8436e - 015
```

【例 9.13】 利用 symmlq() 函数求如下方程组的解。

$$\begin{cases} x_1 + x_2 + x_3 + x_4 = 4 \\ x_1 + 2x_2 + 3x_3 + 4x_4 = 7 \\ x_1 + 3x_2 + 6x_3 + 10x_4 = 4 \\ x_1 + 4x_2 + 10x_3 + 20x_4 = 3 \end{cases}$$

解:

```
A = [1 1 1 1;1 2 3 4;1 3 6 10;1 4 10 20]
b = [4 7 4 3]'
A =

    1    1    1    1
    1    2    3    4
    1    3    6    10
    1    4    10   20
b =

    4
    7
    4
    3
>> x = symmlq(A,b)
symmlq converged at iteration 3 to a solution with relative residual 1.6e - 11.
x =

    - 13.0000
      39.0000
    - 30.0000
       8.0000
>> norm(A * x - b)  % 计算 AX - b 的范数值,结果反映有很高的精度

ans =

    2.8436e - 015
```

9.10 bicg——双共轭梯度法解线性方程组

双共轭梯度法是共轭梯度法的一种,利用双共轭梯度法,使用函数 bicg() 求解方程组,其调用格式为:

x＝bicg(A,b)——利用双共轭梯度法求线性方程组 AX＝b 的解 x。A 为 n 阶对称方阵,b 为 n 元列向量。如果收敛,则显示结果信息;如果收敛失败,则给出警告信息并显示

相对残差 norm(b−A*x)/norm(b)和计算终止的迭代次数。

bicg(A,b,tol)——在指定误差 tol 下,利用双共轭梯度法求线性方程组 AX=b 的解,tol 的默认值是 1e-6。

bicg(A,b,tol,maxit)——在指定误差 tol 和指定最大迭代次数 maxit 下,利用双共轭梯度法求线性方程组 AX=b 的解。

bicg(A,b,tol,maxit,M)——M 为用于对称正定矩阵的预处理因子。在指定误差 tol、指定最大迭代次数 maxit 和对称正定矩阵的预处理因子 M 下,利用双共轭梯度法求线性方程组 AX=b 的解。

bicg(A,b,tol,maxit,M1,M2)——等价于 bicg(A,b,tol,maxit,M1×M2)。

bicg(A,b,tol,maxit,M1,M2,x0)——在指定误差 tol、指定最大迭代次数 maxit 和对称正定矩阵的预处理因子 M1×M2、指定方程解的初始估计值 x0 下,利用双共轭梯度法求线性方程组 AX=b 的解。x0 的默认值为 0。

[x,flag] = bicg(A,b,…)——利用双共轭梯度法求线性方程组 AX=b 的解 x,并返回求解指示信息值 flag,flag 的取值为:

0——表示在指定迭代次数之内按要求精度收敛;

1——表示在指定迭代次数内不收敛;

2——表示 M 为坏条件的预处理因子;

3——表示两次连续迭代完全相同;

4——表示标量参数太小或太大。

[x,flag,relres] = bicg(A,b,…)——同时返回求解的相对误差 relres。

[x,flag,relres,iter] = bicg(A,b,…)——同时返回求解的迭代次数 iter。

[x,flag,relres,iter,resvec] = bicg(A,b,…)——同时返回每次迭代的残差 resvec＝norm(b−A*x0)。

【例 9.14】 利用 bicg()函数求如下方程组的解。

$$\begin{cases} 2x_1 + 3x_2 + x_3 = 4 \\ 3x_1 + 6x_2 + 5x_3 = 7 \\ x_1 + 5x_2 + 6x_3 = 4 \end{cases}$$

解:

```
A = [2 3 1;3 6 5;1 5 6]
b = [4 7 4]'
x = bicg(A,b)          % 使用 bicg 解方程
norm(A*x-b)            % 计算 Ax-b 的范数值,结果反映有很高精度
A =

    2    3    1
    3    6    5
    1    5    6
b =

    4
    7
```

```
    4

bicg converged at iteration 3 to a solution with relative residual 3.1e - 015

x =
    1.3750
    0.3750
    0.1250
ans =

    2.7949e - 014
```

9.11　bicgstap——稳定双共轭梯度法解线性方程组

稳定双共轭梯度法求解线性方程组,它对求解的线性方程组没有正定性的要求。利用稳定双共轭梯度法,使用函数 bicgstap()求解方程组。函数的使用方法同 9.10 节的函数bicg()。

x＝bicgstap(A,b)

bicgstap(A,b,tol)

bicgstap(A,b,tol,maxit)

bicgstap(A,b,tol,maxit,M)

bicgstap(A,b,tol,maxit,M1,M2)

bicgstap(A,b,tol,maxit,M1,M2,x0)

[x,flag]＝bicgstap(A,b,…)

[x,flag,relres]＝bicgstap(A,b,…)

[x,flag,relres,iter]＝bicgstap(A,b,…)

[x,flag,relres,iter,resvec]＝bicgstap(A,b,…)

【例 9.15】　利用 bicgstap()函数求如下方程组的解。

$$\begin{cases} 2x_1 + 3x_2 + x_3 = 4 \\ 3x_1 + 6x_2 + 5x_3 = 7 \\ x_1 + 5x_2 + 6x_3 = 4 \end{cases}$$

解:

```
A = [2 3 1;3 6 5;1 5 6]
b = [4 7 4]'
x = bicgstab(A,b)        % 使用 bicgstap 解方程
norm(A * x - b)          % 计算 Ax - b 的范数值,结果反映有很高精度
A =
    2    3    1
    3    6    5
    1    5    6
b =
```

```
          4
          7
          4
```

bicgstab converged at iteration 2.5 to a solution with relative residual 5.5e – 015

```
x =

          1.3750
          0.3750
          0.1250
ans =

          4.9166e – 014
```

9.12   cgs——复共轭梯度平方法解方程组

利用复共轭梯度平方法,使用函数 cgs() 求解方程组。函数的使用方法同 9.10 节的函数 bicg()。

x＝cgs(A,b)

cgs(A,b,tol)

cgs(A,b,tol,maxit)

cgs(A,b,tol,maxit,M)

cgs(A,b,tol,maxit,M1,M2)

cgs(A,b,tol,maxit,M1,M2,x0)

[x,flag]＝cgs(A,b,…)

[x,flag,relres]＝cgs(A,b,…)

[x,flag,relres,iter]＝cgs(A,b,…)

[x,flag,relres,iter,resvec]＝cgs(A,b,…)

【例 9.16】 利用 cgs() 函数求如下方程组的解。

$$\begin{cases} 2x_1 + 3x_2 + x_3 = 4 \\ 3x_1 + 6x_2 + 5x_3 = 7 \\ x_1 + 5x_2 + 6x_3 = 4 \end{cases}$$

解:

```
A = [2 3 1;3 6 5;1 5 6]
b = [4 7 4]'
x = cgs(A,b)              % 使用 cgs 解方程
norm(A * x – b)          % 计算 Ax – b 的范数值,结果反映有很高精度
A =

          2     3     1
          3     6     5
          1     5     6
b =
```

```
    4
    7
    4
cgs converged at iteration 3 to a solution with relative residual 8.3e-013
x =

    1.3750
    0.3750
    0.1250
ans =

    7.5067e-012
```

9.13 lsqr——共轭梯度法的 LSQR 法求解线性方程组

共轭梯度法的 LSQR 法是共轭梯度法的一种,它可以处理一般的线性方程组,同时可以处理超定方程,标准是范数 $\|b-AX\|$ 最小。利用共轭梯度法的 LSQR 法,使用函数 lsqr() 求解方程组。函数的使用方法同 9.10 节的函数 bicg()。

x=isqr(A,b)
isqr(A,b,tol)
isqr(A,b,tol,maxit)
isqr(A,b,tol,maxit,M)
isqr(A,b,tol,maxit,M1,M2)
isqr(A,b,tol,maxit,M1,M2,x0)
[x,flag]=isqr(A,b,…)
[x,flag,relres]=isqr(A,b,…)
[x,flag,relres,iter]=isqr(A,b,…)
[x,flag,relres,iter,resvec]=isqr(A,b,…)

【例 9.17】 利用 lsqr() 函数求如下方程组的解。

$$\begin{cases} 2x_1 + 3x_2 + x_3 = 4 \\ 3x_1 + 6x_2 + 5x_3 = 7 \\ x_1 + 5x_2 + 6x_3 = 4 \end{cases}$$

解:

```
A = [2 3 1;3 6 5;1 5 6]
b = [4 7 4]'
x = lsqr(A,b)              % 使用 lsqr 解方程

norm(A*x-b)               % 计算 Ax-b 的范数值,结果反映有很高精度

A =
    2    3    1
```

```
    3    6    5
    1    5    6
b =
    4
    7
    4
```

lsqr stopped at iteration 3 without converging to the desired tolerance 1e‐006
because the maximum number of iterations was reached.
The iterate returned (number 3) has relative residual 5.2e‐012

```
x =
    1.3750
    0.3750
    0.1250
ans =

    4.6410e‐011
```

9.14　gmres——广义最小残差法解线性方程组

利用广义最小残差法的 x＝gmres(A,b)可以计算线性方程组 AX＝b。A 可以为大的稀疏矩阵,但必须为方阵。使用函数 gmres()求解方程组。函数的使用方法同 9.10 节的函数 bicg()。

x＝gmres(A,b)
gmres(A,b,tol)
gmres(A,b,tol,maxit)
gmres(A,b,tol,maxit,M)
gmres(A,b,tol,maxit,M1,M2)
gmres(A,b,tol,maxit,M1,M2,x0)
[x,flag]＝gmres(A,b,…)
[x,flag,relres]＝gmres(A,b,…)
[x,flag,relres,iter]＝gmres(A,b,…)
[x,flag,relres,iter,resvec]＝gmres(A,b,…)

【例 9.18】　利用 gmres()函数求如下方程组的解。

$$\begin{cases} 2x_1 + 3x_2 + x_3 = 4 \\ 3x_1 + 6x_2 + 5x_3 = 7 \\ x_1 + 5x_2 + 6x_3 = 4 \end{cases}$$

解:

```
A = [2 3 1;3 6 5;1 5 6]
b = [4 7 4]'
x = gmres(A,b)          % 使用 gmres 解方程
norm(A * x - b)         % 计算 Ax - b 的范数值,结果反映有很高精度
A =
```

```
        2    3    1
        3    6    5
        1    5    6
b =
        4
        7
        4
```

gmres converged at iteration 3 to a solution with relative residual 3.7e – 016

```
x =

        1.3750
        0.3750
        0.1250
ans =

        3.3233e – 015
```

9.15　minres——最小残差法解方程组

　　x＝minres(A,b)是线性方程组的最小残差解法的基本形式,用来解线性方程组 AX＝b。其中 n 阶方阵 A 必须为对称矩阵,但不必要为正定矩阵。利用最小残差法,使用函数minres()求解方程组,其调用格式为:

函数的使用方法同 9.10 节的函数 bicg()。

x＝minres(A,b)

minres(A,b,tol)

minres(A,b,tol,maxit)

minres(A,b,tol,maxit,M)

minres(A,b,tol,maxit,M1,M2)

minres(A,b,tol,maxit,M1,M2,x0)

[x,flag]＝minres(A,b,…)

[x,flag,relres]＝minres(A,b,…)

[x,flag,relres,iter]＝minres(A,b,…)

[x,flag,relres,iter,resvec]＝minres(A,b,…)

【例 9.19】　利用 minres()函数求如下方程组的解。

$$\begin{cases} 2x_1 + 3x_2 + x_3 = 4 \\ 3x_1 + 6x_2 + 5x_3 = 7 \\ x_1 + 5x_2 + 6x_3 = 4 \end{cases}$$

解:

A＝[2 3 1;3 6 5;1 5 6]

```
b = [4 7 4]'

x = minres(A,b)  % 使用 minres 解方程

A =
    2    3    1
    3    6    5
    1    5    6
b =
    4
    7
    4

minres converged at iteration 2 to a solution with relative residual 3.2e - 016

x =
    1.3750
    0.3750
    0.1250
>> norm(A * x - b)  % 计算 Ax - b 的范数值,结果反映有很高精度

ans =

    2.8436e - 015
```

9.16 pcg——预处理共轭梯度法解线性方程组

利用预处理共轭梯度法,使用函数 pcg()求解方程组。函数的使用方法同 9.10 节的函数 bicg()。系数矩阵 A 必须为正定矩阵。

x＝pcg(A,b)
pcg(A,b,tol)
pcg(A,b,tol,maxit)
pcg(A,b,tol,maxit,M)
pcg(A,b,tol,maxit,M1,M2)
pcg(A,b,tol,maxit,M1,M2,x0)
[x,flag]＝pcg(A,b,…)
[x,flag,relres]＝pcg(A,b,…)
[x,flag,relres,iter]＝pcg(A,b,…)
[x,flag,relres,iter,resvec]＝pcg(A,b,…)

【例 9.20】 利用 pcg()函数求如下方程组的解。

$$\begin{cases} x_1 + x_2 + x_3 + x_4 = 4 \\ x_1 + 2x_2 + 3x_3 + 4x_4 = 7 \\ x_1 + 3x_2 + 6x_3 + 10x_4 = 4 \\ x_1 + 4x_2 + 10x_3 + 20x_4 = 3 \end{cases}$$

解：

```
A = [1 1 1 1;1 2 3 4;1 3 6 10;1 4 10 20]
b = [4 7 4 3]'

x = pcg(A,b)   % 使用 pcg 解方程

A =
    1    1    1    1
    1    2    3    4
    1    3    6   10
    1    4   10   20
b =
    4
    7
    4
    3
pcg converged at iteration 4 to a solution with relative residual 9e - 012

x =

   - 13.0000
     39.0000
   - 30.0000
      8.0000
>> norm(A * x - b)   % 计算 Ax - b 的范数值,结果反映有很高精度

ans =

    8.4933e - 011
```

9.17　qmr——准最小残差法解线性方程组

利用准最小残差法的 x=qmr(A,b) 可以计算线性方程组 AX=b。A 可以为大的稀疏矩阵,但必须为方阵。如果计算收敛,会有消息提示。如果计算失败也会给出警告信息。准最小残差法,使用函数 qmr() 求解方程组。函数的使用方法同 9.10 节的函数 bicg()。

x=qmr(A,b)

qmr(A,b,tol)

qmr(A,b,tol,maxit)

qmr(A,b,tol,maxit,M)

qmr(A,b,tol,maxit,M1,M2)

qmr(A,b,tol,maxit,M1,M2,x0)

[x,flag]=qmr(A,b,…)

[x,flag,relres]=qmr(A,b,…)

[x,flag,relres,iter]=qmr(A,b,…)

$$[x,flag,relres,iter,resvec] = qmr(A,b,\cdots)$$

【例 9.21】 利用 qmr()函数求如下方程组的解。

$$\begin{cases} x_1 + x_2 + x_3 + x_4 = 4 \\ x_1 + 2x_2 + 3x_3 + 4x_4 = 7 \\ x_1 + 3x_2 + 6x_3 + 10x_4 = 4 \\ x_1 + 4x_2 + 10x_3 + 20x_4 = 3 \end{cases}$$

解：

```
A = [1 1 1 1;1 2 3 4;1 3 6 10;1 4 10 20]
A =
    1    1    1    1
    1    2    3    4
    1    3    6   10
    1    4   10   20

>> b = [4 7 4 3]'
b =
    4
    7
    4
    3

>> x = qmr(A,b)            % 使用 qmr 解方程
qmr converged at iteration 4 to a solution with relative residual 4.3e - 012
x =

  - 13.0000
    39.0000
  - 30.0000
     8.0000
>> norm(A * x - b)              % 计算 Ax - b 的范数值,结果反映有很高精度

ans =

    4.0497e - 011
```

9.18　小结

本章介绍 17 种解矩阵方程的方法。

第10章

矩阵的综合应用

10.1 特征值和特征向量之一

在 MATLAB 中,计算矩阵 A 的特征值和特征向量的函数是 eig(),常用的调用格式有 3 种。

(1) E=eig(A):求矩阵 A 的全部特征值,构成向量 E。

(2) [V,D]=eig(A):求矩阵 A 的全部特征值,构成对角阵 D,并求 A 的特征向量构成 V 的列向量,AV=VD。

(3) [V,D]=eig(A,'nobalance'):与第 2 种格式类似,但第 2 种格式中先对 A 作相似变换后求矩阵 A 的特征值和特征向量,而第 3 种格式是直接求矩阵 A 的特征值和特征向量。

【例 10.1】 求以下矩阵 A 的特征值与特征向量。

$$A = \begin{pmatrix} 1 & 2 \\ 3 & 2 \end{pmatrix}$$

解:

```
A = [1 2;3 2]
A =
    1    2
    3    2

>> [V,D] = eig(A)

V =

   -0.7071   -0.5547
    0.7071   -0.8321
D =

   -1    0
    0    4
```

可见,A 的特征值为－1 和 4;特征向量为 V。

【例 10.2】 对以下矩阵 A 作海森伯格分解,并求其特征值与特征向量。

$$A = \begin{bmatrix} 1 & 1 & 1 \\ 1 & 0 & 1 \\ 0 & -1 & 2 \end{bmatrix}$$

解:

```
A = [1 1 1;1 0 1;0 -1 2]
[P,H] = hess(A)

A =

    1    1    1
    1    0    1
    0   -1    2
P =

    1    0    0
    0    1    0
    0    0    1
H =

    1    1    1
    1    0    1
    0   -1    2


>> [V,D] = eig(A)

V =

   -0.6491        -0.7005             -0.7005
    0.7071        -0.4691 - 0.0719i   -0.4691 + 0.0719i
    0.2804        -0.0638 - 0.5291i   -0.0638 + 0.5291i
D =

   -0.5214         0                   0
    0              1.7607 + 0.8579i    0
    0              0                   1.7607 - 0.8579i
```

【例 10.3】 求以下矩阵 A 的特征值与特征向量。

$$A = \begin{bmatrix} -3 & -1 & 2 \\ 0 & -1 & 4 \\ -1 & 0 & 1 \end{bmatrix}$$

解:

```
A = [-3 -1 2;0 -1 4; -1 0 1]
>> [V,D] = eig(A)

V =
```

Columns 1 through 2

```
      *                          1028/1417
  - 2584/2889                    - 213/734 - 213/367i
  - 1292/2889                    301/1383 + 301/4149i
```

Column 3

```
   1028/1417
 - 213/734 + 213/367i
   301/1383 - 301/4149i
```

D =

```
   1          0          0
   0        - 2 + 1i     0
   0          0        - 2 - 1i
```

【例 10.4】 求以下矩阵 A 的特征值与特征向量。

$$A = \begin{pmatrix} 0 & 1 \\ -1 & 0 \end{pmatrix}$$

解:

A = [0 1; -1 0]

[V, D] = eig(A)

A =

```
    0    1
  - 1    0
```
V =

```
 0.7071          0.7071
 0 + 0.7071i     0 - 0.7071i
```
D =
```
 0 + 1.0000i          0
 0                0 - 1.0000i
```

【例 10.5】 求以下矩阵 A 的特征值与特征向量。

$$A = \begin{pmatrix} 8 & 4 & -1 \\ 4 & -7 & 4 \\ -1 & 4 & 8 \end{pmatrix}$$

解:

A = [8 4 -1; 4 -7 4; -1 4 8]
[V, D] = eig(A)

A =

```
    8        4       -1
```

```
       4     -7      4
      -1      4      8
V =

      -0.2357    0.9701     0.0572
       0.9428    0.2425    -0.2287
      -0.2357    0         -0.9718
D =

      -9.0000         0          0
            0    9.0000          0
            0         0     9.0000
```

【例 10.6】 求以下复数矩阵 A 的特征值与特征向量。

$$A = \begin{pmatrix} 3 & i \\ 2i & 4 \end{pmatrix}$$

解：

```
A = [3 i;2i 4]
A =

   3.0000         0 + 1.0000i
   0 + 2.0000i    4.0000

≫ [V,D] = eig(A)

V =

   0.5401 + 0.2041i    -0.5401 + 0.2041i
   0.8165              0.8165


D =

   3.5000 + 1.3229i         0
        0             3.5000 - 1.3229i
```

可见,此复矩阵的特征值也是复数。

10.2 特征值和特征向量之二

验证特征值的 7 条性质：

(1) 矩阵 **A** 的行列式等于其所有特征值之积。

(2) 矩阵 **A** 的迹等于其所有特征值之和。

(3) **A** 可逆,其充要条件是 0 不是 **A** 的特征值。

(4) 设 **A** 是个 n 阶矩阵,$f(\lambda) = |\lambda E - A|$ 是 **A** 的特征多项式,则 $f(A) = 0$。

（5）可逆矩阵 A^{-1} 的各个特征值是原矩阵 A 的各个特征值的倒数。

（6）任何特征值的几何重数不超过其代数重数。

（7）相似矩阵具有相同的特征多项式。

【例 10.7】 求以下二阶矩阵 A 的特征值、特征向量、行列式值、迹、特征多项式、逆及逆的特征值、特征向量，并验证 $f(A)=0$。

$$A = \begin{pmatrix} 1 & 2 \\ 3 & 2 \end{pmatrix}$$

解：

```
A = [1 2;3 2]
[V,D] = eig(A)
A =
     1     2
     3     2
V =
    -0.7071    -0.5547
     0.7071    -0.8321
D =
    -1     0
     0     4
det(A)
ans =
    -4
>> trace(A)
ans =

     3

>> inv(A)

ans =

    -0.5000     0.5000
     0.7500    -0.2500

>> poly(A)

ans =

     1    -3    -4

>> B = inv(A)

B =

    -0.5000     0.5000
     0.7500    -0.2500

>> [V,D] = eig(B)
```

```
V =

    - 0.7071    - 0.5547
      0.7071    - 0.8321
D =

    - 1.0000         0
          0     0.2500
```

可见，二阶矩阵 A 的特征值为－1 和 4、行列式值为－4、迹为 3、逆为[－0.5 0.5；0.75 －2.5]和逆的特征值为－1 和 0.25。

A 的特征多项式为

$$f(\lambda) = \lambda^2 - 3\lambda - 4$$

$$f(A) = A^2 - 3A - 4 = [1\ 2;\ 3\ 2] * [1\ 2;\ 3\ 2] - 3[1\ 2;\ 3\ 2] - 4 = \begin{pmatrix} 0 & 0 \\ 0 & 0 \end{pmatrix}$$

【例 10.8】 求以下三阶矩阵 A 的特征值、特征向量、行列式值、迹、特征多项式、逆及逆的特征值、特征向量，并验证 f(A)＝0。

$$A = \begin{pmatrix} 1 & -2 & -4 \\ -2 & 4 & -2 \\ -4 & -2 & 1 \end{pmatrix}$$

解：

```
A = [1 - 2 - 4; - 2 4 - 2; - 4 - 2 1]

[V, D] = eig(A)

A =

      1     - 2     - 4
    - 2       4     - 2
    - 4     - 2       1
V =
    0.6667    - 0.3431    - 0.6617
    0.3333      0.9313    - 0.1470
    0.6667    - 0.1225      0.7352
D =

    - 4.0000         0         0
          0    5.0000         0
          0         0    5.0000
det(A)

ans =

    - 100

>> trace(A)
```

```
ans =

    6

>> poly(A)

ans =

   1.0000    -6.0000    -15.0000    100.0000

>> B = inv(A)

B =

      0     -0.1000    -0.2000
-0.1000     0.1500     -0.1000
-0.2000    -0.1000           0

>> [V,D] = eig(B)

V =
    0.6667     0.7126     -0.2185
    0.3333    -0.0229      0.9425
    0.6667    -0.7012     -0.2528
D =

   -0.2500         0          0
        0     0.2000          0
        0          0     0.2000
```

可见,三阶矩阵 A 的特征值为 -4、5 和 5,行列式值为 -100,迹为 6,逆矩阵为 $[0.0$ -0.1 -0.2; -0.1 0.15 -0.1; -0.2 -0.1 $0.0]$,逆的特征值为 -0.25、0.2、0.2。

A 的特征多项式为

$$f(\lambda) = \lambda^3 - 6\lambda^2 - 15\lambda + 100$$

$$f(A) = A^3 - 6A^2 - 15A + 100 =$$

$$= [1 \quad -2 \quad -4; -2 \quad 4 \quad -2; -4 \quad -2 \quad 1]^3 - 6 *$$

$$[1 \quad -2 \quad -4; -2 \quad 4 \quad -2; -4 \quad -2 \quad 1]^2 - 15$$

$$= [1 \quad -2 \quad -4; -2 \quad 4 \quad -2; -4 \quad -2 \quad 1] + 100 = \begin{pmatrix} 0 & 0 & 0 \\ 0 & 0 & 0 \\ 0 & 0 & 0 \end{pmatrix}$$

【例 10.9】 求以下四阶矩阵 A 的特征值、特征向量、行列式值、迹、特征多项式、逆及逆的特征值、特征向量。

$$A = \begin{pmatrix} 7 & -3 & -1 & 1 \\ -3 & 7 & 1 & -1 \\ -1 & 1 & 7 & -3 \\ 1 & -1 & -3 & 7 \end{pmatrix}$$

解：

A = [7 -3 -1 1; -3 7 1 -1; -1 1 7 -3; 1 -1 -3 7]

[V,D] = eig(A)

A =

```
     7     -3     -1      1
    -3      7      1     -1
    -1      1      7     -3
     1     -1     -3      7
```

V =

```
  -0.0820    0.7023   -0.5000    0.5000
  -0.0820    0.7023    0.5000   -0.5000
   0.7023    0.0820   -0.5000   -0.5000
   0.7023    0.0820    0.5000    0.5000
```

D =

```
   4.0000         0         0         0
        0    4.0000         0         0
        0         0    8.0000         0
        0         0         0   12.0000
```

\>> det(A)

ans =

```
    1536
```

\>> trace(A)

ans =

```
    28
```

\>> poly(A)

ans =

```
    1.0e + 003 *

    0.0010    -0.0280    0.2720    -1.0880    1.5360
```

\>> B = inv(A)

B =

```
    0.1771    0.0729    0.0104   -0.0104
    0.0729    0.1771   -0.0104    0.0104
    0.0104   -0.0104    0.1771    0.0729
   -0.0104    0.0104    0.0729    0.1771
```

\>> [V,D] = eig(B)

V =

```
   -0.7071   -0.5000    0.5000    0.0127
```

```
    - 0.7071        0.5000     - 0.5000        0.0127
    - 0.0000      - 0.5000     - 0.5000        0.7070
    - 0.0000        0.5000       0.5000        0.7070
D =
      0.2500           0          0          0
           0      0.1250          0          0
           0           0     0.0833          0
           0           0          0     0.2500
```

由上可见，四阶矩阵 A 的特征多项式为 $f(\lambda)=\lambda^4-28\lambda^3+272\lambda^2-1088\lambda+1536$，矩阵 A 的特征值为 4、4、8、12，而矩阵 B 的特征值为 0.25、0.125、0.0833、0.25。这验证了可逆矩阵 A^{-1} 的各个特征值是原矩阵 A 的各个特征值的倒数。

【例 10.10】 求以下四阶矩阵 A 的特征值、特征向量、行列式值、迹、特征多项式、逆及逆的特征值、特征向量。

$$A=\begin{pmatrix} 2 & -1 & -1 & 1 \\ -1 & 2 & 1 & -1 \\ -1 & 1 & 2 & -1 \\ 1 & -1 & -1 & 2 \end{pmatrix}$$

解：

```
A = [2 -1 -1 1; -1 2 1 -1; -1 1 2 -1; 1 -1 -1 2]
A =
     2    -1    -1     1
    -1     2     1    -1
    -1     1     2    -1
     1    -1    -1     2
>> [V,D] = eig(A)
V =
    0.7887      0.2113      0.2887     - 0.5000
    0.2113      0.7887     - 0.2887      0.5000
    0.5774     - 0.5774     - 0.2887      0.5000
         0           0     - 0.8660     - 0.5000
D =

     1     0     0     0
     0     1     0     0
     0     0     1     0
     0     0     0     5
det(A)
trace(A)
poly(A)
ans =

     5
ans =

     8
ans =
```

```
     1    -8    18    -16    5
B = inv(A)

B =
      0.8000      0.2000      0.2000     -0.2000
      0.2000      0.8000     -0.2000      0.2000
      0.2000     -0.2000      0.8000      0.2000
     -0.2000      0.2000      0.2000      0.8000
>> [V,D] = eig(B)
V =
      0.8660      0.5000      0.0962      0.4269
      0.2887     -0.5000      0.2887      0.8456
      0.2887     -0.5000     -0.7629     -0.2964
     -0.2887      0.5000     -0.5704      0.1223
D =
      1.0000           0           0           0
           0      0.2000           0           0
           0           0      1.0000           0
           0           0           0      1.0000
```

由上可见，4 阶矩阵 A 的特征多项式为 $f(\lambda)=\lambda^4-8\lambda^3+18\lambda^2-16\lambda+5$，矩阵 A 的特征值为 1、1、1、5，而矩阵 B 的特征值为 1、1、1、0.2。这验证了可逆矩阵 A^{-1} 的各个特征值是原矩阵 A 的各个特征值的倒数。

10.3　相似矩阵

我们知道，两个三角形相似的条件是：各角对应相等，各对应边成比例。那么，两个矩阵怎样才叫相似呢？

相似矩阵的定义：设 A、B 是两个同阶方阵，如果存在可逆矩阵 X，使得 $B=X^{-1}AX$，就说 A 相似于 B，记作 $A \sim B$。

例如，因为

$$\begin{pmatrix} 2 & 2 & 3 \\ 1 & -1 & 0 \\ -1 & 2 & 1 \end{pmatrix}^{-1} \begin{pmatrix} 0 & 10 & 6 \\ 1 & -3 & -3 \\ -2 & 10 & 8 \end{pmatrix} \begin{pmatrix} 2 & 2 & 3 \\ 1 & -1 & 0 \\ -1 & 2 & 1 \end{pmatrix} = \begin{pmatrix} 2 & 0 & 0 \\ 0 & 1 & 0 \\ 0 & 0 & 2 \end{pmatrix}$$

所以

$$\begin{pmatrix} 0 & 10 & 6 \\ 1 & -3 & -3 \\ -2 & 10 & 8 \end{pmatrix} \sim \begin{pmatrix} 2 & 0 & 0 \\ 0 & 1 & 0 \\ 0 & 0 & 2 \end{pmatrix}$$

相似是矩阵之间的一种关系，这种关系具有下面 3 个性质：

(1) 反身性：$A \sim A$。

(2) 对称性：如果 $A \sim B$，那么 $B \sim A$。

(3) 传递性：如果 $A \sim B$，$B \sim C$，那么 $A \sim C$。

相似矩阵具有如下 7 条性质：

（1）相似矩阵有相同的行列式。

（2）相似矩阵有相同的迹。

（3）相似矩阵有相同的秩。

（4）相似矩阵或同时可逆，或同时不可逆。

（5）相似矩阵记作 $A \sim B$，有如下关系：$B = X^{-1}AX$。

（6）相似矩阵有相同的特征值。

（7）相似矩阵具有相同的特征多项式。

【例 10.11】 求以下二阶矩阵 A 的特征值、特征向量、行列式值、迹、逆、特征多项式、逆的特征值和特征向量。

$$A = \begin{pmatrix} 1 & 2 \\ 3 & 2 \end{pmatrix}$$

解：

```
A = [1 2;3 2]
[V,D] = eig(A)
A =
     1     2
     3     2
V =

   - 0.7071    - 0.5547
     0.7071    - 0.8321
D =
   - 1     0
     0     4
det(A)

ans =

   - 4
>> trace(A)

ans =

     3

>> inv(A)

ans =

   - 0.5000      0.5000
     0.7500    - 0.2500

>> poly(A)

ans =
```

```
      1      - 3      - 4

>> B = inv(A)

B =

    - 0.5000      0.5000
      0.7500    - 0.2500

>> [V,D] = eig(B)

V =

    - 0.7071    - 0.5547
      0.7071    - 0.8321
D =

    - 1.0000           0
           0    0.2500
```

【例 10.12】 与 A＝[1 2；3 2]的相似矩阵是 A＝[-1 0；0 4]，求后者的特征值、特征向量、行列式值、迹、特征多项式。

解:

```
A = [ - 1 0;0 4]
A =
    - 1      0
       0      4
>> det(A)
ans =
    - 4
>> trace(A)
ans =
    3
>> poly(A)
ans =

    1      - 3      - 4
>> rank(A)
ans =
    2
[V,D] = eig(A)
V =
    1      0
    0      1
D =
    - 1      0
       0      4
```

可见，相似矩阵间有相同的行列式、迹、秩、特征多项式和特征值。

【例 10.13】 求以下三阶矩阵 A 的特征值、特征向量、行列式值、迹、逆、特征多项式、逆的特征值和特征向量。

$$A = \begin{pmatrix} 0 & 10 & 6 \\ 1 & -3 & -3 \\ -2 & 10 & 8 \end{pmatrix}$$

解：

```
A = [0 10 6;1 -3 -3;-2 10 8]
A =
      0      10       6
      1      -3      -3
     -2      10       8
>> [V,D] = eig(A)
V =
     0.6667    -0.8841    -0.9069
    -0.3333     0.0974     0.0681
     0.6667    -0.4571    -0.4158
D =
    1.0000         0         0
         0    2.0000         0
         0         0    2.0000
>> det(A)
ans =
     4
>> trace(A)
ans =
     5
>> poly(A)
ans =
    1.0000    -5.0000     8.0000    -4.0000
>> B = inv(A)
B =
     1.5000    -5.0000    -3.0000
    -0.5000     3.0000     1.5000
     1.0000    -5.0000    -2.5000
>> [V,D] = eig(B)
V =
     0.6667     0.5830     0.8782
    -0.3333    -0.3291    -0.1044
     0.6667     0.7429     0.4667
D =
    1.0000         0         0
         0    0.5000         0
         0         0    0.5000
```

【例 10.14】　A=[0 10 6；1 -3 -3；-2 10 8]的相似矩阵是 A=[2 0 0；0 1 0；0 0 2]，求后者的特征值、特征向量、行列式值、迹和特征多项式。

解：

```
A = [2 0 0;0 1 0;0 0 2]
[V,D] = eig(A)
A =
```

```
    2    0    0
    0    1    0
    0    0    2
V =
    0    1    0
    1    0    0
    0    0    1
D =
    1    0    0
    0    2    0
    0    0    2
>> det(A)
ans =
    4
>> trace(A)
ans =
    5
>> poly(A)
ans =
    1   -5    8   -4
>> rank(A)
ans = 3
```

可见,三阶相似矩阵间有相同的行列式值、迹、秩、特征多项式和特征值。

【例 10.15】 判断以下 A 和 B 矩阵是否为相似矩阵。

$$A = \begin{pmatrix} 2 & 0 & 0 \\ 0 & 0 & 1 \\ 0 & 1 & 0 \end{pmatrix}, \quad B = \begin{pmatrix} 1 & 0 & 0 \\ 0 & -1 & 0 \\ 0 & -6 & 2 \end{pmatrix}$$

解: 先看矩阵 A

```
>> A = [2 0 0;0 0 1;0 1 0]

[V,D] = eig(A)

A =
    2    0    0
    0    0    1
    0    1    0
V =

         0          0     1.0000
   -0.7071     0.7071          0
    0.7071     0.7071          0
D =
   -1    0    0
    0    1    0
    0    0    2
```

再看矩阵 B

```
>> B = [1 0 0;0 -1 0;0 -6 2]

[V,D] = eig(B)

B =
    1      0      0
    0     -1      0
    0     -6      2
V =

    1.0000       0        0
         0       0   0.4472
         0   1.0000   0.8944
D =

    1      0      0
    0      2      0
    0      0     -1
```

矩阵 A 和 B 是相似的,因为它们有相同的对角阵。

10.4　正定矩阵

正定矩阵是这样一种矩阵,是其顺序主子式全大于零,其特征值全是正数。

下面给出正定矩阵、负定矩阵等的定义。

正定矩阵:所有特征值都是正实数。

半正定矩阵:各个特征值取非负实数的矩阵。

负定矩阵:全部特征值为负实数的矩阵。

半负定矩阵:每个特征值取非正实数的矩阵。

不定矩阵:特征值有些取正实数,另一些取负实数的矩阵。

正定矩阵的若干条性质:

(1) 正定矩阵的顺序主子式全大于零。

(2) 正定矩阵的特征值全大于零。

(3) 设 A 为实对称矩阵,如果二次齐式 $X'AX$ 是正定的,则 A 是正定的。

【例 10.16】　通过求矩阵特征值的方法,判定以下矩阵 A 是否为正定矩阵。

$$A = \begin{pmatrix} 3 & 2 & 0 \\ 2 & 4 & -2 \\ 0 & -2 & 5 \end{pmatrix}$$

解:

```
A = [3 2 0;2 4 -2;0 -2 5]
A =
    3      2      0
    2      4     -2
```

```
       0    -2     5
>> [V,D] = eig(A)
V =
   -0.6667     0.6667    -0.3333
    0.6667     0.3333    -0.6667
    0.3333     0.6667     0.6667
D =
    1.0000          0          0
         0     4.0000          0
         0          0     7.0000
>> det(A)
ans =
    28
```

因为矩阵 A 的 3 个特征值均为正数,故 A 是正定矩阵。

【例 10.17】 判定以下矩阵 A 是否为正定矩阵。

$$A = \begin{pmatrix} 3 & 2 \\ 2 & 4 \end{pmatrix}$$

解:

```
>> A = [3 2 ;2 4]
A =
    3    2
    2    4
>> det(A)
ans =
    8
>> 3 > 0
ans =
    1
```

因为矩阵 A 的顺序主子式全大于零,所以 A 是正定矩阵。

【例 10.18】 通过求矩阵特征值的方法,判定以下矩阵 A 是否为正定矩阵。

$$A = \begin{pmatrix} 1 & -1 & 2 & 3 \\ -1 & 0 & -1 & 1 \\ 2 & -1 & 2 & 0 \\ 3 & 1 & 0 & -1 \end{pmatrix}$$

解:

```
A = [1 -1 2 3;-1 0 -1 1;2 -1 2 0;3 1 0 -1]
[V,D] = eig(A)
A =
    1   -1    2    3
   -1    0   -1    1
    2   -1    2    0
    3    1    0   -1
V =
   -0.5850     0.2608    -0.3507    -0.6832
   -0.3080    -0.7894    -0.4868     0.2123
```

$$
\begin{matrix}
0.1485 & -0.5556 & 0.5386 & -0.6158 \\
0.7354 & -0.0109 & -0.5916 & -0.3302
\end{matrix}
$$

D =

$$
\begin{matrix}
-3.8053 & 0 & 0 & 0 \\
0 & -0.3596 & 0 & 0 \\
0 & 0 & 1.6013 & 0 \\
0 & 0 & 0 & 4.5636
\end{matrix}
$$

```
>> det(A)
ans =
    10
```

因为 A 的特征值不全大于零,故 A 不是正定矩阵。

【例 10.19】 通过求矩阵特征值的方法,判定以下矩阵 A 是否为正定矩阵。

$$
A = \begin{bmatrix} 1 & 2 & 3 \\ 4 & 5 & 6 \\ 7 & 8 & 9 \end{bmatrix}
$$

解:

```
A = [1 2 3;4 5 6;7 8 9]
[V,D] = eig(A)
A =
    1    2    3
    4    5    6
    7    8    9
V =
   -0.2320   -0.7858    0.4082
   -0.5253   -0.0868   -0.8165
   -0.8187    0.6123    0.4082
D =
   16.1168        0         0
        0   -1.1168         0
        0        0   -0.0000
```

因为 A 的特征值不全大于零,所以 A 不是正定矩阵。

【例 10.20】 通过求矩阵特征值的方法,判定以下矩阵 A 是否为正定矩阵。

$$
A = \begin{bmatrix} -1 & 3 & -1 \\ -3 & 5 & -1 \\ -3 & 3 & 1 \end{bmatrix}
$$

解:

```
>> A = [-1 3 -1;-3 5 -1; -3 3 1]

[V,D] = eig(A)

A =
   -1    3   -1
   -3    5   -1
   -3    3    1
```

```
V =
    -0.5774    -0.6338    -0.2673
    -0.5774    -0.7243    -0.5345
    -0.5774    -0.2716    -0.8018

D =

  1.0000         0         0
       0    2.0000         0
       0         0    2.0000
```

因为矩阵 A 的 3 个特征值均为正数,所以 A 是正定矩阵。

10.5　正规矩阵

正规矩阵是一类矩阵的统称。通常将可以酉对角化的矩阵称为正规矩阵,其定义是:设矩阵 A 为复数矩阵,若 $AA^* = A^* A$,则称 A 为正规矩阵。其中 A^* 是矩阵 A 的共轭转置(共轭转置指既转置又共轭)。正规矩阵包括以下矩阵:实对称矩阵、实反对称矩阵、正交矩阵、厄米特矩阵、反厄米特矩阵和酉矩阵。

1. 实对称矩阵

实对称矩阵就是矩阵主对角线两侧的元素对应相等、且全为实数的矩阵。实对称矩阵满足关系 $A' = A$,如以下的三阶矩阵就是实对称矩阵。

$$\begin{pmatrix} 1 & -2 & 2 \\ -2 & -2 & 4 \\ 2 & 4 & -2 \end{pmatrix}$$

【例 10.21】　求以下实对称矩阵 A 的特征值和特征向量。

$$A = \begin{pmatrix} 8 & 4 & -1 \\ 4 & -7 & 4 \\ -1 & 4 & 8 \end{pmatrix}$$

解:

```
A = [8 4 -1;4 -7 4;-1 4 8]

A =

     8      4     -1
     4     -7      4
    -1      4      8

>> [V,D] = eig(A)

V =

  -0.2357    0.9701    0.0572
```

```
    0.9428      0.2425     - 0.2287
  - 0.2357           0     - 0.9718
D =

  - 9.0000           0           0
        0      9.0000           0
        0           0      9.0000
```

【例 10.22】 求以下实对称矩阵 A 的特征值与特征向量。

$$A = \begin{pmatrix} 1 & -2 & -4 \\ -2 & 4 & -2 \\ -4 & -2 & 1 \end{pmatrix}$$

解：

A = [1 - 2 - 4; - 2 4 - 2; - 4 - 2 1]

[V, D] = eig(A)

```
A =
     1     - 2     - 4
   - 2       4     - 2
   - 4     - 2       1
V =
   0.6667    - 0.3431    - 0.6617
   0.3333      0.9313    - 0.1470
   0.6667    - 0.1225      0.7352
D =
   - 4.0000          0          0
         0     5.0000          0
         0          0     5.0000
```

2. 实反对称矩阵

实反对称矩阵就是矩阵主对角线两侧的对应元素数值相等符号相反、且全为实数的矩阵。实反对称矩阵满足关系 $A' = -A$，如以下的三阶矩阵就是实反对称矩阵。

$$\begin{pmatrix} 0 & 1 & 2 \\ -1 & 0 & 3 \\ -2 & -3 & 0 \end{pmatrix}$$

【例 10.23】 求以下实反对称矩阵 A 的特征值和特征向量。

$$A = \begin{pmatrix} 0 & 1 \\ -1 & 0 \end{pmatrix}$$

解：

A = [0 1; - 1 0]
[V, D] = eig(A)

```
A =
     0       1
   - 1       0
```

```
V =
    0.7071              0.7071
    0 + 0.7071i         0 - 0.7071i
D =

    0 + 1.0000i         0
    0                   0 - 1.0000i
```

【例 10.24】 求以下实反对称矩阵 A 的特征值与特征向量。

$$A = \begin{bmatrix} 0 & 1 & 2 \\ -1 & 0 & 3 \\ -2 & -3 & 0 \end{bmatrix}$$

解：

```
A = [0 1 2; -1 0 3; -2 -3 0]
[V,D] = eig(A)

A =
     0      1      2
    -1      0      3
    -2     -3      0
V =
    0.8018 + 0.0000i    0.1572 + 0.3922i    0.1572 - 0.3922i
   -0.5345 + 0.0000i   -0.1048 + 0.5883i   -0.1048 - 0.5883i
    0.2673 + 0.0000i   -0.6814 + 0.0000i   -0.6814 + 0.0000i

D =

    0.0000 + 0.0000i    0.0000 + 0.0000i    0.0000 + 0.0000i
    0.0000 + 0.0000i    0.0000 + 3.7417i    0.0000 + 0.0000i
    0.0000 + 0.0000i    0.0000 + 0.0000i    0.0000 - 3.7417i
```

3. 正交矩阵

实数矩阵 A，如果满足

$AA' = A'A = E$，即 $A^{-1} = A'$，则称 A 为正交矩阵。如以下的 3 个二阶矩阵就都是正交矩阵。

$$\begin{pmatrix} 1 & 0 \\ 0 & -1 \end{pmatrix}, \quad \begin{pmatrix} 0 & -1 \\ -1 & 0 \end{pmatrix}, \quad \begin{pmatrix} \cos\theta & -\sin\theta \\ \sin\theta & \cos\theta \end{pmatrix}$$

正交矩阵具有如下特点：

(1) 行列式等于 ± 1；

(2) 其特征值等于 1 或 -1。

正交矩阵是满秩矩阵，正交矩阵的转置矩阵也是正交矩阵，两个正交矩阵的乘积也是正交矩阵。

【例 10.25】 先验证以下矩阵 A 为正交矩阵，再求其特征值和特征向量。

$$A = \begin{pmatrix} \cos(\text{pi}/3) & -\sin(\text{pi}/3) \\ \sin(\text{pi}/3) & \cos(\text{pi}/3) \end{pmatrix}$$

解：

```
A = [cos(pi/3) - sin(pi/3);sin(pi/3) cos(pi/3)];
>> det(A)

ans =

    1

>> B = A'

B =

     0.5000     0.8660
   - 0.8660     0.5000

>> A * B

ans =

    1    0
    0    1
```

因为 A * A'＝E,所以矩阵 A 为正交矩阵。

```
[V,D] = eig(A)
V =

   0.7071          0.7071
   0 - 0.7071i     0 + 0.7071i
D =

   0.5000 + 0.8660i          0
     0                 0.5000 - 0.8660i
```

正交矩阵 A 的特征值为 $0.5+0.886i$ 和 $0.5-0.886i$。

【例 10.26】 先验证以下矩阵 A 为正交矩阵,再求其特征值和特征向量。

$$A = \begin{pmatrix} 1 & 0 \\ 0 & -1 \end{pmatrix}$$

解：

```
A = [1 0;0 - 1]

det(A)
A =
    1    0
    0    -1
ans =

   -1

>> B = A'

B =
```

```
   1      0
   0     - 1
```

`>> A * B`

`ans =`

```
   1      0
   0      1
```

因为 A * A′=E,所以矩阵 A 为正交矩阵。

`>> [V,D] = eig(A)`
`V =`

```
   0      1
   1      0
```
`D =`

```
   - 1     0
     0     1
```

正交矩阵 A 的特征值为−1 和 1。

【例 10.27】 先验证以下矩阵 A 为正交矩阵,再求其特征值和特征向量。

$$A = \begin{bmatrix} 1/3 & 2/3 & 2/3 \\ 2/3 & 1/3 & -2/3 \\ 2/3 & -2/3 & 1/3 \end{bmatrix}$$

解:

```
A = [1/3 2/3 2/3;2/3 1/3 - 2/3;2/3 - 2/3 1/3]
det(A)
```

`A =`

```
   0.3333      0.6667      0.6667
   0.6667      0.3333    - 0.6667
   0.6667    - 0.6667      0.3333
```
`ans =`

```
   - 1
```

`>> B = A'`

`B =`

```
   0.3333      0.6667      0.6667
   0.6667      0.3333    - 0.6667
   0.6667    - 0.6667      0.3333
```

`>> A * B`

`ans =`

```
    1    0    0
    0    1    0
    0    0    1
```

因为 A * A′ = E,所以矩阵 A 为正交矩阵。

```
>> [V,D] = eig(A)

V =

   - 0.5774    - 0.4779     0.6620
     0.5774      0.3343     0.7449
     0.5774    - 0.8123    - 0.0829

D =
   - 1.0000         0         0
         0    1.0000         0
         0         0    1.0000
```

从本例和上例可以看到,实正交矩阵所有特征值都位于单位圆上。

4. 厄米特矩阵

厄米特矩阵(Hermitian Matrix)又译作"埃尔米特矩阵"或"厄米矩阵",又叫 Hermite 矩阵,指的是自共轭矩阵。矩阵中每一个第 i 行第 j 列的元素都与第 j 行第 i 列的元素的共轭相等。换句话说,厄米特矩阵就是这样一个矩阵,它的共轭转置就是它本身的矩阵。即,满足条件 $A^* = A$ 的方阵 A 称为厄米特矩阵。取共轭同时又转置的运算常用记号"*"来表示。和 $A^* = A$ 意思相同的关系式为 $A' = \overline{A}$,就是矩阵的转置与其共轭相同。$\overline{A}$ 表示只取共轭不转置。

厄米特矩阵具有如下性质:

(1) 厄米特矩阵主对角线上的元素都是实数的,其特征值也是实数。

(2) 若 A 和 B 是厄米特矩阵,那么它们的和 $A + B$ 也是厄米特矩阵;而只有在 A 和 B 满足交换性(即 $AB = BA$)时,它们的积才是厄米特矩阵。

(3) 可逆的厄米特矩阵 A 的逆矩阵 A^{-1} 仍然是厄米特矩阵。

(4) 方阵 C 与其共轭转置的和是厄米特矩阵。

(5) 厄米特矩阵是正规矩阵,因此厄米特矩阵可被酉对角化,而且得到的对角阵的元素都是实数。这意味着厄米特矩阵的特征值都是实的,而且不同的特征值所对应的特征向量相互正交,因此可以在这些特征向量中找出一组 C 的正交基。

(6) 如果厄米特矩阵的特征值都是正数,那么这个矩阵是正定矩阵,若它们是非负的,则这个矩阵是半正定矩阵。

厄米特矩阵中每一个第 i 行第 j 列的元素都与第 j 行第 i 列的共轭相等。以下矩阵都是厄米特矩阵。

$$\begin{pmatrix} 3 & 2+i \\ 2-i & 1 \end{pmatrix}, \quad \begin{pmatrix} 1 & i \\ -i & 2 \end{pmatrix}$$

【例 10.28】 验证以下矩阵 A 为厄米特矩阵,并求其行列式值、特征值和特征向量。

$$A = \begin{pmatrix} 3 & 2+i \\ 2-i & 1 \end{pmatrix}$$

解:

```
A = [3 2 + i;2 - i 1]
B = A.'
C = conj(A)
A =

   3.0000          2.0000 + 1.0000i
   2.0000 - 1.0000i   1.0000
B =

   3.0000 + 0.0000i   2.0000 - 1.0000i
   2.0000 + 1.0000i   1.0000 + 0.0000i
C =

   3.0000 + 0.0000i   2.0000 - 1.0000i
   2.0000 + 1.0000i   1.0000 + 0.0000i
```

因为 B＝C,所以 A 为厄米特矩阵。

```
det(A)

ans =

   - 2

>> [V,D] = eig(A)

V =

   0.4865 + 0.2433i   0.7505 + 0.3753i
   - 0.8391          0.5439
D =

   - 0.4495        0
        0     4.4495
```

可见,矩阵 A 的行列式值为－2,特征值为－0.4495 和 4.4495。

注：A'命令用于复数矩阵,既转置又取共轭；A.'命令用于复数矩阵,只转置不取共轭。

【例 10.29】 求以下厄米特矩阵 A 的行列式值、特征值和特征向量。

$$A = \begin{pmatrix} 1 & i \\ -i & 2 \end{pmatrix}$$

解:

```
A = [1 i; - i 2]
det(A)

A =

   1.0000      0 + 1.0000i
   0 - 1.0000i   2.0000
ans =
```

```
            1
>> [V, D] = eig(A)

V =

    0 + 0.8507i        0 + 0.5257i
   − 0.5257           0.8507
D =

   0.3820        0
        0     2.6180
```

可见,矩阵 A 的行列式值为 1,特征值为 0.3820 和 2.6180。

【例 10.30】 验证以下矩阵 A 为厄米特矩阵,并求其行列式值、特征值和特征向量。

$$A = \begin{pmatrix} 1 & 1+i & 2i \\ 1-i & 4 & 2-3i \\ -2i & 2+3i & 7 \end{pmatrix}$$

解:

```
A = [1 1 + i 2i; 1 − i 4 2 − 3i; − 2i 2 + 3i 7]
B = A.'
C = conj(A)
A =
    1.0000            1.0000 + 1.0000i     0 + 2.0000i
    1.0000 − 1.0000i  4.0000              2.0000 − 3.0000i
    0 − 2.0000i       2.0000 + 3.0000i     7.0000
B =

    1.0000 + 0.0000i  1.0000 − 1.0000i    0.0000 − 2.0000i
    1.0000 + 1.0000i  4.0000 + 0.0000i    2.0000 + 3.0000i
    0.0000 + 2.0000i  2.0000 − 3.0000i    7.0000 + 0.0000i
C =

    1.0000 + 0.0000i  1.0000 − 1.0000i    0.0000 − 2.0000i
    1.0000 + 1.0000i  4.0000 + 0.0000i    2.0000 + 3.0000i
    0.0000 + 2.0000i  2.0000 − 3.0000i    7.0000 + 0.0000i
```

因为 B=C,所以 A 为厄米特矩阵。

```
det(A)

ans =

   − 19

>> [V, D] = eig(A)

V =

    0.3401 − 0.7031i   − 0.5005 + 0.3165i    0.0853 + 0.1791i
   − 0.0908 + 0.4764i  − 0.5844 + 0.3761i    0.3327 − 0.4137i
           0.3935              0.4078               0.8239
```

```
D =

   - 0.6677           0           0
         0      2.9192           0
         0           0      9.7485
```

可见,矩阵 A 的行列式值为-19,特征值为-0.6677、2.9192 和 9.7485。

【例 10.31】 求以下厄米特矩阵 A 的行列式值、特征值和特征向量。

$$A = \begin{pmatrix} 1 & i & 2+i \\ -i & 2 & 1-i \\ 2-i & 1+i & 2 \end{pmatrix}$$

解:

```
A = [1 i 2 + i; - i 2 1 - i;2 - i 1 + i 2]
det(A)

=

   1.0000              0 + 1.0000i         2.0000 + 1.0000i
   0 - 1.0000i         2.0000              1.0000 - 1.0000i
   2.0000 - 1.0000i    1.0000 + 1.0000i    2.0000
ans =

   - 4

>> [V,D] = eig(A)

V =

   0.7090 + 0.2784i    - 0.3780 - 0.0000i    0.4563 + 0.2624i
   0.1261 + 0.0261i    0.3780 - 0.7559i      0.3310 - 0.3995i
   - 0.6351            - 0.3780              0.6737
D =

   - 0.8284        0           0
         0    1.0000           0
         0         0      4.8284
```

可见,矩阵 A 的行列式值为-4,特征值为-0.8284、1.0 和 4.8284。

5. 反厄米特矩阵

反厄米特矩阵(或反 Hermite 矩阵)就是这样一个矩阵,它的共轭转置,是它本身的负矩阵。即,满足条件 $\boldsymbol{A}^* = -\boldsymbol{A}$ 的方阵 $\boldsymbol{A}$ 称为反厄米特矩阵。和 $\boldsymbol{A}^* = -\boldsymbol{A}$ 意思相同的关系式为 $\boldsymbol{A}' = -\bar{\boldsymbol{A}}$,就是矩阵的转置与其负共轭相同。

反厄米特矩阵具有如下性质:若 $\boldsymbol{A}$、$\boldsymbol{B}$ 都是反厄米特矩阵,则 $\boldsymbol{A}^{-1}$、$\boldsymbol{A}+\boldsymbol{B}$ 都是反厄米特矩阵。若 $\boldsymbol{A}$ 是实方阵,则 $\boldsymbol{A}$ 就是反对称矩阵。以下矩阵都是反厄米特矩阵。

$$\begin{pmatrix} 0 & -2-i \\ 2-i & 0 \end{pmatrix}, \quad \begin{pmatrix} 0 & -1+2i & -2-i \\ 1+2i & 0 & 5i \\ 2-i & 5i & 0 \end{pmatrix}$$

【**例 10.32**】 验证以下矩阵 A 为反厄米特矩阵,并求其特征值和特征向量。

$$A = \begin{pmatrix} 0 & -2-i \\ 2-i & 0 \end{pmatrix}$$

解:

```
A = [0 - 2 - i;2 - i 0]
B = A.'
C = - conj(A)
A =

   0.0000 + 0.0000i    - 2.0000 - 1.0000i
   2.0000 - 1.0000i      0.0000 + 0.0000i
B =

    0.0000 + 0.0000i     2.0000 - 1.0000i
  - 2.0000 - 1.0000i     0.0000 + 0.0000i
C =

    0.0000 + 0.0000i     2.0000 - 1.0000i
  - 2.0000 - 1.0000i     0.0000 + 0.0000i
```

因为 B=C,所以 A 为反厄米特矩阵。

```
[V,D] = eig(A)
V =

    0.7071 + 0.0000i     0.7071 + 0.0000i
  - 0.3162 - 0.6325i     0.3162 + 0.6325i
D =

   0.0000 + 2.2361i      0.0000 + 0.0000i
   0.0000 + 0.0000i    - 0.0000 - 2.2361i
```

【**例 10.33**】 求以下反厄米特矩阵 A 的特征值和特征向量。

$$A = \begin{pmatrix} 0 & -1+2i & -2-i \\ 1+2i & 0 & 5i \\ 2-i & 5i & 0 \end{pmatrix}$$

解:

```
A = [0 - 1 + 2i - 2 - i;1 + 2i 0 5i;2 - i 5i 0]
B = A.'
C = - conj(A)

A =

   0.0000 + 0.0000i    - 1.0000 + 2.0000i    - 2.0000 - 1.0000i
   1.0000 + 2.0000i      0.0000 + 0.0000i      0.0000 + 5.0000i
   2.0000 - 1.0000i      0.0000 + 5.0000i      0.0000 + 0.0000i
B =
```

```
         0.0000 + 0.0000i        1.0000 + 2.0000i      2.0000 - 1.0000i
        -1.0000 + 2.0000i        0.0000 + 0.0000i      0.0000 + 5.0000i
        -2.0000 - 1.0000i        0.0000 + 5.0000i      0.0000 + 0.0000i
C =

         0.0000 + 0.0000i        1.0000 + 2.0000i      2.0000 - 1.0000i
        -1.0000 + 2.0000i        0.0000 + 0.0000i      0.0000 + 5.0000i
        -2.0000 - 1.0000i        0.0000 + 5.0000i      0.0000 + 0.0000i
```

因为 B＝C,所以 A 为反厄米特矩阵。

```
[V,D] = eig(A)
V =

     0.1491 + 0.3473i          0.8452 + 0.0000i      - 0.3673 + 0.0891i
     0.6547 + 0.0000i          0.1690 + 0.3381i        0.6547 + 0.0000i
     0.6455 - 0.1091i         -0.3381 + 0.1690i      - 0.6455 - 0.1091i
D =

     0.0000 + 5.9161i          0.0000 + 0.0000i        0.0000 + 0.0000i
     0.0000 + 0.0000i         -0.0000 - 0.0000i        0.0000 + 0.0000i
     0.0000 + 0.0000i          0.0000 + 0.0000i      - 0.0000 - 5.9161i
```

6. 酉矩阵

如果复数矩阵 A 满足 $A^* = A^{-1}$,或等价地,$A^* A = AA^* = E$,则把 A 称为酉矩阵(Unitary Matrix)。即酉矩阵的共轭转置和它的逆矩阵相等。酉矩阵是正交矩阵在复数域上的推广。酉矩阵又称为幺正矩阵。以实数为元的酉矩阵就是正交阵。

酉矩阵具有如下性质:

(1) 若是酉矩阵,则它的逆矩阵也是酉矩阵;

(2) 酉矩阵的充分必要条件是,它的每个列向量是两两正交的单位向量。

以下矩阵都是酉矩阵。

$$\begin{pmatrix} -i & 0 \\ 0 & i \end{pmatrix}, \quad \begin{pmatrix} i & 0 \\ 0 & i \end{pmatrix}$$

【例 10.34】　先判断以下矩阵 A 是否为酉矩阵,若是,再判断 A 阵的逆矩阵是否为酉矩阵。

$$A = \begin{pmatrix} -i & 0 \\ 0 & i \end{pmatrix}$$

解:

```
A = [ - i 0;0 i]
B = A'
A =
    0 - 1.0000i          0
    0                    0 + 1.0000i
B =

    0 + 1.0000i          0
    0                    0 - 1.0000i
```

```
>> A * B
ans =


    1    0
    0    1
>> B * A
ans =


    1    0
    0    1
```

可见,A * B= B * A=E,故矩阵 A 是酉矩阵。

现在看一下 A 的逆阵:

```
A1 = inv(A)
B = A1'
A1 * B
B * A1


A1 =
    0.0000 + 1.0000i    0.0000 + 0.0000i
    0.0000 + 0.0000i    0.0000 - 1.0000i
B =
    0.0000 - 1.0000i    0.0000 + 0.0000i
    0.0000 + 0.0000i    0.0000 + 1.0000i
ans =


    1    0
    0    1
ans =


    1    0
    0    1
```

因为 A1 * B= B * A1=E,所以矩阵 A 的逆阵 A1 也是酉矩阵。

【例 10.35】 先判断以下矩阵 A 是否为酉矩阵,若是,再判断 A 阵和另一酉矩阵 B 的乘积是否为酉矩阵。

$$A = \begin{pmatrix} i & 0 \\ 0 & i \end{pmatrix}, \quad B = \begin{pmatrix} -i & 0 \\ 0 & i \end{pmatrix}$$

解:

```
A = [i 0;0 i]
B = A'
A * B
B * A


A =
    0.0000 + 1.0000i    0.0000 + 0.0000i
    0.0000 + 0.0000i    0.0000 + 1.0000i
```

```
B =
    0.0000 - 1.0000i     0.0000 + 0.0000i
    0.0000 + 0.0000i     0.0000 - 1.0000i
ans =

    1    0
    0    1
ans =

    1    0
    0    1
```

可见,A＊B＝ B＊A＝E,故矩阵 A 是酉矩阵。

现在看一下两个酉矩阵乘积的情形:

```
B = [ - i 0;0 i]
C = A * B
B = C'
C * B
B * C

B =

    0.0000 - 1.0000i     0.0000 + 0.0000i
    0.0000 + 0.0000i     0.0000 + 1.0000i
C =

   -1     0
    0    -1
B =

   -1     0
    0    -1
ans =

    1    0
    0    1
ans =

    1    0
    0    1
```

因为 C＊B＝B＊C＝E,所以两个酉矩阵的乘积 A＊B 也是酉矩阵。

【例 10.36】　先判断以下矩阵 A 是否为酉矩阵,再求其特征值和特征向量。

$$A = \begin{bmatrix} -1 & i & 0 \\ -i & 0 & -i \\ 0 & i & -1 \end{bmatrix}$$

解:

```
A = [ - 1 i 0; - i 0 - i;0 i - 1]
```

```
B = A'
>> A * B
>> B * A
A =
```

− 1.0000 + 0.0000i	0.0000 + 1.0000i	0.0000 + 0.0000i
0.0000 − 1.0000i	0.0000 + 0.0000i	0.0000 − 1.0000i
0.0000 + 0.0000i	0.0000 + 1.0000i	− 1.0000 + 0.0000i

```
B =
```

− 1.0000 + 0.0000i	0.0000 + 1.0000i	0.0000 + 0.0000i
0.0000 − 1.0000i	0.0000 + 0.0000i	0.0000 − 1.0000i
0.0000 + 0.0000i	0.0000 + 1.0000i	− 1.0000 + 0.0000i

```
ans =
```

2.0000 + 0.0000i	0.0000 − 1.0000i	1.0000 + 0.0000i
0.0000 + 1.0000i	2.0000 + 0.0000i	0.0000 + 1.0000i
1.0000 + 0.0000i	0.0000 − 1.0000i	2.0000 + 0.0000i

```
ans =
```

2.0000 + 0.0000i	0.0000 − 1.0000i	1.0000 + 0.0000i
0.0000 + 1.0000i	2.0000 + 0.0000i	0.0000 + 1.0000i
1.0000 + 0.0000i	0.0000 − 1.0000i	2.0000 + 0.0000i

可见，A * B＝B * A≠E，故矩阵 A 不是酉矩阵。

```
>> [V,D] = eig(A)
V =
```

− 0.5774 + 0.0000i	− 0.7071 + 0.0000i	0.4082 + 0.0000i
0.0000 − 0.5774i	0.0000 + 0.0000i	0.0000 − 0.8165i
− 0.5774 + 0.0000i	0.7071 + 0.0000i	0.4082 + 0.0000i

```
D =
```

− 2.0000	0	0
0	− 1.0000	0
0	0	1.0000

10.6　解线性方程组

在工程计算中，一个重要的问题是线性方程组的求解。在矩阵表示法中，上述问题可以表述为给定两个矩阵 A 和 B，是否存在唯一的解 X，使得

$$AX=B$$

例如，求解方程 $3x＝6$ 就可以将矩阵 A 和 B 看成是标量的一种情况，最后得出该方程解为 $x＝6/3＝2$。

线性方程的系数矩阵 A，不一定是方阵，矩阵 A 可以是 $m×n$ 矩阵，有如下 3 种情况：

$m=n$,恰定方程组,可求得精确解。

$m>n$,超定方程组,可求得最小二乘解。

$m<n$,欠定方程组,可求得基本解。

1. 解恰定方程组

当方程个数和未知数的个数相同时,此方程组称为恰定方程组。恰定方程组中,矩阵 **A** 是一个方阵,矩阵 **B** 可以是方阵或者是一个列向量。在恰定方程组中,矩阵 **A** 是奇异阵还是非奇异阵,所得结果便不同。当矩阵 **A** 是非奇异阵(行列式不为 0)时,方程有唯一的一组解。当矩阵 **A** 是奇异阵(行列式为 0)时,通过伪逆矩阵法解此方程,可以得一个解,但结果不一定满足原方程。

【例 10.37】 解恰定方程组 AX=B,其中 A=magic(3),B′=[1,2,3]。

解：

```
A = magic(3)
A =
     8     1     6
     3     5     7
     4     9     2
det(A)

>> B = [1;2;3]
B =
     1
     2
     3
>> X = A\B
X =
    0.0500
    0.3000
    0.0500
>> A * X
ans =
    1.0000
    2.0000
    3.0000
```

这表明方程组的解为

$$\begin{cases} \mathbf{x}_0 = 0.05 \\ \mathbf{x}_1 = 0.30 \\ \mathbf{x}_2 = 0.05 \end{cases}$$

经检验,此解就是原方程的解。本题中,因恰定方程组行列式不为 0,故方程组有唯一精确解。

【例 10.38】 解恰定方程组 AX=B,其中 B′=[1,2,3,4],A 如下：

$$A = \begin{pmatrix} 3 & 1 & 4 & 8 \\ 4 & 2 & 6 & 0 \\ 4 & 2 & 1 & 6 \\ 4 & 3 & 1 & 0 \end{pmatrix}$$

解：

```
A = [3 1 4 8;4 2 6 0;4 2 1 6;4 3 1 0]
B = [1;2;3;4]
A =
    3    1    4    8
    4    2    6    0
    4    2    1    6
    4    3    1    0
B =
    1
    2
    3
    4
>> X = A\B
X =
     9/22
    19/22
   - 5/22
   - 1/44
```

这表明,方程组的解为

$$
\begin{cases}
x_0 = \dfrac{9}{22} \\[2mm]
x_1 = \dfrac{19}{22} \\[2mm]
x_2 = -\dfrac{5}{22} \\[2mm]
x_3 = -\dfrac{1}{44}
\end{cases}
$$

经检验,此解就是原方程的解。本题中,因恰定方程组行列式不为 0,故方程组有唯一精确解。

【例 10.39】 解恰定方程组 AX＝B,其中 B′＝[5,2,12], A 如下:

$$
A = \begin{pmatrix} 1 & 3 & 7 \\ -1 & 4 & 4 \\ 1 & 10 & 18 \end{pmatrix}
$$

解：

```
A = [1 3 7; - 1 4 4;1 10 18]
A =
     1     3     7
    -1     4     4
     1    10    18
>> A_det = det(A)
>> B = [5;2;12];
>> X = pinv(A) * B
X =
    0.3850
```

```
      - 0.1103
        0.7066
>> A * X
ans =
       5.0000
       2.0000
      12.0000
```

这表明,方程组的解为

$$\begin{cases} x_0 = 0.385 \\ x_1 = -0.1103 \\ x_2 = 0.7066 \end{cases}$$

经检验,此解就是原方程的解。本恰定方程组行列式为 0,用矩阵 A 的伪逆矩阵 pinv(A),可以得到方程组的一组解。恰定方程组还有一种情形,就是当恰定方程组行列式为 0、精确解不存在的情形。仍用本例题,只把 B 改为 B'=[3,6,0],即

```
B = [3;6;0];
X = A * pinv(A) * B
X =
      - 1.0000
        4.0000
        2.0000
```

可见,A * X≠B,X 不是原方程的解,或者说,本题不存在精确解。

总而言之,对于恰定方程组,当系数矩阵 A 是非奇异阵(行列式不为 0)时,方程有唯一的一组精确解。当矩阵 A 是奇异阵(行列式为 0)时,不能用求矩阵逆的办法解方程,通过伪逆矩阵法解此方程,可以得一组解,此结果有时满足原方程,有时不满足原方程。

2. 解超定方程组

当方程个数比未知数的数量多时,此方程组称为超定方程组。通过矩阵左除方法得到的是平均误差最小的解,即最小二乘解。

关于恰定、欠定和超定的判断,可以通过判断方程组 AX=B 的秩来进行判断,即 rank(A)=min(r,c)判断。其中,r 和 c 是线性方程组的系数矩阵的行数和列数。根据 r 和 c 之间的关系,可以粗略判断这 3 种类型的方程式。解超定方程组,通常有 3 种方法:方法 1 为左除法,特点是结果中零最多;方法 2 为伪逆矩阵法,特点是范数最小;方法 3 为 lscov 协方差法。

【例 10.40】 用上述 3 种方法解超定方程组。

解:

```
A = magic(8)
A = A(:,1:5)
y = 260 * ones(8,1)
A =
     64     2     3    61    60     6     7    57
      9    55    54    12    13    51    50    16
     17    47    46    20    21    43    42    24
     40    26    27    37    36    30    31    33
```

```
          32    34    35    29    28    38    39    25
          41    23    22    44    45    19    18    48
          49    15    14    52    53    11    10    56
           8    58    59     5     4    62    63     1
A =
          64     2     3    61    60
           9    55    54    12    13
          17    47    46    20    21
          40    26    27    37    36
          32    34    35    29    28
          41    23    22    44    45
          49    15    14    52    53
           8    58    59     5     4
y =
         260
         260
         260
         260
         260
         260
         260
         260

x1 = A\y;
x2 = pinv(A) * y;
x3 = lscov(A, y);
disp('方法 1 - 左除法:');
x1
ex1 = A * x1 - y;
norm(ex1)
disp('方法 2 - 伪逆矩阵法:');
x2
ex2 = A * x2 - y;
norm(ex2)
disp('方法 3 - 协方差法:');
x3
ex3 = A * x3 - y;
norm(ex3)
```

运行结果：

```
Warning: Rank deficient, rank = 3, tol = 1.882938e - 13.
Warning: A is rank deficient to within machine precision.
> In lscov (line 200)
方法 1 - 左除法:
x1 =

      3.0000
      4.0000
           0
           0
```

```
          1.0000
ans =

          1.1369e - 13
```

方法 2 - 伪逆矩阵法:
```
x2 =

          2.1818
          1.8182
          2.1818
          1.0909
          0.7273
ans =
          1.2711e - 13
```

方法 3 - 协方差法:
```
x3 =
          3.0000
          4.0000
               0
               0
          1.0000
ans =

          1.6078e - 13
A * x1
ans =

          260.0000
          260.0000
          260.0000
          260.0000
          260.0000
          260.0000
          260.0000
          260.0000
>> A * x2
ans =

          260.0000
          260.0000
          260.0000
          260.0000
          260.0000
          260.0000
          260.0000
          260.0000
>> A * x3
ans =
```

```
260.0000
260.0000
260.0000
260.0000
260.0000
260.0000
260.0000
260.0000
```

可见,这 3 种方法都可求出方程组的解,其中,方法 1 和方法 3 所得的结果相同。但是这些结果经验证,都是原方程组的解。这 3 种方法中,方法 1 即用左除法所得解范数最小。

3. 解欠定方程组

当方程个数小于未知数的个数时,此方程组称为欠定方程组。欠定方程组存在无穷多个解。在求解过程中,首先用除法得到一个基本解,再求其他非零解。也可以通过计算伪逆矩阵的方法得到解,此时得到的解的长度(范数)小于其他所有解的范数,因此,也叫最小范数解。解欠定方程组,通常也有 3 种方法:方法 1 为左除法,特点是结果中零最多;方法 2 为伪逆矩阵法,特点是范数最小;方法 3 为 QR 方法。

【例 10.41】 解欠定方程组 $AX = y$,其中 $y' = [366, 804, 351]$,A 如下:

$$A = \begin{pmatrix} 1 & 4 & 7 & 2 \\ 2 & 5 & 8 & 5 \\ 3 & 6 & 0 & 8 \end{pmatrix}$$

解:

```
A = [1 4 7 2;2 5 8 5;3 6 0 8];
y = [366;804;351];
x1 = A\y;
x2 = pinv(A) * y;
[Q, R] = qr(A);
z = Q' * y;
x3 = R\z;
disp('方法 1 - 左除法:');
x1
nx1 = norm(x1)
disp('方法 2 - 伪逆矩阵法:');
x2
nx2 = norm(x2)
disp('方法 3 - QR方法:');
x3
nx3 = norm(x3)
```

执行结果如下:

```
方法 1 - 左除法:
x1 =
            0
     - 165.9000
       99.0000
```

```
              168.3000
nx1 =

        256.2200

方法 2 - 伪逆矩阵法:
x2 =
          30.8182
        - 168.9818
          99.0000
         159.0545
nx2 =

        254.1731

方法 3 - QR 方法:
x3 =
                0
        - 165.9000
          99.0000
         168.3000
nx3 =
   256.2200

A * x1
ans =

        366.0000
        804.0000
        351.0000

>> A * x2
ans =

        366.0000
        804.0000
        351.0000

>> A * x3
ans =

        366.0000
        804.0000
        351.0000
```

可见,这 3 种方法都可求出方程组的解,其中,方法 1 和方法 3 所得的结果相同。但是这些结果经验证,都是原方程组的解。这 3 种方法中,方法 2 即用伪逆矩阵法所得解范数最小。

【例 10.42】 解欠定方程组 $AX=B$,其中 $B'=[1,2,3]$,A 如下:

$$A = \begin{pmatrix} 3 & 1 & 4 & 8 \\ 4 & 2 & 6 & 0 \\ 4 & 2 & 1 & 6 \end{pmatrix}$$

解：

```
A = [3 1 4 8;4 2 6 0;4 2 1 6]
A =
    3    1    4    8
    4    2    6    0
    4    2    1    6
>> B = [1;2;3]
B =
    1
    2
    3
>> format rat;
>> X = A\B
X =
      35/37
         0
    - 11/37
     - 3/37
```

因为本例矩阵大小为 3×4，所以解中共有 3 个非零元素。要得到该方程的通解还必须求方程的基本解，具体代码如下：

```
>> Z = null(A, 'r')
Z =
    - 46/5
     74/5
      6/5
        1
```

该方程的通解可以表示为 $X_{通解} = X + Z * q$，其中 q 为任意向量，表示可以对基本解进行线性组合。

10.7　小结

本章讨论了 6 个矩阵综合应用的例子。

参 考 文 献

[1]　求是科技. MATLAB 7.0 从入门到精通[M]. 北京：人民邮电出版社，2006.

[2]　占君，等. MATLAB 函数查询手册[M]. 北京：机械工业出版社，2011.

[3]　占海明，等. 基于 MATLAB 的高等数学问题求解[M]. 北京：清华大学出版社，2013.

[4]　刘国良，等. MATLAB 程序设计基础教程[M]. 西安：西安电子科技大学出版社，2012.

[5]　张德丰. MATLAB 实用数值分析[M]. 北京：清华大学出版社，2012.

[6]　陈垚光，等. 精通 MATLAB GUI 设计[M]. 3 版. 北京：电子工业出版社，2013.

[7]　唐培培，等. MATLAB 科学计算及分析[M]. 北京：电子工业出版社，2012.

[8]　栾颖. MATLAB R2013a 工具箱手册大全[M]. 北京：清华大学出版社，2014.

[9]　栾颖. MATLAB R2013a 基础与可视化编程[M]. 北京：清华大学出版社，2014.

[10]　邓薇. MATLAB 函数速查手册(修订版)[M]. 北京：人民邮电出版社，2010.

[11]　赵海滨，等. MATLAB 应用大全[M]. 北京：清华大学出版社，2012.

[12]　张贤达. 矩阵分析与应用[M]. 2 版. 北京：清华大学出版社，2004.

[13]　赵跃辉. 矩阵理论及应用[M]. 北京：科学出版社，2017.

[14]　周建兴，等. MATLAB 从入门到精通[M]. 北京：人民邮电出版社，2012.

[15]　杜树春. 实用有趣的 C 语言程序[M]. 北京：清华大学出版社，2017.

[16]　杜树春. MATLAB 在日常计算中的应用[M]. 北京：清华大学出版社，2018.

图 书 资 源 支 持

感谢您一直以来对清华版图书的支持和爱护。为了配合本书的使用,本书提供配套的资源,有需求的读者请扫描下方的"清华电子"微信公众号二维码,在图书专区下载,也可以拨打电话或发送电子邮件咨询。

如果您在使用本书的过程中遇到了什么问题,或者有相关图书出版计划,也请您发邮件告诉我们,以便我们更好地为您服务。

我们的联系方式:

地　　　址: 北京市海淀区双清路学研大厦 A 座 701

邮　　　编: 100084

电　　　话: 010－62770175－4608

资源下载: http://www.tup.com.cn

客服邮箱: tupjsj@vip.163.com

QQ: 2301891038 (请写明您的单位和姓名)

用微信扫一扫右边的二维码,即可关注清华大学出版社公众号"清华电子"。

教学交流、课程交流

清华电子

扫一扫,获取最新目录